Technikzukünfte, Wissenschaft und Gesellschaft/Futures of Technology, Science and Society

Reihe herausgegeben von
Armin Grunwald, ITAS, Karlsruhe Institute of Technology, Karlsruhe, Deutschland
Reinhard Heil, ITAS, Karlsruhe Institute of Technology, Karlsruhe, Baden-Württemberg, Deutschland
Christopher Coenen, ITAS, Karlsruhe Institute of Technology, Karlsruhe, Deutschland

Diese interdisziplinäre Buchreihe ist Technikzukünften in ihren wissenschaftlichen und gesellschaftlichen Kontexten gewidmet. Der Plural „Zukünfte" ist dabei Programm. Denn erstens wird ein breites Spektrum wissenschaftlichtechnischer Entwicklungen beleuchtet, und zweitens sind Debatten zu Technowissenschaften wie u. a. den Bio-, Informations-, Nano- und Neurotechnologien oder der Robotik durch eine Vielzahl von Perspektiven und Interessen bestimmt. Diese Zukünfte beeinflussen einerseits den Verlauf des Fortschritts, seine Ergebnisse und Folgen, z. B. durch Ausgestaltung der wissenschaftlichen Agenda. Andererseits sind wissenschaftlich-technische Neuerungen Anlass, neue Zukünfte mit anderen gesellschaftlichen Implikationen auszudenken. Diese Wechselseitigkeit reflektierend, befasst sich die Reihe vorrangig mit der sozialen und kulturellen Prägung von Naturwissenschaft und Technik, der verantwortlichen Gestaltung ihrer Ergebnisse in der Gesellschaft sowie mit den Auswirkungen auf unsere Bilder vom Menschen.

This interdisciplinary series of books is devoted to technology futures in their scientific and societal contexts. The use of the plural "futures" is by no means accidental: firstly, light is to be shed on a broad spectrum of developments in science and technology; secondly, debates on technoscientific fields such as biotechnology, information technology, nanotechnology, neurotechnology and robotics are influenced by a multitude of viewpoints and interests. On the one hand, these futures have an impact on the way advances are made, as well as on their results and consequences, for example by shaping the scientific agenda. On the other hand, scientific and technological innovations offer an opportunity to conceive of new futures with different implications for society. Reflecting this reciprocity, the series concentrates primarily on the way in which science and technology are influenced social and culturally, on how their results can be shaped in a responsible manner in society, and on the way they affect our images of humankind.

Weitere Bände in der Reihe http://www.springer.com/series/13596

Beate Ochsner · Sybilla Nikolow ·
Robert Stock
(Hrsg.)

Affizierungs- und Teilhabeprozesse zwischen Organismen und Maschinen

 Springer VS

Hrsg.
Beate Ochsner
Universität Konstanz
Konstanz, Deutschland

Sybilla Nikolow
Universität Bielefeld
Bielefeld, Deutschland

Robert Stock
Universität Konstanz
Konstanz, Deutschland

ISSN 2524-3764 ISSN 2524-3772 (electronic)
Technikzukünfte, Wissenschaft und Gesellschaft/Futures of Technology, Science and Society
ISBN 978-3-658-27163-3 ISBN 978-3-658-27164-0 (eBook)
https://doi.org/10.1007/978-3-658-27164-0

Die Deutsche Nationalbibliothek verzeichnet diese Publikation in der Deutschen Nationalbibliografie; detaillierte bibliografische Daten sind im Internet über http://dnb.d-nb.de abrufbar.

Lektorat: Frank Schindler
Springer VS ist ein Imprint der eingetragenen Gesellschaft Springer Fachmedien Wiesbaden GmbH und ist ein Teil von Springer Nature.
Die Anschrift der Gesellschaft ist: Abraham-Lincoln-Str. 46, 65189 Wiesbaden, Germany

Der Band entstand im Rahmen des Projekts „Recht auf Mitsprache: Das Cochlea-Implantat und die Zumutungen des Hörens", Teilprojekt 2 der Forschungsgruppe „Mediale Teilhabe. Partizipation zwischen Anspruch und Inanspruchnahme", gefördert von der Deutschen Forschungsgemeinschaft (DFG), Projektnummer 272138722 in Kooperation mit dem Verbundprojekt „ANTHROPOFAKTE. Schnittstelle Mensch. Kompensation, Extension und Optimierung durch Artefakte", der BMBF- Förderinitiative „Sprache der Objekte".

GEFÖRDERT VOM

Gefördert durch

Inhaltsverzeichnis

Einleitung

Beate Ochsner Sybilla Nikolow und Robert Stock

Zusammenfassung

Gegenwärtig ist eine vielschichtige Verknüpfung biowissenschaftlicher Forschungen, komputationaler Genetik oder (post-)kybernetischer Diskurse und Konzepte zu beobachten, die auf die unentwirrbare Verwobenheit von Organismen und Technologien mit Alltagsroutinen und Körperpraktiken verweist. Aktuelle wie auch historische Regulierungsparadigmen verändern dabei in radikaler Weise die Verhältnisse zwischen Leben, Lebendigem und Technischem. Die damit verbundenen bzw. daraus resultierenden wissenschaftlichen, sozialen und diskursiven Praktiken erweisen sich als zentral für das Projekt der Biokybernetik wie der aktuellen bionischen Prothetik und Medienökologie. Ihre wissenschaftshistorische, philosophische sowie medien- und kulturwissenschaftliche Reflexion stellt sich der Frage nach einem dritten Weg zwischen Technologisierung des Bios und Biologisierung von Technik.

Schlüsselwörter
Kybernetik, Biokybernetik, Regulierung, Mensch-Technik-Verhältnisse

Angesichts der Bedeutung, die der Mensch-Technik-Schnittstelle gegenwärtig in den Arbeitswelten der Zukunft zugesprochen wird, ist nachvollziehbar, warum im Kunstwettbewerb des BMBF-Wissenschaftsjahres 2018 ein Werk prämiert wurde, in dem ein computergesteuerter Roboterarm im Zentrum steht. In Marco Donnarummas Installation „Amygdala" kooperiert die „artificially intelligent (AI) prosthesis" nicht mit einem menschlichen Akteur, sondern bearbeitet ohne ersichtliches Ziel eine künstliche Haut mit einem Messer. Wie der Performancekünstler auf seiner Website erklärt (Donnarumma o. D.), werden die Bewegungen der intelligenten Prothese über ein selbstlernendes System gelenkt, im Rahmen dessen die Bewegungen des Roboterarms nicht im Vorfeld festgelegt werden, sondern aus Aktivitäten der neuronalen Netzwerke emergieren. Mit der Installation selbst werde die Kunst der Skarifizierung nachgeahmt, die in indigenen Gemeinschaften wie in Papua-Neuguinea ein bedeutendes Initiationsritual darstelle (vgl. Pies und Verwoert 2018). Neben möglichen kulturanthropologischen Lesarten betonen die endlosen Bewegungsmuster eine enge Verschränkung von Wissenschaft, intelligenten Technologien, Performance oder gegenwärtigen Do-it-yourself-Praktiken und visualisieren dabei die wechselseitigen Bezugnahmen durch Spuren materieller Einschreibungen auf Körpern und Softwarearchitekturen.

Das Beispiel mag als eines von unzähligen Projekten gelten, die auf die vielfältigen Effekte biowissenschaftlicher Forschungen, komputationaler Genetik oder (post-)kybernetischer Diskurse und Konzepte verweist. Die unentwirrbare Verknüpfung – ganz im Sinne der Potenzialitäten eines Unruhe stiftenden Fadenspiels (Haraway 2016a) – von Organismen und Technologien, oder besser gesagt deren gemeinsames und durch wechselseitige Bezugnahmen gestiftetes Hervorgebracht-Werden, könnte ebenso an Stelarcs „Ping Body" (1995) und anderen digitalen Körper-Medien-Assemblagen erörtert werden. Rezente Formen von Nanotechnologien (Breuer 2015) oder der Datenspeicherung mögen weitere Hinweise auf derartige Vernetzungen von Organismen und Maschinen geben: So wird etwa das Bakterium E. Coli mit CRISPR als Bildspeicher für die Bewegungsstudien Eadweard Muybridge konfiguriert (Extance 2016) oder künstliche DNA als langlebiger, organischer Speicher für digitale Daten konzeptualisiert (Erlich und Zielinski 2017).

Abseits performativ-kritischer oder zukunftsversprechender Arrangements des Ko-Existierens und der Ko-Evolution von Technischem und Lebendigem, die in Kunst- oder Hightech-Laboratorien hervorgebracht werden, ist auch der Verweis auf Wearables oder Smartphones als „digitale Nahkörpertechnologien" (Kaerlein 2018) hier angezeigt, werden doch diese überall vorhandenen Devices mit ihren anhängenden (oft unsichtbar gemachten) Infrastrukturen in einem sich intensivierenden Maße zu integralen Bestandteilen von Alltagsroutinen und Körperpraktiken. Indem sie die Koordinaten der heterogenen Verschaltungen von Subjektivierungsweisen, Sinnen, Zeiten und Arbeit – zunehmend auf Basis künstlicher Intelligenz – neu justieren, wird auch das Verhältnis des Lebens, des Lebendigem und des Technischen sich radikal verändernden Regulierungsparadigmen anvertraut. Für eine grundlegende Reflexion dieser gegenwärtigen Inanspruchnahmen kybernetischer Regulierungskonzepte von Maschinen und Körpern ist ein interdisziplinär geschärfter Blick notwendig, der diese Phänomene und Phänomenotechniken (Bachelard 1974) nicht nur angesichts kontemporärer

Artikulationen befragt, sondern sie zugleich wissenschaftshistorisch wie auch medientheoretisch situiert.

Vor diesem Hintergrund erweist es sich als zentral, auf die Geschichte der Kybernetik zurückzukommen, die laut der Medienwissenschaftlerin Ulrike Bergermann als „Modell zur Übertragung […] für alle Wissensformen" (Bergermann 2015, S. 9) Denkformen zwischen Biologie und Soziologie, Natur-, Geistes- und Sozialwissenschaften, Diskursen und Apparaten möglich macht, die sich klassischen Beschreibungsmodellen und traditionellen Regelungsmechanismen entziehen. Bereits zu Beginn der 1960er Jahre beschwor der deutsche Kybernetiker und Informationstheoretiker Karl Steinbuch die Kybernetik als „künftige Universalwissenschaft" (Steinbuch 1963, S. 340) und erklärt den Kybernetiker zum „Vermittler zwischen den Spezialisten" (ebd., S. 338). Dabei stellte er in Aussicht, den Gegensatz zwischen den Natur- und den Geisteswissenschaften auf Basis mathematischer Werkzeuge und technikinduzierter Theoriebildung zu überwinden.

Die Kombinierbarkeit von Natur- und Humanwissenschaften ist nach einem ersten Siegeszug der „dritten Kultur" in den 1970er Jahren vor allem in der deutschen Medienwissenschaft nicht unumstritten geblieben: In seiner Begründung der Anschließbarkeit der Kybernetik an die Anthropologie verortet der Medien- und Kulturtheoretiker Stefan Rieger das integrative Potenzial weniger in der Technik denn in der „Formation eines anthropologischen Wissens und in letzter Konsequenz in der Formierung des Menschen selbst" (Rieger 2003, S. 10). Die Umdeutung der Kybernetik und ihre Transformierung in die Humanwissenschaften erfolgt dabei durch den Anschluss anthropologischer Klassiker an kybernetische Steuerungslehre und Leitbegriffe. Doch anstatt den Menschen auf diese Weise endgültig bestimmbar zu machen, will Rieger dessen (Selbst-)Steuerung im Medium technischer Bilder rehabilitieren.

Im gleichen Jahr veröffentlichte der Medienhistoriker Claus Pias die vollständige Neuausgabe der Macy-Konferenzen (Pias 2003) und ein Jahr später einen Folgeband mit einführenden Essays, Beiträgen zur Geschichte der Kybernetik und zahlreichen Dokumenten zur Organisation dieser einflussreichen Veranstaltungsreihe in den USA der Nachkriegszeit. In seinem Vorwort „Zeit der Kybernetik – Eine Einstimmung" hebt er den „systematischen Willen und eine unablässige Anstrengung […] [hervor], Getrenntes zusammenzudenken und übergreifende Ordnungen zu entwerfen, deren Anspruch nicht minder als epochal zu nennen ist und deren Ergebnis allemal suggestiv ausfällt" (Pias 2004, S. 10). Die Relevanz seiner Einschätzung untermauernd, zitiert Pias Gregory Bateson und damit jenen Anthropologen, Biologen, Sozialwissenschaftler, Kybernetiker und Philosophen, der die Kybernetik als „de[n] größte[n] Bissen aus der Frucht vom

Baum der Erkenntnis [beschreibt, B.O.], den die Menschheit in den letzten zweitausend Jahren zu sich genommen hat." (Bateson 1985, S. 612, zit. nach ebd.)

Dass die Konzeptualisierungen der Technologisierung des Bios und der Biologisierung der Technik ihre jeweils eigene und miteinander verschränkte Geschichte haben, wird in diesem Band vor allem angesichts der historischen Zugänge zum Thema in den Beiträgen von Heiko Stoff, Jan Müggenburg, Bernd Stiegler und Christoph Asmuth deutlich. Sie demonstrieren, wie jede Zeit im Verbund mit kontextuellen Praktiken ihre eigenen Vorstellungen vom Biologischen, Natürlichen, Organischen und Menschlichen respektive Technischen, Künstlichen, Unorganischen und Maschinellen hervorbringt und welche konkreten Verflechtungen dabei entstehen (u. a. Orland 2005; Borck 2007; Rabinbach 2013; Hessler 2017; Wessely und Huber 2017).

Heiko **Stoff** greift für seinen Beitrag den biologischen Regulationsbegriff und damit einen zentralen Bezugspunkt biokybernetischer Entwürfe heraus. Canguilhem folgend, der bereits einer teleologischen Ursprungsgeschichte dieses Konstrukts eine Absage erteilt hat, entfaltet er im Detail dessen verschlungene, je nach Sichtweise kontingente Geschichte nicht nur begriffsgeschichtlich, sondern auch in Bezug auf die jeweiligen disziplinären Praktiken, wissenschaftlichen Kontexte und erkenntnistheoretischen Programme. Er zeigt, dass die schon ältere Auseinandersetzung zwischen Vitalismus und Mechanismus innerhalb der Biologie und Philosophie seit der Aufklärung von der Physik, Physiologie und Chemie geprägt worden war und erläutert, was es dem gegenüber konkret bedeutet hatte, als in der ersten Hälfte des 20. Jahrhunderts der Regulation die Schlüsselfunktion für das Verständnis von biologischen Funktionen beim Studium von Netzwerken eingeräumt wurde. Anhand einer Vielzahl von Quellen verdeutlicht Stoff die Bedeutung der Entwicklungsmechanik in der Embryologie sowie der Vitamin- und Hormonforschung, in der der Organismus als Wirkstoff- und Regulationssystem aufgefasst wurde und interpretiert Cannons Beschreibung der Stabilisierung des Organismus' über die Funktion von homöostatischen Wirkstoffen als ernsthaften Versuch, zu einem biokybernetischen Universalismus zu gelangen, der letztlich den Weg für behavioristisch inspirierte Ansätze der Verbindung von physiologisch-neurologischen und mathematisch-kommunikationstheoretischen Konzepten durch Wiener und Rosenblueth geebnet hat. Anhand von Beispielen aus der biokybernetischen Diagrammatik führt Stoff vor, was erkenntnistheoretisch passierte, nachdem die diagrammatische Sprache in die Kybernetik und damit auch in die Diskussion über Regelsysteme einzog und welche Anschlusshandlungen sich daraus ergeben haben.

Jan **Müggenburg** widmet sich in seinem Beitrag dem „Medien-Werden von kybernetischen Maschinen" und konzentriert sich dabei – durchaus parallel zu

Stoff – auf Konzepte und Praktiken der Selbstorganisation, die er als Medien der Vermittlung in ihrer epistemischen Eigendynamik analysiert. Auch er verortet die Begriffsgeschichte in den historischen Aushandlungsprozessen zwischen Physik und Biologie, zu denen sich in der Hochphase der Kybernetik die Ingenieurwissenschaften gesellten. In diesem Rahmen zeigt er auf, wie sich die Modelle der Selbstorganisation schrittweise hin zu regulatorischen Systemen veränderten und sich in der KI-Forschung, Wahrnehmungspsychologie und kybernetischen Biophysik der US-amerikanischen Nachkriegszeit etablieren konnten. Dem Homöostaten von Ross Ashby als Entwurf einer sich selbst steuernden Maschine stellt Müggenburg in diesem Zusammenhang den Cyborg von Manfred E. Clynes und Nathan S. Kline als „Möglichkeit der medizinischen Manipulation und Erweiterbarkeit der natürlichen Homöostase im menschlichen Körper" gegenüber. Trotz der Differenzen zwischen beiden lasse sich eine „*epistemologische* Gemeinsamkeit" festhalten, die sich angesichts des Prinzips der Selbstregulation manifestiere und auf einem „Mit-Maschinen-Denken" aufbaue. Indem Müggenburg die Fragmentiertheit und Pluralität kybernetischer Forschungsansätze sowie -politiken unterstreicht, wird Biokybernetik als ein Teilgebiet eines heterogenen Felds, d.h. einer – wie Müggenburg dies nennt – „Kybernetik im Plural" erkennbar.

Bernd **Stiegler** erinnert in seinem Beitrag daran, dass die Biokybernetisierung des Mensch-Technik-Ensembles als obligatorische Durchgangsstation des fordistisch-tayloristischen Komplexes der ersten Nachkriegszeit des 20. Jahrhunderts bedurfte. An Frank Bunker Gilbreths Zeitstudien beleuchtet er einen Rationalisierungsentwurf, in dem der nach dem Vorbild von mechanischen Maschinen entworfene Arbeitsmensch zum neuen Heils- und Glücksversprechen der wissenschaftlichen wie gesellschaftlichen Moderne erkoren wurde. Die Fundierung der Betriebsführung durch die Psychophysik im Geiste des Taylorismus erfolgte mit einem nicht minder universalistischen Anspruch, denn ausgehend von der Fabrik sollten nicht nur der einzelne Mensch, sondern zugleich die gesamte Gesellschaft verbessert werden. Gilbreth entwarf seine Theorie vor dem Hintergrund der Visionen eines neuen, technischen und montierten Menschen, die sich im fordistisch-tayloristischen Amerika ebenso finden wie in der Sowjetunion und den Entwürfen der Avantgarden in Mitteleuropa. Dabei waren Mensch und Maschine als homologe, aufeinander abstimmte Elemente konzipiert, in denen die für den Arbeiter nicht wahrnehmbare Prägung und Konditionierung in einen rekursiven Lernprozess eingebunden waren, der als strukturell offener und über die Generationen hinweg unabschließbar als perfektionierbar erachtet wurde. Anhand der vielgestaltigen technischen Medien, die Gilbreth bemüht hat, analysiert Stiegler dessen Welt als „nicht flach, sondern kreisförmig" und die von ihm imaginierte Zeitform nicht einfach als „ein Progress des Fortschritts im Sinne einer zweckrational ausgerichteten Moderne, sondern eine Kombination von Linie und Schlaufe im Sinne von Optimierungsschleifen", in denen selbst „Lehrer wieder zu Schülern" werden, „um dann wieder zu Lehrern zu werden". Normalisierung, so Stiegler, ist bei Gilbreth die notwendige Bedingung, nicht aber das Ende des Fortschritts, weil es immer noch eine Verbesserungsmöglichkeit gibt und der Weg dorthin nicht geradlinig, sondern schleifenförmig verläuft.

Eine Hybridform zwischen lebendiger Natur und unbelebter Technik hinterfragt Christoph **Asmuth** am Gegenwartsphänomen des In-vitro-Fleisches, ein technisches Ersatzprodukt, das mit der Biologin sowie Wissenschafts- und Technikphilosophin Nicole C. Karafyllis (2006) als Biofakt beschrieben werden kann. So problematisiert er ausgehend von aktuellen Trends in der Nahrungsmittelindustrie die klassisch-philosophische Grenzziehung zwischen Natürlichkeit und Künstlichkeit mit ihren entsprechend fragwürdigen Implikationen als ethisch unbedenkliches Kulturprodukt. In seinem Beitrag schlüsselt Asmuth die weitreichenden kulturellen, wissenschaftlichen und technischen Kontexte dieses als Nahrungsmittel der Zukunft beworbenen Produktes auf und zeigt, dass dessen Bewertung auf einer nicht haltbaren Trennung zwischen „natürlich" und „künstlich" beruht, die weder kulturell noch historisch belegt werden könne: Weder mit der christlichen Transsubstantiationslehre, in der die Wandlung von Brot zu Gottes Leib und von Wein zu Blut erklärt wird, die, die Vernunftgrenzen überschreitend, nur aufgrund der sozialen Funktion solcher Wunder bzw. Mythen kulturell wirkmächtig werden konnte, noch mit der Wachstumsforschung seit Ende des 19. Jahrhunderts, die Asmuth von der Stärkung körpereigenen Gewebes bis zu den Dopingpraktiken von heute vermisst oder mit den hochtechnologisierten Züchtungen der Nahrungsmittelindustrie, die künstlich hergestelltes Fleisch in der säkularisierten Gegenwart als ethisch bedenkenlos erscheinen lassen. Damit nähert der Verfasser sich dem Verhältnis von Organischem und Technischem von Seite der Ernährung und markiert ebensolche wechselseitigen Affizierungsprozesse, die sich hier als rhetorische Entkoppelungen zwischen Mensch und Natur darstellen, wobei anstelle der Natur die Technik als das ethisch vertretbare Außen des Menschen mit entsprechenden Implikationen für eine (posthumane) Anthropologie zum Tragen kommt.

Einer wissenschaftsgeschichtlichen wie -theoretischen Situierung der Kybernetik und ihrem Modell als „universelle Übertragungswissenschaft" (Bergermann 2015) begegnet Erhard **Schüttpelz** im Gespräch mit Beate Ochsner und Robert Stock zu Gregory Batesons einflussreichen und hier wiederabgedruckten Aufsatz „Some Components of Sozialisation of Trance" (1975) vor allem mit Skepsis. So begreift er die Kybernetisierung als „Absturz des Rationalismus in Mystifikationen" und letztlich gescheiterte Suche nach einem „conceptual scheme" (Henderson 1932), das Grundlagenforschung in Gebieten postuliere, die durch „Bastelei, gestörte Signalquellen und pragmatische Rechtfertigungen" gekennzeichnet seien. Nichtsdestotrotz (oder gerade deswegen!) eignete und eigne sie sich bis heute zum Träumen und Orakeln. Batesons Stärke begreift Schüttpelz folgerichtig nicht darin, den „Stein der Weisen" gefunden zu haben, sondern vielmehr in dessen Zögern, nicht zwischen Störung oder Entstörung zu entscheiden und ein Rätsel der Tranceforschung gelöst zu haben, indem er eine praktische, situierte und nachvollziehbare Technik beschreibt. So ist die Geschichte der Kybernetik weniger als kohärente Erfolgsgeschichte, denn als Medium einer „Serie von improvisierten Entwurfsgeschichten" zu begreifen, das „innerhalb einer einzigen Situation multiple Situationen der Zuschreibung und multiple Situationszuschreibungen eröffnet".

Auswirkungen dieser bis heute aktuellen ,Faszinationsgeschichte' der Kybernetik haben sich auch im Zeitalter digitaler Medientechnologien auf besondere Weise in Konzepte und Praktiken des Lebens eingeschrieben. Während Georges Canguilhem in seinem Aufsatz zu *Maschinen und Organismen* aus dem Jahr 1947 Technik noch als eine „Art Erweiterung des Lebens, der Vitalität, der Lebenskraft" (Canguilhem 2009) verankert hat, die sich erst im Zuge verschiedener Transformationen vom Körper gelöst habe, entwickelt Jean-Luc Nancy die Vorstellung einer Ökotechnie, im Rahmen derer die (Annahme einer) Trennung zwischen Körper und Technik aufgegeben werden müsse (Nancy 2000; vgl. Hörl 2011). In ihrem Versuch, angesichts einer zunehmenden Technologisierung des Bios, einen dritten Weg zwischen biologischem Mechanismus und philosophischem Vitalismus zu erarbeiten und die Auflösung der Grenzen zu markieren, bezeichnet Haraway den Cyborg wiederum konsequenterweise als hybride Mensch-Maschine und damit als Wesen, das auf besondere Weise an der Technik des Digitalen teilhat bzw. jene affiziert (Haraway 1995). Diesen Weg beschreitet auch die deutschsprachige Medienwissenschaft und -philosophie, wenn sie sich – wie im vorliegenden Band Marie-Luise Angerer, Daniel Fetzner, Martin Dornberg, Karin Harrasser und Michaela Ott – mit dem Phänomen (bio-) technologischer wie auch epistemologischer Verschaltungen auseinandersetzt. Im Anschluss an Haraway befragen die AutorInnen situierte Konfigurationen des Mit-Denkens, Mit-Lebens und Mit-Seins in komplexen Ökologien: „We become-with each other or not at all. That kind of material semiotics is always situated, someplace and not noplace, entangled and wordly." (Haraway 2016a, S. 4)

Martin **Dornberg** und Daniel **Fetzner** diskutieren in ihrem Gespräch Handlungszusammenhänge und Folgen der um den Heidelberger Psychosomatiker Victor v. Weizsäcker in den 1940er und 1950er Jahren durchgeführten medizinischen Experimente. Diese sind in den Bereichen von Medizin und Psychotherapie einerseits, aber auch in den Technik- und Medienwissenschaften, der Kybernetik und der Medienkunst andererseits zu verorten. Den Ausgangspunkt der Überlegungen bildet die im Rahmen psychosomatischer und neurologischer Grundlagenforschung an dem Universitätsklinikum Heidelberg entwickelte Untersuchungsmethode der „zweigriffigen Baumsäge". Letztere beschreiben die Autoren als „bio-kybernetisches Experimentalsystem", in dessen Rahmen sich „gelingende Abstimmungsprozesse" zwischen menschlichen und nichtmenschlichen Akteuren ereignen können und durch den Einsatz von Sensoren beobachtbar werden. Im Anschluss daran arbeiten Dornberg und Fetzner vielschichtige Querbezüge zu ihren künstlerisch-philosophischen Forschungen – darunter Installationen, Performances und interaktive Webdokumentationen – heraus. Einen wichtigen Bezugspunkt stellt dabei der Philosoph und Wissenschaftstheoretiker Max Bense dar, der in seinen Schriften sowohl die „Utopie der medialen Durchdringung des modernen Menschen mithilfe von computerisierter Technologie" als auch die kritische Stellung des Körpers bzw. der „Körper-Brücke" angesichts der „Existenzmitteilung aus San Franziszo" problematisiert. Eine solche „Gefügebildung von Mensch und Maschine", die die Autoren in Anschluss an Gilles Deleuze und Tim Ingold als *agencement* oder *meshwork* denken, loten Dornbergs und Fetzners Projekte wie z. B. die Skype-Performance „Voice via Violin" aus. Durch ihren performativen Vollzug und anhand der mit ihnen entworfenen improvisierenden Medienmaschinen-Mensch-Verknüpfungen werfen Dornbergs und Fetzners Experimentalsysteme folglich Fragen nach der Berechenbarkeit und affektiven Dimension computerisierter Translokalitäten auf.

Karin **Harrasser** richtet ihren Blick ebenfalls auf Vermischungen von Körpern und Maschinen, beschreibt sie jedoch nicht als einfache Anpassung, sondern als Prozesse einer aktiven Mimesis, in denen aus Sicht der Transhumanisten das Biologische vom Technischen überformt respektive zum Verschwinden gebracht wird. Ihre Beispiele wie die Modellierung des menschlichen Ganges mittels Prothesen und die Praktiken des für Mensch und Technik nicht reibungsfreien Einlaufens derartiger Körperersatzteile geben einen plastischen Eindruck solcher Assemblagen aus Mensch und Technik, die Haraway als „Partner in Unordnung" bzw. „im Tumult" beschreibt (vgl. Haraway 2008, S. 164). In Anlehnung an Zoë Sofoulis (2002) greift Harrasser den Begriff des Parahumanen auf, um die gegenseitige Formgebung zwischen Technischem und Organischem zu fassen und schließt sich Thomas Machos Forderung nach einem „inklusiven Humanismus" (Macho 2013) an, der Tiere, Menschen und eben auch Maschinen mit aufnimmt, womit sie auf eine „Arena des Handelns" abzielt, die auch „teilsouveränen Akteuren" die Möglichkeit zur gesellschaftlichen Teilhabe gibt.

Marie-Luise **Angerer** widmet sich der Beschreibung multipler Kopplungen menschlicher und animalischer Körper, technischer und natürlicher Umwelten über Prozesse des organischen Empfindens und algorithmische Sensoriken. Dabei rückt der vernetzte Körper oder „biomediated-body" (Clough 2010, S. 2) in den Blickpunkt, der in intensiven Milieus affektiv, d.h. psycho-kybernetisch mit einer technisch aufgerüsteten Umwelt verbunden wird. Angerer verdeutlicht in ihrer Analyse die „Übertragung des Übertragbarkeitsdenkens" (Bergermann 2015, S. 11) zwischen Disziplinen mit ihrem partizipatorischen ‚Ansteckungspotenzial', wenn sie aufzeigt, wie Myra Hird (2009) sich des Begriffs der „companion species" von Haraway (2008, 2016b) bedient, um ihn auf an Karen Barads agentiellem Realismus (2007) angelehnte Konzepte intra-aktiver Ko-Evolution zwischen Nicht-Arten zu übertragen. Vergleichbare Formen des co-enactment unterhalb der menschlichen Wahrnehmungsschwelle finden sich auch in Luciana Parisis Modell der „technoecologies of sensation" (2009) wieder. Dabei geht es darum aufzuzeigen, dass nicht zwei Pole miteinander agieren, sondern dass beide aus der grundlegenden Relationalität emergieren, die die Verschaltung ermöglicht. Doch geht es nicht um das Heilsversprechen eines Gesamtgefüges, vielmehr rückt in dieser Sichtweise das Zufällige und zugleich die weiter oben erwähnte Notwendigkeit in den Blick, die Haraway als „staying with the trouble of complex worlding" (Haraway 2016b, S. 29) bezeichnet.

In ihrem Beitrag zu „Dividuationsprozessen im bio- und sozio(techno) logischen Bereich" schlägt Michaela **Ott** vor, komplexe Beziehungsgefüge grundlegend partizipatorisch bzw. als Teilhabebeziehungen zu denken. Dabei schreiben sich neben Gewährsleuten wie Deleuze und Felix Guattari (1992), Bruno Latour (mit seiner These, dass wir nie modern gewesen seien, Latour 1995), Isabelle Stengers Konzept der Kosmopolitik (2005, 2010, 2011) oder die Praktiken des (Welt-)Machens, wie Ingold sie beschreibt (Ingold 2011) in Otts Überlegungen ein. Verantwortlich für die zu beobachtenden vielfältigen Relationen sind – wie auch bei Angerer – psychophysische Ansteckungs- und Affizierungsvorgänge, die entsprechend der Teilhabe an digitalen Netzen und sozialen Medien geformt und integriert werden. Durch technologische Medien vermittelte sinnliche Reize, Sprache und Bilder werden dementsprechend in unsere Psychophysis integriert und zu Teilhabenden (und zugleich Nicht-Teilhabenden) an Subjektivierungs- oder Individuationsprozessen. Demnach sind wir Ott zufolge psychisch wie auch physisch in freiwillig-unfreiwilliger Teilhabe von unzählbaren Anderen bewohnt, sind mithin längst keine Ungeteilten mehr und waren es womöglich noch nie. So schlägt sie folgerichtig vor, diejenigen Dividuierungsprozesse zu untersuchen, die Subjektivierung als Prozess psychophysischer Unterteilung und durch technologische Verschaltungen multiplizierte Vielfachteilhabe erkennbar machen. Wie Ott vorführt, zeigen sich diese korrespondieren den epistemologischen Verschiebungen, Interdependenzen und Übergänge zwischen Sozial, Geistes- und Naturwissenschaften exemplarisch in biotechnologischen Produkten wie Biobricks oder entindividuierenden Beschreibungsweisen transnationaler Migrationsbewegungen von Menschen, Waren, biotischen Stoffen und Umwelten. Dabei generieren Dividuationsprozesse weder Individuen noch Kollektive, sondern bringen vielmehr bewegliche, kaum konturierte und nicht auf Dauer gestellte Vielheiten – „Condividuationen im Sinne einer selbstgewählten Teilhabepolitik" – hervor. Die im Zuge technologischer Verschaltungsmöglichkeiten entstehende „Vielfachteilhabe" erfordert keinen neuen Begriff des Individuums. Vielmehr sind die neuen Teilhabevirtuosen, Bastler und Neuarrangierer als Kritik am neoliberalistischen Unternehmerselbst (Bröckling 2007) wie auch am vornehmlich aus den Sozial- und Kommunikationswissenschaften stammenden Begriff der Partizipation zu verstehen (vgl. Vieth und Wagner 2017; Couldry und Hepp 2013; Carpentier 2011; zur Kritik vgl. Ochsner et al. 2013), denen Ott ihr Konzept der Vielfachteilhabe entgegensetzt.

Die Relation zwischen Teilhabe und Medientechnologien nimmt auch Christoph **Brunner** in seinem Beitrag in den Blick, der sich der vierteiligen Videoinstallation *Serious Games* (2009–2010) von Harun Farocki widmet, um die zunehmende Verflechtung von Computeranimationen und militärischer Praxis, mithin von computer- oder simulationsbasierter Umwelten zu demonstrieren. Zentrales Moment seiner Analyse verschiedener Modalitäten von Krieg und Animation ist für Brunner ein spezifischer Bewegungsbegriff, auf dessen Basis er eine „umfassende Einlassung von Animationstechnologien in das Feld der Wahrnehmung" beabsichtigt. Dabei geht er gerade nicht von einer Trennung zwischen realer und simulierter oder virtueller Welt aus, sondern betrachtet beide als Effekt animistischer Assemblagen von Technologie, Krieg, Industrie und Wahrnehmungssubjekt. Die wechselseitige Verfertigung von Wahrnehmung, Kriegs- und Animationstechniken – so seine These – machen eine grundlegende Animiertheit *(animatedness)* bzw. geteilte oder teilhabende „animating agency" als zentrales Moment kultureller, sinnlicher und affektiver Produktion und Subjektivierungsweisen sichtbar. Damit geht es im Falle der *Serious Games* nicht um eine passive Disziplinierung der gezeigten US-SoldatInnen im Afghanistan-Einsatz sowie der BetrachterInnen des Films. Wahrnehmung tritt vielmehr als ko-konstituierender Teilhabeprozess in technischen, sinnlichen und mobilen Assemblagen – als *Anime Ecology* (Lamarre 2018) – bei Farocki in Erscheinung. Alltag oder Realität, so demonstriert Brunner an diesem Beispiel, sind immer schon von Animationsweisen durchzogen und mithin partizipatorisch zu denken. Doch handelt es sich nicht um eine gerichtete oder geordnete Partizipation. Stattdessen versteht sich die grundlegende Animiertheit im Sinne einer Differenz- und Eröffnungsfigur als anarchisch bzw. als Denkfigur einer Unbestimmtheit im Bild, die ein neues Verständnis technischer Objekte und durch die Anbindung an ein assoziiertes Milieu eine mehr-als-menschliche Wahrnehmung hervorzubringen imstande scheint. Mit seinem Ansatz positioniert sich Brunner im Kontext spekulativer Medienphilosophien, die gegenwärtige Kontrollparadigmen als reduktionistisch entlarven und den abstrakten Theorien ein an Deleuze und Guattari (1992) angelehntes Denken in Bewegung, in Strömungen und Flüssen entgegensetzen. Auf diese Weise beabsichtigt er, aufzuzeigen, dass das Zusammenspiel von spielerischen Kriegssimulationen, Animationstechnik und Militärtechnologie in *Serious Games* weniger auf die Erkundung potenzieller Realitätsszenarien und mithin auf die Kybernetisierung der Zukunft abzielt. Vielmehr dienen präemptive Politiken der Animation dazu, um Potenzialitäten „vorzuspuren" und zu instrumentalisieren, angesichts dessen, dass gerade die „Zeit der Animationen" auf ihre Unkontrollierbarkeit verweist, die, – so die Überlegung – gegen ihre Kontrollmechanismen operationalisiert werden kann.

Die Beiträge dieses Bands reflektieren folglich Forschungspraktiken, die für das Projekt der Biokybernetik wie der aktuellen bionischen Prothetik und Medienökologie charakteristisch sind. Es geht um die Analyse einer Suche nach anderen Denkrichtungen und Austauschmöglichkeiten zwischen Technologisierung des Bios und Biologisierung von Technik. Durch ihre möglichst dichten Beschreibungen der jeweiligen wechselseitigen Affizierungs- und Teilhabeprozesse zwischen Mensch und Technik tragen die wissenschaftshistorischen, philosophischen, kultur- und medienwissenschaftlichen Beiträge dazu bei, den Blick auf die bewusste Annäherung gegenwärtiger Lebens- und Kulturwissenschaften zu erweitern. Dies wird u.a. durch die Kontextualisierung der Debatten in Bezug auf das Verhältnis zwischen Maschinen und Organismen sowie Artifiziellem und Natürlichem geleistet. Die Reflexionen gehen zurück auf einen gemeinsam veranstalteten Workshop des BMBF-Projekts „Anthropofakte. Schnittstelle Mensch. Kompensation, Extension und Optimierung durch Artefakte" (TU Berlin) und des DFG-Forschungsprojekts „Das Recht auf Mitsprache: Das Cochlea-Implantat und die Zumutungen des Hörens" (Universität Konstanz), den wir im Februar 2016 in Konstanz unter dem Titel „Biokybernetik und

Teilhabe. Transformationsprozesse zwischen Mensch und Technik" veranstaltet haben. Wir bedanken uns herzlich bei allen beteiligten WissenschaftlerInnen für Ihre anregenden Beiträge zu diesem Band. Für redaktionelle Unterstützung danken wir den studentischen Mitarbeiterinnen Julia Kohushölter, Esther Schmid und Michelle Wirachowski. Wir hoffen mit diesem Buch einen produktiven Impuls zu einem heterogenen Forschungsfeld zu geben, dass angesichts wissenschaftlich-industrieller Innovationen und intensiver Verknüpfungen von lebendig-technologischen Organismen und maschinell-organischen Arte- und Biofakten auch weiterhin einer umfassenden und interdisziplinären Reflektion bedarf.

Literatur

Bachelard, G. (1974). *Epistemologie*. Frankfurt a. M.: Suhrkamp.

Barad, K. (2007). *Meeting the universe Halfway: Quantum physics and the entanglement of matter and meaning*. Durham: Duke University Press.

Bateson, G. (1975). Some components of socialization for Trance. *Ethos, 3/2*, 143–155.

Bateson, G. (1985). *Ökologie des Geistes*. Frankfurt a. M.: Suhrkamp.

Bergermann, U. (2015). *Leere Fächer. Gründungsdiskurse in Kybernetik & Medienwissenschaft*. Berlin: LIT.

Borck, C. (2007). Vom Spurenlesen und Fintenlegen. Canguilhems Votum für eine Empirie organischer Rationalität. *Nach Feierabend. Zürcher Jahrbuch für Wissenschaftsgeschichte, 3*, 213–225.

Breuer, H. (2015). Mini-Maschinen im Leib. In *Süddeutsche Zeitung*, 16.10.2015. https://www.sueddeutsche.de/gesundheit/nanotechnologie-mini-maschinen-im-leib-1.2695064. Zugegriffen: 31. Januar 2019.

Bröckling, U. (2007). *Das unternehmerische Selbst. Soziologie einer Subjektivierungsform*. Frankfurt a. M.: Suhrkamp.

Canguilhem, G. (2009). Maschine und Organismus. In G. Canguilhem (Hrsg.), *Die Erkenntnis des Lebens* (S. 183–232). Berlin: August-Verlag (Erstveröffentlichung 1965).

Clough, P. T. (2010). The affective turn: Political economy, biomedia, and bodies. In M. Gregg & G. J. Seigworth (Hrsg.), *The affect theory reader* (S. 206–228). Durham: Duke University Press.

Deleuze, G., & Guattari, F. (1992). *Tausend Plateaus: Kapitalismus und Schizophrenie*. Berlin: Merve (Erstveröffentlichung 1972).

Donnarumma, M. (o. D.). Amygdala. In Marco Donnarumma. Performing bodies, sounds and machines, http://marcodonnarumma.com/works/amygdala/. Zugegriffen: 31. Januar 2019.

Erlich, Y., & Zielinski, D. (2017). DNA Fountain enables a robust and efficient storage architecture. *Science* 355 (6328): 950. https://doi.org/10.1126/science. aaj2038. Zugegriffen: 31. Januar 2019.

Extance, A. (2016). How DNA could store all the world's data. In: Nature 537.7618. https://www.nature.com/news/how-dna-could-store-all-the-world-s-data-1.20496. Zugegriffen: 31. Januar 2019.

Haraway, D. J. (1995). Ein Manifest für Cyborgs. In D. J. Haraway, *Die Neuerfindung der Natur. Primaten, Cyborgs und Frauen* (S. 33–72). Frankfurt a. M.: Campus (Erstveröffentlichung 1984).

Haraway, D. J. (2008). *When species meet.* Minneapolis: University of Minnesota Press.

Haraway, D. J. (2016a). *Staying with the trouble. Making kin in the Chthulucene.* Durham: Duke University Press.

Haraway, D. J. (2016b). *Das Manifest für Gefährten. Wenn Spezies sich begegnen – Hunde, Menschen und signifikante Andersartigkeit.* Berlin: Merve (Erstveröffentlichung 2003).

Henderson, L. J. (1932) An approximate definition of fact. *University of California Studies in Philosophy, 14,* 179–199.

Hessler, M. (2017). Mensch und Maschine. Eine Einführung. In K.-P. Ellerbrock (Hrsg.), *Westfälische Wissenschaftsgeschichte. Quellen zur Wirtschaft, Gesellschaft und Geschichte vom 18. bis 20. Jahrhundert* (S. 272–279). Münster: Aschendorff Verlag.

Hird, M. J. (2009). *The origins of sociable life: Evolution after science studies.* Basingstoke: Palgrave Macmillan.

Kaerlein, T. (2018). *Smartphones als digitale Nahkörpertechnologien. Zur Kybernetisierung des Alltags.* Bielefeld: transcript.

Karafyllis, N. C. (2006). Biofakte. Grundlagen, Probleme, Perspektiven. *Erwägen Wissen Ethik, 17,* 547–558.

Lamarre, T. (2018). *The anime ecology. A genealogy of television, animation, and game media.* Minneapolis: University of Minnesota Press.

Lee, J., & Wu, J. (2013). A cell-cell communication signal integrates quorum sensing and stress response. *Nature. Chemical Biology, 9,* 339–343.

Ochsner, B., Otto, I., & Spöhrer, M. (Hrsg.). (2013). Themenheft: Objekte medialer Teilhabe. *AugenBlick. Konstanzer Hefte zur Medienwissenschaft* 58.

Orland, B. (2005). Wie hören Körper auf und wo fängt Technik an? Historische Anmerkungen zu posthumanistischen Problemen. In B. Orland (Hrsg.), *Artifizielle Körper – lebendige Technik. Technische Modellierung des Körpers in historischer Perspektive* (S. 9–42). Zürich: Chronos.

Parisi, L. (2009). Technoecologies of sensation. In B. Herzogenrath (Hrsg.), *Deleuze/Guattari & Ecology* (S. 182–199). Basingstoke: Palgrave Macmillan.

Pias, C. (Hrsg.). (2003). *Cybernetics – Kybernetik. The Macy-Conferences 1946–1953. Band 1: Transactions/Protokolle.* Zürich: Diaphanes.

Pias, C. (Hrsg.). (2004). *Cybernetics|Kybernetik 2. The Macy-Conferences 1946–1953. Band 2: Documents/Dokumente.* Zürich, Berlin: Diaphanes.

Pies, D., Verwoert, J. (Hrsg.) (2018). *What if it won't stop here?* Berlin: Archive Books.

Rabinbach, A. (2013). Von mimetischen Maschinen zu digitalen Organismen. Die Transformation des menschlichen Motors. *Figurationen. Gender, Literatur, Kultur, 14*(1), 93–113.

Rieger, S. (2003). *Kybernetische Anthropologie. Eine Geschichte der Virtualität.* Frankfurt a. M.: Suhrkamp.

Serres, M. (1987). *Der Parasit*, Frankfurt a.M.: Suhrkamp. (Erstveröffentlichung 1980).

Steinbuch, K. (^{2}1963). *Automat und Mensch. Kybernetische Tatsachen und Hypothesen.* Berlin: Springer.

Stengers, I. (2005). The cosmopolitical proposal. In B. Latour & P. Weibel (Hrsg.), *Making things public* (S. 994–1003). Cambridge: MIT Press.

Stengers, I. (2010). *Cosmopolitics, 1.* Minneapolis: University of Minnesota Press.

Stengers, I. (2011). *Cosmopolitics, 2.* Minneapolis: University of Minnesota Press.

Wessely, C., & Huber, F. (2017). Milieu. Zirkulationen und Transformationen eines Begriffs. In C. Wessely & F. Huber (Hrsg.), *Milieu. Umgebungen des Lebendigen in der Moderne* (S. 7–17). Paderborn: Fink.

Beate Ochsner ist Professorin für Medienwissenschaft an der Universität Konstanz und Sprecherin der DFG-Forschungsgruppe „Mediale Teilhabe. Partizipation zwischen Anspruch und Inanspruchnahme". Sie leitet dort das Projekt „Technosensorische Teilhabeprozesse. App-Praktiken und Dis/Ability". Ihre Forschungsschwerpunkte sind Kulturen der Teilhabe, audiovisuelle Produktion von Behinderung, Praktiken des Nicht/Hörens und Nicht/Sehens, Medien/Kultur/Produktion, auditorische Ökologien sowie Medientheorie und -ästhetik. Zu rezenten Publikationen gehören Oikos und Oikonomia oder: Selbstsorge-Apps als Technologien der Haushaltung. *Internationales Jahrbuch für Medienphilosophie*

(2018), Talking about Associations and Descriptions or a Short Story about Associology. In Dies./M. Spöhrer (Hrsg.), *Applying the Actor-Network Theory in Media Studies* (2017) und Documenting Neuropolitics: Cochlear Implant Activation Videos. In H. Hughes & C. Brylla (Hrsg.), *Documentary and Disability* (2017).

PD Dr. Sybilla Nikolow ist wissenschaftliche Mitarbeiterin an der Abteilung Geschichtswissenschaft der Universität Bielefeld und leitet dort ein DFG-Projekt zur Prothetik im Ersten Weltkrieg. Ihre Forschungsschwerpunkte liegen in der Wissenschafts-, Technik- und Medizingeschichte sowie in den Museum Studies. Sie ist Herausgeberin des Bandes *„Erkenne Dich selbst!". Strategien der Sichtbarmachung des Körpers im 20. Jahrhundert* (2015), Mitherausgeberin von *Ersatzglieder und Superhelden. Beiträge zu Vergangenheit und Zukunft der Prothetik* (im Druck, zus. mit Ch. Asmuth) und Autorin von Prothetik. In M. Heßler & K. Liggieri (Hrsg.), *Technikanthropologie. Handbuch für Wissenschaft und Studium* (2020).

Robert Stock ist Koordinator der DFG-Forschungsgruppe „Mediale Teilhabe. Partizipation zwischen Anspruch und Inanspruchnahme" und dort assoziierter Postdoktorand im Projekt „Technosensorische Teilhabeprozesse. App-Praktiken und Dis/Ability". Zu seinen Forschungsschwerpunkten gehören mediale Praktiken des Sehens und Hörens, Disability Sound & Media Studies, Dokumentarische Filme und Behinderung, kulturwissenschaftliche Tier-Studien, filmische Zeugenschaft und luso-afrikanischer Film. Aktuelle Publikationen sind Musik-Filmische Teilhabekonstellationen als Partizipationsversprechen und situiertes Wissen in The Queen of Silence (2014) und And-Ek Ghes... (2016). In *Paragrana. Internationale Zeitschrift Historische Anthropologie* (2019) und Singing altogether now. Unsettling images of disability and experimental filmic practices. In H. Hughes & C. Brylla (Hrsg.), *Documentary and Disability* (2017). Er ist Mitherausgeber von *senseAbility – Mediale Praktiken des Sehens und Hörens* (2016, zus. mit B. Ochsner).

Teil I
Historische Zugänge

„Claude Bernard qui genuit Cannon qui genuit Rosenblueth apud Wiener". Teleologien der Biokybernetik

Heiko Stoff

Zusammenfassung

Der Wissenschaftshistoriker Georges Canguilhem hat seine Geschichte des biologischen Regulationsbegriffes einerseits auf die Kybernetik ausgerichtet, andererseits die Kontingenz aufgezeigt, welche die Entwicklung von Begriffen und Konzepten kennzeichnet. Die Vorgeschichte der Biokybernetik lässt sich nicht auf eine Genealogie reduzieren, stattdessen muss die Potenzialität unterschiedlicher historischer Versuche aufgezeigt werden, Körper als regulierte Funktionsabläufe darzustellen und die Bedeutung leistungsfähiger Agenzien für das Ganze zu erklären. Die Kernaussage Canguilhems lautete dabei, dass ein Konzept der Mechanik zu einem Konzept der Biologie und dann zu einem Konzept der Kybernetik wurde. Die Technisierung der Biologie ist nicht die Folge eines historischen Wissensprozesses, sondern bereits dessen Grundlage.

Schlüsselwörter

Biokybernetik · Regulierung · Teleologie · Wirkstoffe · Homöostasis

H. Stoff (✉)
Institut für Geschichte, Ethik und Philosophie der Medizin, Medizinische Hochschule Hannover, Hannover, Deutschland
E-Mail: stoff.heiko@mh-hannover.de

© Springer Fachmedien Wiesbaden GmbH, ein Teil von Springer Nature 2020
B. Ochsner et al. (Hrsg.), *Affizierungs- und Teilhabeprozesse zwischen Organismen und Maschinen*, Technikzukünfte, Wissenschaft und Gesellschaft / Futures of Technology, Science and Society,
https://doi.org/10.1007/978-3-658-27164-0_1

Ein im 18. Jahrhundert etablierter technischer und physiko-theologischer Diskurs habe Metaphern bereitgestellt, so schloss der französische Wissenschaftshistoriker Georges Canguilhem, die jene rigorose Rationalisierung inspiriert habe, aus der die Kybernetik hervorgehen sollte: *„Claude Bernard qui genuit Cannon qui genuit Rosenblueth apud Wiener"* (Canguilhem 1979b, S. 90). Claude Bernards Konzept des inneren Milieus, Walter B. Cannons Begriff der Homöostasis und Arturo Rosenblueths Verwendung der Rückkoppelung verfassten in kausal-genealogischer Abfolge das Modell des regulierten und sich selbst regulierenden Körpers, wie es dann in Norbert Wieners Kybernetik gipfelte (ebd.). Als historische Teleologie ist Regulierung zugleich Ursache und Wirkung der Biokybernetik der zweiten Hälfte des 20. Jahrhunderts. Es ließe sich entsprechend von einer protokybernetischen, kybernetischen und mittlerweile auch neo- oder postkybernetischen Periode sprechen (Hörl und Parisi 2013). Eine Teleologie erklärt Prozesse aus dem Zweck, Funktionen aus der Form sowie Vorgeschichte und Genealogie aus dem Forschungsobjekt. Sie kann seit Kant auch als ein regulatives Prinzip verstanden werden, um die Dinge in der Welt überhaupt erst zu reflektieren und zu beurteilen (Kant 1790, S. 365; Bühler 2004, S. 27ff.). Die Verbindung von teleologischem Denken und mechanistischen Vorstellungen ist aber ebenso eine lange verdrängte Bedingung der modernen Biologie (Lenoir 1989). Die Geschichte der Biokybernetik verbindet also historische mit mechanistischer Teleologie.

Dabei war Canguilhem selbst sicherlich kein Teleologe, sondern im Anschluss an Gaston Bachelard Vertreter einer epistemologischen Zeitgeschichte. Seine kritische Wissenschaftsgeschichte befasste sich mit der diskontinuierlichen vorwissenschaftlichen Genealogie wissenschaftlicher Begriffe und der Frage, wie eine Wissenschaft ihren Gegenstand konstituiert. Gleichwohl rationalisiert und verengt seine Stammlinie der Biokybernetik notwendigerweise eine ebenso komplexe wie widersprüchliche Geschichte auf das eine Prinzip der Regulation (Canguilhem 1979a, S. 17; Rheinberger 2006, S. 55, 60f.; Schmidgen 2008, S. 152). Um jene Mannigfaltigkeit von „Gruppen, Institutionen, Kapitalien, Menschen, […], Maschinen, Gegenständen, Prognosen und unvorhergesehenen Zufällen" darzustellen, welche, nach Michel Serres, die Geschichte der Wissenschaften ausmache (1998, S. 19), und um die aktive Rolle der Historiografie selbst zu betonen, wäre es besser, von Teleologien zu sprechen.

Canguilhems Vortrag „La formation du concept de régulation biologique aux XVIIIe et XIXe siècles" aus dem Jahr 1974, dessen fünf Jahre später publizierte deutsche Übersetzung die Grundlage für diesen Beitrag darstellt, liefert einen aufschlussreichen roten Faden für Geschichten der Technisierung des Körpers. Dem Begriff der Regulation, den Canguilhem auf das 18. Jahrhundert datierte, kommt dabei eine zentrale Funktion zu. Der Physiologe Volker Henn, weniger skrupulös, was die Strenge einer Begriffsgeschichte angeht, ging noch weiter und verlegte das „Phänomen der Regelung" bereits in das 5. Jahrhundert vor Christus (Henn 1969, S. 165f.). Beide aber stellten Regulation in einen Zusammenhang mit der zeitgenössischen Kybernetik. Henn fragte (1969) explizit, ob es früher schon Ansätze und Entwicklungen gegeben habe, „in denen Denk- und Verfahrensweisen sichtbar werden, die der Kybernetik verwandt oder gleich sind, die aber nicht weiter entwickelt wurden oder in Vergessenheit geraten sind" (ebd., S. 164). Das Konzept der Vorgeschichte suggeriert eine gewisse Kausalität, es funktioniert retroaktiv und selektiert Vergangenheit. Die teleologische Geschichtsschreibung wirkt in diesem Sinne selbst kybernetisch, als Feedback, sie schließt aus, was nicht dem Ziel und Zweck entspricht (Rosenblueth et al. 1943, S. 19; Bühler 2004, S. 27). Um in der Sprache der Regulationsmodelle zu bleiben, geht es aber in der Geschichtsschreibung immer auch um Potenzialitäten, um „prospektive Potenzen" (Driesch 1901, S. 121ff.), die sehr unterschiedliche Gestalt annehmen können. Es müssen die Prozesse der Genealogisierung und die Mannigfaltigkeit der Potenzialitäten gleichzeitig erschlossen werden, wenn es denn so etwas wie eine Vorgeschichte der Biokybernetik geben soll, die nicht nur ihre eigenen Voraussetzungen und Verwerfungen produziert. Es gibt nicht nur eine Begriffsgenealogie, sondern immer auch kontingente Geschichten. Was historiografisch herausgearbeitet werden muss, sind unterschiedliche historische Bedingungen und die Vielfältigkeit der Realisierungen und Nicht-Realisierungen.

Canguilhem selbst legte eine teleologische Deutung durchaus nahe, wenn er etwa formulierte, dass der bereits im frühen 19. Jahrhundert erstmals auftauchende Begriff „Kybernetik" über ein Jahrhundert in Erwartung der Theorie verharrt habe, „die ihm das formale Konzept liefern sollte, das geeignet war, seine etymologische Begrenzung zu überschreiten" (Canguilhem 1979b, S. 90). Sein durchaus auch ironisch latinisierter Sinnspruch verwies also selbst in rigoroser Rationalisierung auf die notwendige Konzeptualisierung der Kybernetik durch passend gemachte wissenschaftliche Theorien. Peter McLaughlin deutet Canguilhems Herangehensweise in diesem Sinne als zugleich teleologisch und dialektisch. Canguilhem habe zu zeigen versucht, was am Regulationskonzept aufgegeben werden musste, damit es schließlich kybernetisch funktionierte (McLaughlin 2007). Zugleich erinnerte Canguilhem aber auch daran, wie viele Diskurse und Praktiken es noch brauchte, damit ein Konzept wie das der Regulation eine spezifische Bedeutung erhielt:

> „Die Geschichte der ‚Regulation' läßt sich also nur schreiben, wenn man mit der Geschichte des ‚Reglers' beginnt, einer Geschichte, die aus Theologie, Astronomie,

Technologie, Medizin und sogar aus der gerade erst entstehenden Soziologie zusammengesetzt ist und in die Newton und Leibniz nicht weniger verwickelt sind als Watt und Lavoisier, Malthus und Auguste Comte" (Canguilhem 1979b, S. 90f.).

So teleologisch also die Geschichte erscheint, so kontingent ist sie doch auch von Beginn an. Kybernetik war nur eine und keineswegs zwingende Möglichkeit des Regulationskonzeptes. Der Traum der Kybernetik, so Bernhard J. Dotzler, wurde nicht immer schon geträumt (Dotzler 2008, S. 19f.). Ausgehend von der Canguilhem'schen Engführung von Regulation und Kybernetik soll im Folgenden die Begriffsgeschichte der Biokybernetik verkompliziert und in diverse Teleologien aufgelöst werden. Die Geschichte der Kybernetik ist schließlich nur verständlich als eine diagrammatische Reduzierung, welche die Verbindung alles Mannigfaltigen ebenso zum Verschwinden bringt, wie sie sie verstetigt. Es bleibt ein Forschungsdesiderat zu zeigen, wie sich Biologie, Technik, Ökonomie und Gesellschaft zeichenhaft und imperativ in den finalisierten Kreisläufen der Biokybernetik ausrichteten.

Regulation (eine Vorgeschichte)

Regulation ist jener Begriff, der die Vorgeschichte der Biokybernetik dominiert hat: „La régulation, c'est le *fait biologique* par excellence" (Canguilhem 1989, S. 712; Morange 2000, S. 88). Die vorwissenschaftliche Geschichte der Regulation wiederum, das ist die Kernthese Canguilhems, verbindet im 18. Jahrhundert die angewandte Mechanik maschineller Steuerungsfunktionen mit einem theologischen Diskurs über den präformierten Mechanismus des Organismus (Canguilhem 1979b, S. 91). Im Mittelpunkt stand dabei zunächst der Disput über das Leibniz'sche Equilibrium, als die Idee einer von Gott eingerichteten prästabilisierten Harmonie und damit einer von Anbeginn restlos regulierten Welt. Leibniz' Referenzpunkt waren die im 18. Jahrhundert so überaus beeindruckenden Automaten, wie sie Jacques de Vaucanson erfunden hatte. Diese seien nicht nur die menschlichen Nachbauten eines präformierten Mechanismus, sondern bewiesen auch, dass es möglich sei, Abläufe zu regeln, ohne dass es zu ständigen regulierenden Eingriffen durch einen *regulator* oder *governor* kommen müsse, wie es Newton und seine Schüler behaupteten. Entscheidend ist dabei, dass dieser Streit mit mechanisch-technischen Mitteln ausgetragen wurde und es zu einem intensiven Austausch der Metaphern kam: Der Regler funktionierte ebenso im theologischen Streit wie in der Federuhr (Canguilhem 1979b, S. 91f.; McLaughlin 2007). Es ging nicht nur um die Frage, ob Gott die Uhr des Universums ständig wieder aufziehen müsse, sondern auch darum, ob die Welt so gut und regelmäßig geordnet sei, dass es keiner weiteren regulierenden Eingriffe bedürfe (was Voltaire in seiner Novelle *Candide* spitzzüngig bezweifelte). Just die physikalischen Gesetze Newtons sollten auf paradoxe Weise Leibniz Recht geben, was auf erneut paradoxe Weise die Theologie aus der Kosmologie austrieb (Canguilhem 1979b, S. 94; Koyré 1980). Der Regulationsbegriff verweist seitdem auf die „Erhaltung von Ausgangskonstanten" sowie „Funktionen der Erhaltung oder Wiederherstellung in geschlossenen Systemen" und wurde zu einem Epistem, dass nicht nur in der Theologie und Physik, sondern ebenso in der Ökonomie und Physiologie das Beharrungsvermögen einer gegebenen Ordnung bezeichnet (Canguilhem 1979b, S. 94). Wird der Begriff der Regulation durch den der Organisation ersetzt, wie Jan Müggenburg dies in seinem Beitrag zu diesem Sammelband zeigt, kommt es jedoch zu einer ganz anderen Geschichte, die bei Kants Kritik der teleologischen Urteilskraft einsetzt (Keller 2005). Vernunftgemäß, weniger real denn ideal, so Kant, könne ein Ding durchaus zugleich Wirkung und Ursache sein. Dies verweise auf die systematische Einheit der Form und Verbindung alles Mannigfaltigen. Jedes Naturding wiederum ist nicht nur ein Werkzeug für das Ganze, sondern selbst, als Naturzweck, zugleich ein organisiertes und sich selbst organisierendes Wesen. Just darin bestehe auch der Unterschied zur Maschine: Ein organisiertes Wesen besitze in sich eine fortpflanzende bildende Kraft, die sie den Materien mitteile (Kant 1790, S. 289ff.).

Die entstehende Biologie basierte trotz dieses gravierenden Einwandes und der damit verbundenen Einführung einer Lebensenergie auf einem mechanistischen Prinzip, eben weil das Konzept der Regulation bedeutender war als das der Organisation. Entsprechend müsste eigentlich für eine Vorgeschichte der Biokybernetik James Watts Zentrifugalkraftregler *(governor)* am Beginn stehen und zudem James Clerk Maxwells Theorie der Regelung aus den 1860er Jahren berücksichtigt werden. Canguilhem formulierte auch diese Genealogie, die vom Regler zum Funktionskreislauf mit Rückkopplungsmechanismus verläuft, explizit teleologisch aus: „Es versteht sich von selbst, daß Watts ‚governor' weitaus am geeignetsten war, um jene Art der kreisförmigen, rückwirkenden Aktivität zu bezeichnen, wie sie in einem Organismus abläuft, der in einem geschlossenen Kreis über Rückkopplungssysteme und Regelkreise funktioniert" (Canguilhem 1979b, S. 96). Auf entscheidende Weise sei es aber Ende des 18. Jahrhunderts Antoine Laurent de Lavoisier gewesen, der die Erhaltung und Wiederherstellung der Ökonomie des Körpers durch spezifische Leistungen von (steuernden) Reglern dargestellt habe: Atmung, Transpiration und Verdauung (ebd., S. 98f.).

Die Idee der immer schon bestens eingerichteten Gesellschaft war Ende des 18. Jahrhunderts obsolet: Natur wurde durch Geschichte, das Gleichgewicht durch den Konflikt ersetzt (ebd., S. 101). Das konstante Äußere, so noch Auguste Comte, den Canguilhem als Scharnier zwischen Newton und Bernard einführte, regelt das Innere, die Umwelt den Organismus. Bei Bernard hingegen reagiert das stabile innere Milieu des Organismus ausgleichend auf die eher zufälligen Einwirkungen des keineswegs beständigen äußeren Milieus (S. 103ff.). Auch an dieser Stelle ließe sich jedoch noch eine ganz andere Vorgeschichte konstruieren. Canguilhem würdigt selbst den deutschen Medizinhistoriker Karl E. Rothschuh, der in einem recht teleologischen Artikel zur Geschichte der biologischen Regulation an Hermann Lotze erinnerte, der zu Beginn der 1840er Jahre das Leben als Zusammenfassung geregelter und gesteuerter physikalisch-chemischer Prozesse bestimmt hatte (Rothschuh 1972; Canguilhem 1979b, S. 106f.). Benjamin Bühler schließt hier an und widmet sich dieser anderen „Vorgeschichte der Kybernetik". Wie er zeigt, hat sie sich zwischen Vitalismus und Mechanismus und damit zwischen Immanuel Kant, Claude Bernard, Hermann Lotze und Eduard Pflüger abgespielt (Bühler 2004, S. 29ff.).

Bernard bleibt die zentrale Figur bei der Geschichte des Regulationskonzeptes, weil er Mitte des 19. Jahrhunderts exakt die Regulierungsweisen des Organismus, in Bezug auf die innere Sekretion des inneren Milieus, als ein System des Ausgleichs und der Mäßigung eines labilen Gleichgewichts beschrieben hatte. Bei Bernard standen dabei Regulationsprozesse der Blutzirkulation und Wärmeerzeugung im Mittelpunkt. Über Charles-Édouard Brown-Séquard und die entstehende Hormonlehre führte dies, gemäß der Canguilhem'schen Logik, zu Walter B. Cannons Modell der Homöostasis als einem neuen Grundprinzip der biologischen Regulation (Canguilhem 1979b, S. 104ff.).

Regulierungssysteme, 1900–1940

Am Anfang seines Artikels zitierte Canguilhem jedoch keinen der von ihm genealogisierten Vordenker der Kybernetik, sondern Hans Driesch und dessen Werk „Die organischen Regulationen" aus dem Jahr 1901. Mit Drieschs Schrift, darauf macht Hans-Jörg Rheinberger in seiner Canguilhem-Lektüre aufmerksam, sei die entscheidende Wende eingetreten, an der sich ein „autokritischer biologischer Regulations-Diskurs" Bahn gebrochen habe: „Von nun an gelten regulatorische Netzwerke als Schlüssel zum Verständnis biologischer Funktionen" (Rheinberger 2006, S. 69). Erst Driesch sprach von Regulation im Plural. Das Konzept selbst habe sich inhaltlich stabilisiert und verbreitet, so Canguilhem (Canguilhem 1979b, S. 107).

Die Durchsetzung des Modells der biologischen Regulation war dabei eng mit der zeitgenössischen embryologischen Forschung verbunden. Driesch fragte in seinen Untersuchungen explizit nach „regulatorischen Mitteln", etablierte primäre und sekundäre Regulationen und kam schließlich sogar mit der Methodik der Pfropfung zum Begriff der „regulatorischen Regulationen" (Driesch 1901, S. 95ff., 1902, S. 534). Im Zusammenhang einer „totalen Potentialität", die es ermögliche, das Werden eines Teils mit der Struktur des Ganzen zu harmonisieren, etablierte sich jene Logik der Funktionen, „die andere Funktionen kontrollieren und es dem Organismus durch die Einhaltung bestimmter Konstanten ermöglichen, sich als ein Ganzes zu verhalten" (Canguilhem 1979b, S. 89), so Canguilhem. Wenn der Vitalist Driesch von einer (allerdings unbekannten) „Regulation zum Ganzen" (Driesch 1903, S. 47) sprach, bezog er sich dabei auf Wilhelm Roux' entwicklungsmechanische Experimentalsysteme. Die Entwicklungsmechanik der Organismen, die auch als „kausale Morphologie" firmierte, war der Suche nach den Ursachen der Formbildung in der tierischen Ontogenese gewidmet. Sie befasste sich mit der „werdenden Form" (Mocek 1998, S. 17f.) und verwendete dazu eine neue, nämlich experimentelle Methode. Roux hatte in den 1880er Jahren die „functionelle Anpassung" im Darwinschen Sinne als „Kampf der Theile des Organismus" dargestellt. Der Regulationsbegriff tauchte dabei nur im Zusammenhang einer „Regulation der Blutgefässe" auf (Roux 1881, S. 2f., 163ff.). Bei Driesch hingegen wurde der Kampf der Teile im Organismus zwei Jahrzehnte später durch das Konzept der Regulation erklärt. Als Driesch im Jahr 1920 Roux als Theoretiker würdigte, konnte er dann schon selbstverständlich dessen „Lehre vom Leben überhaupt" als eine Relation von Selbst und Regulation konstituieren, die eigentlich keiner vitalistischen Idee mehr bedurfte: „Zur Minimaldefinition des Belebten gehören Selbstveränderung, Selbstanbildung, Selbstausscheidung, Selbstteilung, Selbstvermehrung und Selbstregulation" (Driesch 1920, S. 450).

Die Aufklärung dieser „unbekannten Regulation" wurde zu einer zentralen Herausforderung für die Molekularbiologie in der zweiten Hälfte des 20. Jahrhunderts (Jacob 2002, S. 242). Eine Geschichte des Begriffs der Potenzialität könnte wiederum von Aristoteles über Driesch bis zu den Arbeiten zur Genexpression von Jacques Monod und François Jacob selbst reichen (Rheinberger 2006, S. 303). Und wenn wir das teleologische Spiel der Genealogie noch weitertreiben wollen, dann musste erst eine Verbindung zwischen Brown-Séquard und Driesch hergestellt werden, damit eine Materialisierung des Regulationskonzeptes stattfinden konnte, wie es durch die frühe Hormon- und Verjüngungsforschung geschah (Stoff 2004).

Während Regulation um 1900 also in Begriffen der Mittel, Funktionen und Zweckmäßigkeit verstanden wurde, etablierten sich in eben diesem Zusammenhang auch jene Forschungen, die nach der Materialität der Regulatoren fragten. Die Entwicklungsmechanik weitete seit den 1910er Jahren ihr Programm merklich aus. Insbesondere Experimente, die an Bernards Konzept der inneren Sekretion und Brown-Séquards Selbstexperiment mit Hodenextrakten anschlossen, erlaubten eine Umformulierung der Problemstellung der kausalen Morphologie selbst. Die körperliche Gestaltung des Menschen wurde zu einer experimentellen Praxis, die unter Laborbedingungen die Plastizität des Menschenmaterials erprobte (Mocek 1998, S. 360).

Die Leistung der Regulation bei der Formierung und Erhaltung des Ganzen einerseits und bei der therapierenden und optimierenden Aktivierung andererseits, wurde durch spezifisch leistungsfähige Agenzien einer inneren Sekretion durchgeführt. Diese chemischen Regler, denen Alfred Kühn später den treffenden Namen „Regulatoren des Leistungsgetriebes" gab (Kühn 1937, S. 49), waren chemische Substanzen, die in Mangel- und Leistungsexperimenten erarbeitet wurden. Erst die experimentelle Produktion von Dysfunktionen und Monstrositäten etablierte im wissenschaftlichen Sinn das funktionsfähige Regulationssystem (Stoff 2004, S. 404 ff.). Der mechanische Mensch als organische Maschine, wie ihn Karl Čapek 1922 als „Roboter" erfand, war entsprechend ein Produkt aus „Katalysatoren, Enzymen, Hormonen und so weiter" (Čapek 1976, S. 105). Das chemische Regulationssystem entsprach damit den Potenzialen der Kontrolle und Steuerung des Körpers und zwar dessen Optimierung, aber auch Normalisierung. Denn ein normaler Zustand, so hatte Driesch postuliert, war die Behebung einer „irgendwie gesetzten Störung" durch Regulation (Driesch 1901, S. 92).

Die effektiven Hormone, im Anschluss aber auch die Vitamine und Enzyme wurden im deutschsprachigen Raum bis in die 1950er Jahre exklusiv als Wirkstoffe bezeichnet (Stoff 2012). Die leistungsstarken Hormone und Vitamine reagierten mit der älteren Fermentforschung und deren Konzept der Katalyse und Spezifität. Der Biochemiker Carl Oppenheimer brachte zu Beginn der 1930er Jahre mit Emphase das Revolutionäre dieses Regulationsmodells auf den Punkt: Man stehe danach mit geradezu ehrfurchtsvollem Erstaunen vor diesen überfeinerten Regulationsprozessen, „die das Zellgetriebe, das wir Leben nennen, unter Kontrolle halten und ihm die Gesetze des Wachstums, des Stoffwechsels und der Entwicklung vorschreiben" (Oppenheimer 1932, S. 19).

In den ersten Jahrzehnten des 20. Jahrhunderts wurde der Organismus damit zugleich als Wirkstoff- und Regulationssystem konstituiert. Die Erhaltung der Funktionen und Herstellung eines inneren Gleichgewichts durch Wirkstoffe wurde zu einem biomedizinischen Dogma, was Rückwirkungen auf die Theorie des Lebens hatte (Stoff 2012, S. 185ff.). Enzyme, Hormone und Vitamine waren in einem komplexen System antagonistischer und synergistischer Reaktionen verwickelt und ihre chemische Struktur wurde ein funktionaler Bestandteil von Zyklen und Ketten. Der Chemismus der Regulierungsfunktionen und Stoffwechselprozesse verlangte nach immer sublimeren Formen von Repräsentation und Intervention (Jacob 2002, S. 104ff., 244ff.). Ein auf die Herstellung eines inneren Gleichgewichts abzielendes Regulationsmodell war dabei in den 1920er Jahren bereits weitgehend ausformuliert, wie es Max Dohrn 1928 in einem Vortrag *Über Hormone* prägnant formulierte: „Ein ewiges Sichhemmen und Fördern reguliert die Lebensfunktionen beim Aufbau und der Erhaltung des Organismus. Es muß normalerweise ein harmonisches Gleichgewicht aller Kräfte und Vorgänge vorhanden sein, das nicht auf lange gestört sein darf, ohne mehr oder minder schwere pathologische Zustände hervorzurufen. Dieser fein regulierte physiologische Prozeß auf so weit verzweigten Bahnen muß als eines der interessantesten Gebiete biologischer Forschung gelten" (Dohrn 1929, S. 60f.).

Biologische Regulationen als Selbststeuerung wurden in der ersten Hälfte des 20. Jahrhunderts mit der Aktivität diskreter, aber leistungsfähiger Agenzien erklärt. Eine Vorgeschichte der Biokybernetik muss deren Materialisierung mitdenken (Stoff 2012, S. 7ff.). Zusammenfassend lässt sich festhalten: Das biologische Konzept der Regulation war spätestens in den 1930er Jahren ausformuliert und in vielerlei Hinsicht entwickelbar. Es brauchte die Kybernetik nicht, um sinnvoll und funktionsfähig zu sein. So integrierte der Physiologe Richard Wagner Mitte der 1920er Jahre bei seinen Untersuchungen über Regelvorgänge im Organismus sowie zur Physiologie des Kreislaufs und der Muskelkoordination das Spiel von Synergisten und Antagonisten in eine Systematik von Regulierungsvorgängen, bei der dem Prinzip der Rückkoppelung – die Rückwirkung des Systems auf sich selbst – eine besondere Bedeutung zukam (Wagner 1925, 1961, S. 236; Dittmann 2009). Reize, Rückwirkungen, Kontrollmechanismen zeigen, es brauchte keine Protokybernetik für eine Metaphorik, die nicht notwendigerweise kybernetisch werden musste.

Biokybernetischer Universalismus

In seiner Genealogie der Kybernetik übersprang Canguilhem allerdings die bedeutsame Rolle, die das Regulationskonzept in der Wirkstoffforschung spielte. Für ihn war es der US-amerikanische Physiologe Walter B. Cannon, der Bernards

Konzept des inneren Milieus erst in ein Regulationssystem umformuliert hatte, das die Kybernetik denkbar machte. Cannon hatte Ende der 1920er Jahre Begriffe für physiologische Körper gefunden, mit denen diese als offene und selbstregulierende Systeme beschrieben werden konnten. So schrieb er, es sei der Zustand konstant zirkulierender Flüssigkeiten, namentlich des Bluts, der dabei das stabile Funktionieren des Körpers garantiere. Diese Beständigkeit der Regulationsprozesse erschien so charakteristisch, dass Cannon ihr den Namen „homeostasis" gab. Er entwarf dabei eine Genealogie, die bei Hippokrates begann, durch Claude Bernard eine entscheidende Wendung erhielt und über die Physiologen Eduard Pflüger, Léon Fredericq sowie Charles Richet zu ihm selbst führte (Cannon 1929, S. 399, 1941, S. 1ff.).

Cannons homöostatisches Konzept postulierte eine durch funktionale chemische Agenzien und dynamische Prozesse stabilisierte und regulierte Organisation des physiologischen Körpers (Cannon 1941, S. 3; Tanner 2008, S. 17, 23). Die Funktion der Stabilisierung des Organismus übernahmen dabei *homeostatic agents,* die sich wiederum im Regulationssystem gegenseitig beeinflussten und kontrollierten (Fruton 1999, S. 479ff.). In diesem Sinn ist Leben immer homöostatisch und sollte es nicht homöostatisch sein, wäre es radikal gefährdet. Auf Zustände gefährdeter Homöostasis reagierten „Notfallsfunktionen". Die Tätigkeit des Systems sei stets so, dass es das Wohlergehen des Organismus begünstige (Cannon 1928, S. 406). Nur deshalb vermöge ein Organismus seine Homöostase zu erhalten, so fasste Jacob diese so einfache wie einflussreiche These zusammen, weil er dank unzähliger Regulationsmechanismen die besten Bedingungen für seine Existenz selber bestimme (Jacob 2002, S. 270). Inneres und äußeres Milieu stehen dabei in einem prekären Verhältnis. Das sich selbst regulierende System ist zugleich abhängig und gefährdet durch das äußere Milieu. Dies wies in Richtung der System-Umwelt-Problematik, prägte aber ebenso auch das Stresskonzept der sich selbst steuernden Anpassungsmechanismen des Biochemikers Hans Selye (Haller et al. 2014; Jackson 2013; Kury 2012).

Mit Cannon begann, wenn man so will, die persönliche Informationsübermittlung zum selbstregulierten System zu werden. Denn in seinem Team, das sich mit Arbeiten zum „neuro-effector system" befasste, forschte in den 1930er Jahren auch der mexikanische Physiologe Arturo Rosenblueth, der erst Norbert Wiener mit Regulationsvorgängen in der Physiologie vertraut machte (Borck 2014; Pias 2004). Entsprechend braucht es keine Detektivarbeit, um die Linie Cannon-Rosenblueth-Wiener zu entdecken. Gleichwohl wäre es falsch, Cannon zum Gründervater der Kybernetik *avant la lettre* zu stilisieren. Denn Cannon war kein Kybernetiker, so Cornelius Borck, sondern ein Denker in Analogien (Borck 2014, S. 476).

Die Produktivität der Zusammenarbeit von Rosenblueth und Wiener bestand in der Verbindung physiologisch-neurologischer mit mathematisch-kommunikationstheoretischen Konzepten auf der Basis behavioristischer Überzeugungen (Galison 1996, S. 300ff.). Vor allem aber ging es ihnen um einen menschlichen Körper, der wissenschaftlich nur als maschinenhaft verstanden werden konnte und damit auch um die Austreibung des anthropologischen oder subjektiven Faktors: „[A]s objects of scientific enquiry, humans do not differ from machines" (Rosenblueth und Wiener 1950, S. 326). In der Tat müsste also eine Genealogie der Kybernetik, Henn verstand dies schon 1969 durchaus richtig, eigentlich bei Descartes und La Mettrie ansetzen (Henn 1969, S. 171). Der Diskurs regelhafter Prozesse war dabei Teil eines Formationssystems, das seit den 1920er sukzessive ausgearbeitet worden war. Eine allgemeine Regelungskunde, die Technik, Biologie, Physiologie und Volkswirtschaftslehre umfassen sollte, wurde schon 1940 unter den Bedingungen der nationalsozialistischen Herrschaft von dem Regelungstechniker Hermann Schmidt eingefordert. Auch hier könnte, so Frank Dittmann, der Beginn des kybernetischen Denkens markiert werden. Christopher Charles Bissell ordnet Schmidt deshalb auch umstandslos der Protokybernetik zu (Dittmann und Segal 1997; Dittmann 2009; Bissell 2011).

Auf einer der berühmten Macy-Konferenzen beschrieb Warren McCulloch die Bedeutung der Kybernetik schlicht als die Anwendbarkeit des Rückkopplungsprinzips auf alle Probleme der Regulation, Homöostasis und zielorientierten Aktivität von der Dampfmaschine bis zu menschlichen Gesellschaften (1953, S. 70). Auch diese provokative Gleichsetzung war keineswegs neu. Der Historiker Anson Rabinbach hat gezeigt, wie eng der Konnex von Dampfmaschine und Physiologie schon im 19. Jahrhundert verstanden wurde. Die neue Technologie des Industriezeitalters habe zu einem neuen Bild vom Körper geführt, „dessen ‚Ursprünge in der Arbeits-Kraft liegen' und der einer thermodynamischen Maschine nicht einfach analog, sondern im wesentlichen mit ihr identisch ist" (Rabinbach 1998, S. 295). Auch wenn die Biologie selbst auf der Unterscheidung zwischen lebendigen und nicht-lebendigen Organismen beruht, wurden bis Mitte des 20. Jahrhunderts in der Tat nur selten Abhandlungen verfasst, die den Unterschied zwischen Mensch und Maschine erklärten (so wie dies Kant 1790 geleistet hatte). Es existierten jedoch zahllose wissenschaftliche und literarische Texte, die über eine bloße Analogisierung von Mensch und Maschine weit hinausgingen. Die Kybernetik der 1960er Jahre konnte dabei zeitgenössisch auch als eine andere, aber ebenso holistische Möglichkeit verstanden werden, die (falsche) Dichotomie von Materialität und Spiritualität zu überwinden (Günther 1963,

S. 21; Rieger 2004, S. 191). Und ebenso besorgte die Kybernetik Begriffe sowohl für eine neue Art der Anthropologie als Systemtheorie, als auch für eine neue Anthropologie des sich selbst regulierenden Selbst (Steinbuch 1961; Rieger 2003, 2004). Dabei stand die Kybernetik schnell unter dem Verdacht, in der Nachfolge La Mettries ein weiteres Moment der Entseelung des Menschen zu sein. Es sei daran erinnert, dass, zumindest im deutschsprachigen Raum, eine Krise der (subjektlosen) Medizin als Folge mechanistisch-naturwissenschaftlichen Denkens debattiert wurde, die, etwa im Gestaltkreis Viktor von Weizsäckers, durchaus, so auch der Beitrag von Martin Dornberg und Daniel Fetzner zu diesem Sammelband, mit einer kybernetischen Denkweise aufgehoben werden sollte (Jores 1961; Bühler 2004, S. 10).

Das spezifisch Neue an der Kybernetik, so fasste Henn (1969) zusammen, sei die Erkenntnis, „daß Regelung und Nachrichtenübermittlung in der Maschine und im lebenden Organismus oder in sozialen Strukturen formal identisch sind und mit denselben mathematischen Hilfsmitteln beschrieben werden können" (Henn 1969, S. 166). Wiener konstituierte eine grundsätzliche Gemeinsamkeit von Problemen, die Maschinen und lebendes Gewebe teilten: Kommunikation, Kontrolle, statistische Mechanik. Es ging ihm ausdrücklich darum, die jeweilige technologische oder biologische Sprache in einer allgemeinen Terminologie der Kontrolle und Kommunikation aufzuheben (Wiener 1948, S. 11). Der Zoologe Wolfgang Wieser schloss sich dem zehn Jahre später an, als er in seiner Schrift *Organismen, Strukturen, Maschinen* schrieb, dass technische Prinzipien zur Illustration biologischer Phänomene verwendet werden dürften (und vice versa). Der Vergleich diene „der Schaffung eines allgemeinen Begriffsystems zur Beschreibung einer Mannigfaltigkeit jener Erscheinungen, durch die Organismen, Systeme und Ganzheiten zu etwas spezifisch Neuem in dieser Welt werden" (Wieser 1959, S. 9). In diesem Sinne könnte als weitere historische Teleologie eine systemtheoretische Genealogie der Biokybernetik verfasst werden, die mit Jakob von Uexküll beginnt, zunächst über Ludwig von Bertalanffy, Konrad Lorenz und Nico Tinbergen und dann über Wieser selbst sowie den Verhaltensphysiologen Erich von Holst und den Biologen Horst Mittelstaedt und deren Reafferenzprinzip führen müsste, um schließlich bei dem Biologen Bernhard Hassenstein, dem Ingenieur Hans Wenking und dem Physiker Werner Reichhardt vorläufig in der Institutionalisierung des Max Planck Instituts für biologische Kybernetik im Jahr 1968 zu enden (Aumann 2009, S. 179ff.; Rüting 2004). Deren Forschungsthemen waren eine mathematische Verhaltensforschung im Allgemeinen und Bewegungsperzeptionen im Besonderen. Während hier Handlungen und Instinkten als sogenannte Bewegungsregulationen eine zentrale Rolle zukam, waren diese in Drieschs Regulationskonzept noch explizit ausgeschlossen worden (Driesch 1901, S. VII). Die Vorgeschichte der Kybernetik ist in der Tat mannigfaltig.

Der Ausdruck Biokybernetik, der in den 1960er Jahren aufkam und nicht nur in den USA, sondern auch in Westeuropa, sowie in der Sowjetunion und der DDR schnelle Verbreitung fand, widersprach im Grunde Wieners Projekt, weil er ja einen biologischen Sonderfall der Kybernetik nahelegte. Von zentraler Bedeutung waren der Konnex von Information und Entropie sowie die Funktion des Reglers oder Feedbackmechanismus (Bröckling 2008). Kurz nach Wieners Tod im März 1964 erschien posthum ein erster Sammelband, in dem die Fortschritte der Biokybernetik zusammengefasst wurden, wobei, im Unterschied zur bundesdeutschen Biokybernetik, maßgeblich auch auf die „Endokrinologische Kybernetik" sowie die „Kybernetik der Zellsysteme" eingegangen wurde (Wiener und Schadé 1964). Ein Rezensent befand zufrieden, „daß die Biokybernetik ihren Siegeszug unbeirrt fortsetzt" (Scharf 1967).

In der wissenschaftshistorischen Forschung ist die Bedeutung der kybernetischen Metaphorik allerdings vor allem für die Molekularbiologie hervorgehoben worden. Es ging darum zu zeigen, wie die molekulare Genetik durch (Kriegs-)Metaphern der Steuerung und Kontrolle ausgerichtet wurde (Kay 2001; Haraway 1995, S. 157f.). Allerdings wäre es nicht ausreichend zu behaupten, dass mit der Kybernetik der „genetische Code" als ein „Leitsymbol biologischer Befehls- und Kontrollgewalt" entstanden sei (Kay 2001, S. 28). Diese Denkweise war in der Biologie bereits lange etabliert. Im Gegenteil brauchte die Kybernetik die Leistungsfähigkeit des biologischen Regulationsmodells, um zu reüssieren. Es ließe sich hier auch eine andere Genealogie konstruieren, die bei Alfred Kühn und Adolf Butenandt einsetzt und, wie die Wissenschaftshistorikerin Christina Brandt gezeigt hat, auf sehr unterschiedliche Weise bei dem Biologen Wolfhard Weidel und dem Biochemiker Gerhard Schramm mündet (Brandt 2004). Für eine andere Vorgeschichte des Informationsbegriffs wäre es dabei wichtig zu zeigen, dass das Verständnis von Information sich ebenso an die in den 1920er und 1930er Jahren gängige Definition der Hormone als „Botenstoffe" anschließen ließ und zudem die Begriffe Funktion und Spezifität schlicht ersetzte (Kay 2001, S. 23, 67ff.; Brandt 2004, S. 191f.). In den 1930er und 1940er Jahren arbeiteten die von Kühn und Butenandt geleiteten Arbeitsgruppen an chemisch gesteuerten Entwicklungsvorgängen. Das Wirkstoffkonzept funktionierte dabei als genetisches Experimentalsystem und die Molekulargenetik begann als Gen-Wirkstoff-System. Das Ziel dieser Arbeiten war es, die verbindenden Glieder zwischen Gen und Merkmal zu identifizieren (Becker 1938, S. 433, 434, 441; Gausemeier 2005, S. 97ff.; Rheinberger 2006, S. 131ff.). Parallel zu George W. Beadle und

Edward L. Tatum formulierten die Arbeitsgruppen jene Ein-Gen-ein-Enzym-Regel, die in der Historiografie der Molekularbiologie bis heute eine so bedeutsame Rolle einnimmt (Morange 1998). Dieses Modell benötigte aber keinen Informationsbegriff. Ohnehin funktionierte auch die molekulargenetische Informationsmetapher nicht notwendigerweise im Kontext einer ausgearbeiteten Informationstheorie. Die Metaphorik war vor allem anschaulich. Brandt arbeitete dies für Weidel heraus, der durchaus ein Anhänger der Kybernetik war und seine Metaphorik von immateriell verstandener „Chiffre" und „Information" in ein Gewebe von Metaphern einfügte, die er ohnehin verwendete. Schramm hingegen benutzte eine eher herkömmliche Metaphorik, verstand jedoch anders als Weidel den „genetischen Befehl" hierarchisch und unidirektional. Erst um 1960 erhob Schramm die Information zum Beweis der besonderen Qualität des Immateriellen (Brandt 2004, S. 253).

Die bundesdeutschen Biokybernetiker stellten das Informationskonzept jedoch in den Mittelpunkt ihrer Historisierung der Kybernetik. Hassenstein etwa vertrat die Auffassung, der entscheidende theoretische Schritt für die Begründung der Kybernetik sei die wissenschaftliche Konzeption des Begriffs der Information gewesen (Hassenstein 1977, S. 56). Signalverarbeitung und Informationsübertragung im Organismus vollziehe sich danach als selbsttätige Regelung durch die qua Leitung verbundenen Sinnes- und Ausführungsorgane, die durch „negative Rückwirkung" beeinflusst würden (ebd., 41ff.). Information allein wäre dabei sinnlos, wenn es nicht in technische Regelkreise integriert werde. Das Kernproblem blieb dabei die drohende Instabilität: Wenn Wirkungsgefüge instabil werden, dann kommt es zur „Reglerkatastrophe" (S. 50). Mit der Historisierung der Kybernetik als angewandte Wissenschaft des Informationszeitalters (Kline 2015) korrespondierte eine Recodierung der Biologie, die allerdings, ohne dass der Begriff der Information benötigt wurde, schon in den 1920er und 1930er Jahren konzeptualisiert worden war.

Biokybernetische Diagrammatik

Die Rede war bisher von begrifflichen Diskontinuitäten, von Ersetzungen, Verwandlungen und Verschiebungen einerseits sowie der kontinuierlichen Verwendung modifizierter Begriffe wie Regler, Regulation und Rückkoppelung andererseits. Im 20. Jahrhundert realisierte sich jedoch das kybernetische Regulationskonzept als Grafik: „Schaltbilder, Diagramme und schematische Skizzen – das sind die Bilder, die der kybernetischen Anthropologie entsprechen, weil es ihr gleichgültig ist, in welchem Substrat sich bestimmte Funktionen artikulieren" (Hagner 2006, S. 386). Kybernetische Regelkreise und Flussdiagramme, so Martin Wieser, seien indifferent gegenüber ihrer materiellen Basis (Wieser 2011, S. 1, 4). Die Kybernetik verfüge dabei über keine Körperbilder, sie sei ohne Physiognomie, ja geradezu eine „Antiphysiognomik", die sich nach 1945 auch gegen die organizistische Anthropologie wendete, argumentiert Michael Hagner. Diese spezifische Art von Körperbildlosigkeit gehe einher mit einem gezielten Desinteresse an der morphologischen Struktur und Form. Im Fokus stehe ein Modell vom Körper, charakterisiert durch gesetzmäßige Vorgänge wie Regulation, Symbolverarbeitung und Rückkoppelung (Hagner 2006, S. 389f., 394, 397f.; Bauer und Ernst 2010, S. 259). Die Diagrammatik verdrängte in der Biokybernetik weniger eindeutig interpretierbare Erklärungsweisen und ersetzte sie durch die Logik unumkehrbarer Informationswege und selbstgesteuerter Rückkopplungen im Funktionskreislauf.

Die Verwendung von Diagrammen findet sich in Bezug auf Regulierungsvorgänge aber schon zu Beginn des 20. Jahrhunderts. Insbesondere Jakob von Uexküll nutzte sie, um Regelkreisläufe darzustellen und Kontrollfunktionen innerhalb des Körpers zu beschreiben, die, dies kann jetzt nicht mehr überraschen, von ihm auch als protokybernetische Darstellungen von „feedback loops" gedeutet wurden (Lagerspetz 2001; Rüting 2004). Mit seinem bereits im ersten Jahrzehnt des 20. Jahrhunderts entwickelten Funktionskreis erklärte er nicht nur mit Kreisen und Pfeilen das Nervensystem und Instinktverhalten von Lebewesen, sondern gestaltete zudem in strenger grafischer Reduktion einen geschlossenen Kreislauf von Interaktionen (Rüting 2004). Schmidt deutete dann auch 1940 konsequent die geschlossene Kreisstruktur als Bedingung der Regelung (Dittmann 2009, S. 3). Regelung war ohne biologischen und technischen Funktionskreis, als eine in sich geschlossene Kausalkette, nicht mehr denkbar (Wagner 1961, S. 235). Jeder Regelkreis funktioniert dabei wiederum im kybernetischen Denksystem nur mit Rückkoppelung. Der Ausgang, so Henn, wirke auf den Eingang zurück (Henn 1969, S. 166f.).

Wohl kaum eine Wissenschaft habe so massiv zur Vermehrung der Diagramme in der Welt beigetragen, „und wohl kaum eine hat sich so sehr auf das Argumentieren in visuellen Analogien verlassen" wie die Kybernetik, stellt Claus Pias korrekt fest (Pias 2004, S. 22). Die Kybernetik produzierte seit den 1950er Jahren diagrammatische Evidenzen und glich dabei höchst Unterschiedliches an: menschliche Atmung, Mondflug, Kindererziehung und Kochen (ebd., S. 23). Verhaltensweisen erscheinen unilinear und nur graduell in ihrer Komplexität unterschieden. Auch im von Wiener und Johannes Petrus Schadé herausgegebenen Sammelband zur Biokybernetik beschränkten sich einige Autoren „methodisch auf die mathematische Logik oder die Systemdarstellung in Gestalt von

Flußbilddiagrammen" (Scharf 1967). Worum es nicht nur theoretisch, sondern auch ganz praktisch ging, war ein „diagrammatische(s) Universalmodell homöostatischer Verschaltung rückgekoppelter Einheiten" (Wieser 2011, S. 3).

Diagramme sind wirkmächtig und handlungsanleitend, weil sie Nachfolgehandlungen konstituieren (Bogen 2005; Bucher 2008, S. 125; Wieser 2011, S. 4). Sie funktionieren logisch aber nur durch standardisierende und typisierende Reduktion (Bucher 2008, S. 126). Und es war diese Art der Verknappung, der notwendigen Ignoranz gegenüber nicht unmittelbar erkennbaren Bedingungen und Zusammenhängen, die Diagramme zur geregelten Handlung machte, die sich in ihrem Universalitätsanspruch jeder Reflektion entzieht. Hier setzte dann auch die schon zu Beginn der 1960er Jahre geäußerte Kritik am biokybernetischen Denken an. So schrieb der Biologe Jacob Segal, dass der Kybernetiker seine Auswahl nach dem Prinzip der größten Sparsamkeit und des größten Nutzeffekts treffe. Die Entwicklung einer biologischen Funktion sei aber in erster Linie an entwicklungsgeschichtliche Bedingungen geknüpft (Segal 1962, S. 324). Eben diese historischen, in diesem Fall evolutionistischen Voraussetzungen, wurden in der kybernetisch-diagrammatischen Logik ausgespart. Ein zweckorientiertes Finalisierungsdenken verdrängte nicht nur die Hermeneutik, sondern tendenziell auch jede Historizität (Töpfer 2004).

Die ahistorische Logik der Kreisläufe

Canguilhems ironische Teleologie funktioniert selbst wie ein kybernetisches System. Sie ist eine selektive Variante der Geschichte der biologischen Regulation, sparsam in ihren Bezügen, rückgekoppelt durch Canguilhems epistemologische Historie, finalisiert auf Wiener, der im Artikel gar nicht mehr namentlich erwähnt wird. Die Mannigfaltigkeit der Akteure, Dinge und Handlungen bleibt dabei, obwohl sie den Referenzpunkt seiner Begriffsgeschichte darstellt, ausgespart. Es sind eben diese Verwicklungen, Zusammensetzungen und Kontingenzen, ein „schwankendes Gefüge", so Serres (1998, S. 18), die eine Teleologie der Kybernetik unwahrscheinlich machen. Wissenschaftshistorisch ist es für eine Situierung der Biokybernetik notwendig, von pluralen Teleologien auszugehen.

Gleichwohl hat Canguilhem es durch den Fokus auf das Konzept der Regulierung ermöglicht, das Verhältnis von Technik und Biologie, von Mechanik und Organismus höchst produktiv zu interpretieren. Die Kernaussage der Canguilhem'schen Beweisführung lautet, dass die Mechanik zuerst da war und es also gar keine Mechanisierung oder Technisierung der Biologie brauchte: Ein

Konzept der Mechanik wurde zu einem der Biologie und dann (qua Homöostasis) zu einem der Kybernetik (Canguilhem 1979b, S. 107). Die Biometaphorik der Regulierung führte, so ließe es sich beispielsweise ebenso für eine Geschichte der Biochemie formulieren, von der Maschinen- und dann Elektronikmetaphorik über chemische Substanzen als Botenstoffe, die Stoffwechselprozesse kontrollieren und die Konstanz des inneren Milieus sichern, bis zur chemischen Interaktion von Hormonen und Proteinrezeptoren (Fruton 1999, S. 474). Das kybernetische Programm, nach dem Biologie, Ökonomie, Gesellschaft und Technik nach den gleichen Prinzipien funktionieren, konnte deshalb so überzeugen, weil das mechanistische Prinzip der Biologie, Ökonomie und Gesellschaft nicht fremd war. Die wissenschaftshistorische Genealogie zeigt, dass sich diese Bereiche seit dem 18. Jahrhundert ohnehin gemeinsam, d. h. auch nicht gegen- sondern miteinander, entwickelt haben. Die Kybernetik kann als staunende Erkenntnis eines multiteleologischen Prozesses verstanden werden, der sich sowohl in Materialisierungen und Agenzien als auch in Graphen der Regulierung verstetigt hat. Was dabei die mannigfaltige Geschichte sowie der Zweck der Regulierungsprozesse und Rückkopplungen ist, bleibt in der Logik der Kreisläufe des Systems gefangen.

Literatur

Aumann, P. (2009). *Mode und Methode. Die Kybernetik in der Bundesrepublik Deutschland*. Göttingen: Wallstein.

Bauer, M., & Ernst, C. (Hrsg.). (2010). *Diagrammatik: Einführung in ein kultur-und medienwissenschaftliches Forschungsfeld*. Bielefeld: transcript.

Becker, E. (1938). Die Gen-Wirkstoff-Systeme der Augenausfärbung bei Insekten. *Die Naturwissenschaften, 26*, 433–441.

Bissell, C. C. (2011). Hermann Schmidt and German „proto-cybernetics". *Information, Communication & Society, 14*, 156–171.

Bogen, S. (2005). Schattenriss und Sonnenuhr: Überlegungen zu einer kunsthistorischen Diagrammatik. *Zeitschrift für Kunstgeschichte, 68*, 153–176.

Borck, C. (2014). Die Weisheit der Homöostase und die Freiheit des Körpers. Walter B. Cannons integrierte Theorie des Organismus. *Zeithistorische Forschungen, 11*, 472–477.

Brandt, C. (2004). *Metapher und Experiment. Von der Virusforschung zum genetischen Code*. Göttingen: Wallstein.

Bröckling, U. (2008). Über Feedback: Anatomie einer kommunikativen Schlüsseltechnologie. In M. Hagner & E. Hörl (Hrsg.), *Die Transformation des Humanen – Beiträge zur Kulturgeschichte der Kybernetik* (S. 326–347). Frankfurt a. M.: Suhrkamp.

Bucher, S. (2008). Das Diagramm in den Bildwissenschaften. Begriffsanalytische, gattungstheoretische und anwendungsorientierte Ansätze in der diagrammtheoretischen

Forschung. In I. Reichle, S. Siegel & A. Spelten (Hrsg.), *Verwandte Bilder. Die Fragen der Bildwissenschaft* (S. 113–129). Berlin: Kadmos.

Bühler, B. (2004). *Lebende Körper: biologisches und anthropologisches Wissen bei Rilke, Döblin und Jünger*. Würzburg: Königshausen & Neumann.

Canguilhem, G. (1979a). Die Geschichte der Wissenschaften im epistemologischen Werk Gaston Bachelards. In G. Canguilhem, *Wissenschaftsgeschichte und Epistemologie. Gesammelte Aufsätze* (S. 7–21). Frankfurt a. M.: Suhrkamp.

Canguilhem, G. (1979b). Die Herausbildung des Konzeptes der biologischen Regulation im 18. und 19. Jahrhundert. In G. Canguilhem, *Wissenschaftsgeschichte und Epistemologie. Gesammelte Aufsätze* (S. 89–109). Frankfurt a. M.: Suhrkamp.

Canguilhem, G. (1989). Régulation (Èpistémologie). In *Encyclopedia Universalis, Tome 19* (S. 711–713). Paris: Encyclopaedia Universalis.

Cannon, W. B. (1928). Die Notfallsfunktionen des sympathico-adrenalen Systems. *Ergebnisse der Physiologie, 27*, 380–406.

Cannon, W. B. (1929). Organization for physiological homeostasis. *Physiological Reviews, 9*, 399–431.

Cannon, W. B. (1941). The body physiologic and the body politic. *Science, 93*, 1–10.

Čapek, K. (1976). RUR. Rossum's Universal Robots. Kollektivdrama mit einem Vorspiel und drei Akten. In K. Čapek (Hrsg.), *Dramen* (S. 97–196). Berlin: Aufbau.

Dittmann, F. (2009). Die Rolle der Medizin und Physiologie bei der Herausbildung des frühen kybernetischen Denkens in Deutschland. https://subs.emis.de/LNI/Proceedings/Proceedings154/gi-proc-154-32.pdf. Zugegriffen: 20. März 2017.

Dittmann, F., & Segal, J. (1997). Hermann Schmidt (1894–1968) et la théorie générale de la régulation. Une cybernétique allemande en 1940? *Annals of Science, 54*, 547–565.

Dotzler, B. J. (2008). Frühneuzeit der Kybernetik: Urgeschichte oder Archäologie. In H. Schramm, L. Schwarte, & J. Lazardzig (Hrsg.), *Spuren der Avantgarde: Theatrum machinarum. Frühe Neuzeit und Moderne im Kulturvergleich* (S. 10–28). Berlin: De Gruyter.

Dohrn, M. (1929). Über Hormone. *Archiv der Pharmazie und Berichte der Deutschen Pharmazeutischen Gesellschaft, 39*, 60–76.

Driesch, H. (1901). *Die organischen Regulationen. Vorbereitungen zu einer Theorie des Lebens*. Leipzig: Engelmann.

Driesch, H. (1902). Studien über das Regulationsvermögen der Organismen. *Archiv für Entwicklungsmechanik der Organismen, 14*, 532–538.

Driesch, H. (1903). Drei Aphorismen zur Entwickelungsphysiologie jüngster Stadien. *Archiv für Entwicklungsmechanik der Organismen, 17*, 41–53.

Driesch, H. (1920). Wilhelm Roux als Theoretiker. *Die Naturwissenschaften, 8*, 446–450.

Fruton, J. S. (1999). *Proteins, enzymes, genes. The interplay of chemistry and biology*. New Haven: Yale University Press.

Galison, P. (1996). Die Ontologie des Feindes: Norbert Wiener und die Vision der Kybernetik. In H.-J. Rheinberger, M. Hagner, & B. Wahrig-Schmidt (Hrsg.), *Räume des Wissens. Repräsentation, Codierung, Spur* (S. 281–324). Berlin: Akademie-Verlag.

Gausemeier, B. (2005). *Natürliche Ordnungen und politische Allianzen. Biologische und biochemische Forschung an Kaiser- Wilhelm-Instituten 1933–1945*. Göttingen: Wallstein.

Günther, G. (1963). *Das Bewußtsein der Maschine. Eine Metaphysik der Kybernetik.* Baden Baden: Agis.

Hagner, M. (2006). Bilder der Kybernetik: Diagramm und Anthropologie, Schaltung und Nervensystem. In M. Heßler (Hrsg.), *Konstruierte Sichtbarkeiten Wissenschafts- und Technikbilder seit der Frühen Neuzeit* (S. 383–404). München: Wilhelm Fink.

Haller, L., Höhler, S., & Stoff, H. (2014). Stress – Konjunkturen eines Konzepts. *Zeithistorische Forschungen, 11*, 359–381.

Haraway, D. J. (1995). Klasse, Rasse, Geschlecht als Objekte der Wissenschaft. Eine marxistisch-feministische Konstruktion des Begriffs der produktiven Natur und einige politische Konsequenzen. In D. J. Haraway (Hrsg.), *Monströse Versprechen. Coyote-Geschichten zu Feminismus und Technowissenschaft* (S. 149–164). Frankfurt a. M.: Campus.

Hassenstein, B. (1977). *Biologische Kybernetik. Eine elementare Einführung.* Heidelberg: Quelle & Meyer.

Henn, V. (1969). Materialien zur Vorgeschichte der Kybernetik. *Studium Generale, 22*, 164–190.

Hörl, E., & Parisi, L. (2013). Was heißt Medienästhetik? Ein Gespräch über algorithmische Ästhetik, automatisches Denken und die postkybernetische Logik der Komputation. *Zeitschrift für Medienwissenschaft, 8*, 35–51.

Jackson, M. (2013). *The age of stress. Science and the search for stability.* Oxford: Oxford University Press.

Jacob, F. (2002). *Die Logik des Lebenden. Eine Geschichte der Vererbung.* Frankfurt a. M.: Fischer.

Jores, A. (1961). *Die Medizin in der Krise unserer Zeit.* Bern, Stuttgart: Huber.

Kant, I. (1790). *Kritik der Urtheilskraft.* Berlin und Libau: Lagarde und Friedrich.

Kay, L. E. (2001). *Das Buch des Lebens. Wer schrieb den genetischen Code.* München: Hanser. (Erstveröffentlichung 2000).

Keller, E. F. (2005). Ecosystems, organisms, and machines. *BioScience, 55*, 1069–1074.

Koyré, A. (1980). *Von der geschlossenen Welt zum unendlichen Universum.* Frankfurt a. M.: Suhrkamp.

Kline, R. R. (2015). *The cybernetics moment. Or why we call our age the information age.* Baltimore: Johns Hopkins University Press.

Kühn, A. (1937). Hormonale Wirkungen in der Insektenentwicklung. *Forschungen und Fortschritte, 13*, 49–50.

Kury, P. (2012). *Der überforderte Mensch. Eine Wissensgeschichte vom Stress zum Burnout.* Frankfurt a. M.: Campus.

Lagerspetz, K. Y. (2001). Jakob von Uexküll and the origins of cybernetics. *Semiotica, 134*, 643–651.

Lenoir, T. (1989). *The strategy of life. Teleology and mechanistics in nineteenth-century Germany.* Chicago: University of Chicago Press.

McCulloch, W. S. (1953). Summary of the points of agreement reached in the previous nine conferences on cybernetics. In H. von Foerster, M. Mead, & H. L. Teuber (Hrsg.), *Cybernetics. Circular, causal and feedback mechanisms in biological and social systems. Transactions of the tenth conference, April 22, 23, and 24, 1953, Princeton, N. J.* (S. 69–80). New York: Josiah Macy, Jr. Foundation.

McLaughlin, P. (2007). Regulation, assimilation, and life: Kant, Canguilhem and beyond. Penultimate Draft: written in 2007. www.philosophie.uni-hd.de/md/philsem/personal/mcl_regulation.pdf. Zugegriffen: 20. März 2018.

Mocek, R. (1998). *Die werdende Form. Eine Geschichte der kausalen Morphologie.* Marburg: Basilisken-Presse.

Morange, M. (1998). *A history of molecular biology.* Cambridge: Harvard University Press.

Morange, M. (2000). Canguilhem et la biologie du xxe siècle. *Revue d'histoire des sciences, 53,* 83–105.

Oppenheimer, C. (1932). Chemie der Hormone und Vitamine. Ein Überblick über die neuesten Entdeckungen. *Deutsche Medizinische Wochenschrift, 58,* 17–19.

Pias, C. (2004). Zeit der Kybernetik – Eine Einstimmung. In C. Pias (Hrsg.), *Cybernetics – Kybernetik. Die Macy-Konferenzen 1946–1953* (Bd. 2, S. 9–41), Essays und Dokumente. Zürich: Diaphanes.

Rabinbach, A. (1998). Ermüdung, Energie und der menschliche Motor. In P. Sarasin & J. Tanner (Hrsg.), *Physiologie und industrielle Gesellschaft. Studien zur Verwissenschaftlichung des Körpers im 19. und 20. Jahrhundert* (S. 286–312). Frankfurt a. M.: Suhrkamp.

Rheinberger, H.-J. (2006). *Epistemologie des Konkreten: Studien zur Geschichte der modernen Biologie.* Frankfurt a. M.: Suhrkamp.

Rieger, S. (2003). *Kybernetische Anthropologie. Eine Geschichte der Virtualität.* Frankfurt a. M.: Suhrkamp.

Rieger, S. (2004). Kybernetische Anthropologie. Steuerungen von Menschen und Marionetten. In T. Hahn, E. Kleinschmidt, & N. Pethes (Hrsg.), *Kontingenz und Steuerung. Literatur als Gesellschaftspraxis, 1750–1830* (S. 191–214). Würzburg: Königshausen & Neumann.

Rosenblueth, A., & Wiener, N. (1950). Purposeful and non-purposeful behavior. *Philosophy of Science, 17,* 318–326.

Rosenblueth, A., Wiener, N., & Bigelow, J. (1943). Behavior, purpose and teleology. *Philosophy of Science, 10,* 18–24.

Rothschuh, K. E. (1972). Historische Wurzeln der Vorstellung einer selbsttätigen informationsgesteuerten biologischen Regelung. *Nova Acta Leopoldina, 37,* 91–106.

Roux, W. (1881). *Der Kampf der Teile des Organismus.* Leipzig: Engelmann.

Rüting, T. (2004). Jakob von Uexküll – Theoretical biology, biocybernetics and biosemiotics. http://www.math.uni-hamburg.de/home/rueting/Projekte.htm. Zugegriffen: 20. März 2018.

Scharf, J. H. (1967). Buchbesprechung: Wiener, N. & J. P. Schadé (Eds.): Progress in biocybernetics. *Biometrical Journal, 9,* 211.

Schmidgen, H. (2008). Dreifache Dezentrierung: Canguilhem und die Geschichte wissenschaftlicher Begriffe. In E. Müller & F. Schmieder (Hrsg.), *Begriffsgeschichte der Naturwissenschaften. Zur historischen und kulturellen Dimension naturwissenschaftlicher Konzepte* (S. 149–163). Berlin: De Gruyter.

Segal, J. (1962). Kritische Bemerkungen zur Anwendung der Kybernetik in der Biologie. *Deutsche Zeitschrift für Philosophie, 10,* 324–332.

Serres, M. (1998). Vorwort. In M. Serres (Hrsg.), *Elemente einer Geschichte der Wschaften* (S. 11–37). Frankfurt a. M.: Suhrkamp.

Steinbuch, K. (1961). *Automat und Mensch. Auf dem Weg zu einer kybernetischen Anthropologie*. Berlin: Springer.

Stoff, H. (2004). *Ewige Jugend. Konzepte der Verjüngung vom späten 19. Jahrhundert bis ins Dritte Reich*. Köln: Böhlau.

Stoff, H. (2012). *Wirkstoffe. Eine Wissenschaftsgeschichte der Hormone, Vitamine und Enzyme, 1920–1970*. Stuttgart: Steiner.

Tanner, J. (2008). „Fluide Matrix" und „homöostatische Mechanismen". In J. Martin, J. Hardy, & S. Cartier (Hrsg.), *Welt im Fluss. Fallstudien zum Modell der Homöostase* (S. 11–29). Stuttgart: Steiner.

Toepfer, G. (2004). *Zweckbegriff und Organismus: Über die teleologische Beurteilung biologischer Systeme*. Würzburg: Königshausen & Neumann.

Wagner, R. (1925). Über die Zusammenarbeit der Antagonisten bei der Willkürbewegung. *Zeitschrift für Biologie, 83*, 59–93.

Wagner, R. (1961). Rückkoppelung und Regelung: Ein Urprinzip des Lebenden. *Naturwissenschaften, 48*, 235–242.

Wiener, N. (1948). *Cybernetics or control and communication in the animal and the machine*. Cambridge.: MIT Press.

Wiener, N., & Schadé, J. P. (Hrsg.). (1964). *Progress in biocybernetics* (Bd. 1). Amsterdam: Elsevier.

Wieser, W. (1959). *Organismen, Strukturen, Maschinen. Zu einer Lehre vom Organismus*. Frankfurt a. M.: Fischer.

Wieser M. (2011). Geregeltes Denken & gesteuertes Fühlen. Das kybernetische Prozessdiagramm als Modell eines normalisierten „homo communicans". *kunsttexte.de* 1. https://edoc.hu-berlin.de/bitstream/handle/18452/7590/wieser.pdf?sequence=1&isAllowed=y. Zugegriffen: 20. März 2018.

Heiko Stoff ist seit 2014 Medizinhistoriker am Institut für Geschichte, Philosophie und Ethik der Medizin der Medizinischen Hochschule Hannover. Zu seinen Schwerpunkten gehören die Wissenschafts-, Medizin-, Körper- und Geschlechtergeschichte des 19. und 20. Jahrhunderts. Zuletzt befasste er sich auch mit dem Konnex von Leistung, Erfolg, Glück und Stress. Zu seinen wichtigsten Publikationen gehören die Monografien *Ewige Jugend. Konzepte der Verjüngung vom späten 19. Jahrhundert bis ins Dritte Reich* (2004), *Wirkstoffe. Eine Wissenschaftsgeschichte der Hormone, Vitamine und Enzyme, 1920–1970* (2012) und *Gift in der Nahrung. Zur Genese der Verbraucherpolitik in Deutschland Mitte des 20. Jahrhunderts* (2015). Er ist Mitherausgeber von *Biologics. A History of Agents Made From Living Organisms in the 20th Century* (hrsg. zus. mit A. v. Schwerin und B. Wahrig 2013).

Homöostat und Cyborg. Zum Verhältnis von Selbstorganisationsforschung und der frühen Biokybernetik

Jan Müggenburg

Zusammenfassung

Der Beitrag befasst sich mit der Geschichte der Selbstorganisationsforschung innerhalb der US-amerikanischen Kybernetik und diskutiert deren Bedeutung für die Formulierung eines biokybernetischen Forschungsprogramms durch den Ingenieur Manfred E. Clynes. Im Anschluss an einen Überblick über die Geschichte des Begriffs ‚Selbstorganisation' und dessen wissenschaftshistorischen Kontext wird mit dem britischen Kybernetiker Ross Ashby eine zentrale Figur der Selbstorganisationsforschung der 1940er bis 1960er Jahre vorgestellt. Im Rahmen einer Gegenüberstellung seines Homöostaten mit der Cyborg-Studie von Clynes und Kline soll das Verhältnis von Kybernetik und Biokybernetik näher beleuchtet werden.

Schlüsselwörter

Kybernetik · Selbstorganisation · Maschinenmodelle · Cyborg · Ross Ashby · Manfred Clynes

J. Müggenburg (✉)
Institut für Kultur und Ästhetik Digitaler Medien, Leuphana Universität Lüneburg, Lüneburg, Deutschland
E-Mail: mueggenburg@leuphana.de

© Springer Fachmedien Wiesbaden GmbH, ein Teil von Springer Nature 2020   25
B. Ochsner et al. (Hrsg.), *Affizierungs- und Teilhabeprozesse zwischen Organismen und Maschinen*, Technikzukünfte, Wissenschaft und Gesellschaft / Futures of Technology, Science and Society,
https://doi.org/10.1007/978-3-658-27164-0_2

Kybernetik im Plural

Der Begriff „Biokybernetik", darauf weist Ronald Kline (2015, S. 171) in seiner Geschichte der US-amerikanischen Kybernetik hin, wurde erst relativ spät in den diskurs- und förderpolitischen Ring geworfen. Gemeinhin wird er dem österreichischen Ingenieur und Konzertpianisten Manfred E. Clynes zugeschrieben. Ab Mitte der 1950er Jahre hatte Clynes den Einsatz dynamischer Computersimulationen zur Analyse homöostatischer Prozesse erforscht. Für dieses spezifische Teilgebiet der Kybernetik führte er den Namen *biocybernetics* ein (Clynes 1961): „Biocybernetics denotes the dynamic study of autonomic and humoral physiologic control systems, that is, those biological control functions that operate without conscious awareness" (S. 946). Für sein gemeinsam mit dem Psychiater Nathan S. Klines im Jahr 1960 entwickeltes und heute viel bekannteres Konzept des „Cyborg" (Clynes und Kline 1960) bildete dieser Forschungsansatz den programmatischen Hintergrund.

Die Biokybernetik muss also als ein historischer Ableger der Kybernetik begriffen und darf nicht mit ihr gleichgesetzt werden. Tatsächlich vertrat Clynes laut Kline (2015) eine eher marginal zu nennende und der „medizinischen Kybernetik" (ebd., S. 169)[1] zuzuordnende Position innerhalb eines immer unüberschaubarer werdenden Diskurses. Wenngleich seit den späten 1940er Jahren in einer Art „Metadiskurs" (S. 100) die Einheit und der universale Anspruch der Kybernetik beschworen worden war,[2] sah die Realität in den 1960er Jahren anders aus: In ihrer eigenen Forschungsumgebung blieben ‚Kybernetiker' meist ihren Spezialdisziplinen treu und es existierte eine Vielzahl unterschiedlicher Auffassungen darüber, was die Kybernetik denn nun eigentlich sei (S. 182f.). Statt von *der* Kybernetik im Singular, sollte man also vielmehr von einer ‚Kybernetik im Plural' sprechen und die Biokybernetik als ein Teilgebiet innerhalb eines um 1960 hochgradig fragmentierten Feldes begreifen.

Genauso falsch wie eine Gleichsetzung von Kybernetik und Biokybernetik wäre es auch, letztere für das Ergebnis eines Transfers kybernetischen Wissens in die Physiologie zu halten. Denn zum einen lässt die Heterogenität und Uneinheitlichkeit einer Kybernetik im Plural die retrospektive Diagnose ihres

---

[1]Dieses und weitere Kurzzitate übersetzt von J.M.

[2]Peter Galison (2001) hat den universalistischen Anspruch der Kybernetik betont. Kline hat dagegen darauf hingewiesen, dass diese Erwartung vor allem von außen an die Kybernetik herangetragen wurde und sie selbst diesen Wunsch nach einer Universal- oder Metadisziplin zu keinem Zeitpunkt erfüllen konnte (Kline 2015, S. 100f.).

unidirektionalen Transfers in andere Bereiche zweifelhaft erscheinen. Zum anderen waren innerhalb der Physiologie schon lange vor ihrer vermeintlichen Kybernetisierung Konzepte der Kontrolle, Rückkopplung und des Gleichgewichts omnipräsent (vgl. dazu den Beitrag von Heiko Stoff in diesem Band). Tatsächlich knüpfte Clynes mit der Untersuchung unbewusst operierender Kontrollsysteme im Tier und im Menschen schlicht an ein Untersuchungsfeld an, das im Zentrum der *gemeinsamen* Geschichte physiologischer und kybernetischer Regulationskonzepte stand (vgl. Tanner 1998).

Im Folgenden möchte ich mit der Selbstorganisationsforschung einen Teil dieses heterogenen Untersuchungsfeldes näher vorstellen und dessen Bedeutung für Clynes Programm einer Biokybernetik herausarbeiten. Nach einem Überblick über die Geschichte des Begriffs und seinen wissenschaftshistorischen Kontext, werde ich dazu vor allem den Beitrag des britischen Kybernetikers Ross Ashby in den Blick nehmen. Indem ich dessen Homöostat und das Cyborg-Konzept von Clynes und Klines gegenüberstelle, möchte ich zur Klärung der historischen Position der Biokybernetik innerhalb einer Kybernetik im Plural beitragen.

Leben und Nichtleben: Zur Geschichte der Selbstorganisationsforschung

Evelyn Fox Keller (2002, 2008) hat deutlich gemacht, dass es sich bei der Geschichte des Begriffs „Selbstorganisation" um die Geschichte eines andauernden Aushandlungsprozesses zwischen den physikalischen Wissenschaften, der sich im 19. Jahrhundert formierenden Biologie und den noch jüngeren Ingenieurwissenschaften handelt. Seit der Einführung des Begriffs in seiner modernen Bedeutung durch Immanuel Kant in dessen *Kritik der Urteilskraft* aus dem Jahr 1790 diente er der ontologischen Abgrenzung von unbelebten physikalischen Systemen und lebendiger Systeme (vgl. Paslack 1991, S. 21). Im Gegensatz zu Maschinen, deren Aufbau und Funktion durch einen äußeren Zweck bestimmt seien, besäßen Organismen eine „in sich bildende Kraft" (Kant 2014, S. 322). Fortpflanzung, Wachstum und Selbstausbesserung seien demzufolge das Ergebnis dieser inneren Zweckmäßigkeit: Die Teile eines Organismus brächten sich und ihre kollektive Organisation zu einem Individuum selbst hervor, ein Verhalten, zu dem sowohl Maschinen als auch nichtlebendige Systeme nicht fähig seien. In der Folge erwies sich die kantische Überzeugung, dass Organismen etwas grundsätzlich anderes seien als von Menschen konstruierte Maschinen, bis ins 20. Jahrhundert hinein als stabil (Keller 2008, S. 46).

Anders verhielt es sich mit der Unterscheidung zwischen lebendigen und nichtlebendigen natürlichen Systemen. Der aufstrebende Mechanismus säte bereits früh Zweifel an der Nichtreduzierbarkeit von Lebewesen auf ihre physikalisch-chemischen Eigenschaften. Zwar bildete sich vor allem in der deutschsprachigen Naturphilosophie zunächst ein teleomechanischer Denkstil heraus, der Kants Annahme einer distinkten Grenze zwischen Leben und Nichtleben gegen diese Zweifel verteidigte. Mit der Einführung der Thermodynamik in der Mitte des 19. Jahrhunderts und der Gleichsetzung von tierischer Wärme mit Energie durch Hermann von Helmholtz erschien jedoch auch diese Position unhaltbar. So bestritten die einflussreichen Mechanisten um Helmholtz, dass die Annahme einer „speziellen Lebenskraft" überhaupt notwendig sei, um „die Funktionsweise der tierischen Maschine zu erklären" (Lenoir 1982, S. 232). So setzte sich in der zweiten Hälfte des 19. Jahrhunderts ein „mechanistisches Organismusparadigma" durch, welches Lebensvorgänge als „lineare Ursache-Wirkungs-Relationen" (Paslack 1991, S. 54) beschrieb und die Grenze zu nicht-lebendigen physikalischen Systemen vollständig zu nivellieren suchte. Erst durch die Quantenphysik, Relativitätstheorie und Evolutionsbiologie geriet dieses physikalisch-mechanistische Paradigma zu Beginn des 20. Jahrhunderts seinerseits ins Wanken und brachte die klassische Thermodynamik zunehmend in Erklärungsnot. Die Vorstellung einer sich entwickelnden, sich ausdifferenzierenden und einen immer höheren Ordnungsgrad erreichenden Natur stand scheinbar im Widerspruch zum zweiten thermodynamischen Hauptsatz. Im ersten Drittel des 20. Jahrhunderts erstarkte daher der Glaube an eine kategoriale Differenz lebender und unbelebter Systeme, z. B. in Form einer Renaissance vitalistischer Erklärungsversuche (vgl. Harrington 2002).

Für die Geschichte der Selbstorganisationsforschung sind jedoch vor allem jene Biologen von Interesse, die sich in dieser Phase um einen dritten Weg zwischen Vitalismus und Mechanismus bemühten. So unternahmen Vertreter der sich in den 1920er und 1930er Jahren etablierenden Biophysik den Versuch, die Singularität des Lebens nicht auf eine irreduzible Kraft zurückzuführen, sondern das Phänomen in ein durch neue biophysikalische Gesetze erweitertes mechanistisch-deterministisches Weltbild zu integrieren. So unterschiedliche Forscher wie Walter Cannon, Archibald Vivian Hill und Ludwig von Bertalanffy interessierten sich dabei vor allem für die Fähigkeit lebendiger Systeme, in Relation zu ihrer Umwelt selbsttätig stabile Zustände zu erreichen und aufrechtzuerhalten und damit für Zustände, die von ihrem physikalischen Gleichgewicht zu unterscheiden waren (vgl. Keller 2008, S. 64). Dieser Fähigkeit organischer Systeme, ihr eigenes konstitutives Ungleichgewicht selbst zu korrigieren, lagen aus Sicht der frühen systemischen Biologie grundsätzliche physikalisch-chemische Gesetze zu Grunde, ohne die sich das Phänomen Leben nicht erklären lässt. Während ihre Vertreter davon überzeugt waren, dass die einzelnen Elemente eines Organismus diesen Gesetzen in ihrem individuellen Verhalten gehorchen, nahmen sie gleichzeitig an, dass die Wechselwirkungen zwischen diesen einzelnen Verhaltensweisen zur Emergenz eines Systemverhaltens führen, welches seinerseits qualitativ anderen Gesetzlichkeiten unterliegt und sich nicht auf Physik und Chemie reduzieren lässt. Auch der österreichische Physiker Erwin Schrödinger (2011) zeigte sich in seinem 1944 erschienen Buch *What is life? The physical aspect of the living cell* davon überzeugt, dass die bekannten physikalischen Gesetze nicht ausreichen würden, um die „biologische Sachlage" (S. 109) zu verstehen: „Im Organismus sind neue Gesetze zu erwarten" (ebd., S. 110). Ähnlich wie die Biophysiker schlug er vor, sich Leben als „geordnetes und gesetzmäßiges Verhalten der Materie" vorzustellen (S. 99f.).

In den 1940er und 1950er Jahren konnten die Kybernetiker der ersten Generation um den US-amerikanischen Mathematiker Norbert Wiener dieser mit Schrödingers Intervention voll entbrannten Debatte entscheidende Impulse hinzufügen. Keller (2002, 2008) hat ausführlich herausgearbeitet, wie sie die festgefahrene Diskussion über das Verhältnis von Leben und den zweiten thermodynamischen Hauptsatz mithilfe ingenieurwissenschaftlicher Konzepte und dem Entwurf konkreter Maschinen erfolgreich überbrückten. Die entscheidende diskursive Strategie lag dabei in der Verbindung biophysikalischer Konzepte des Gleichgewichts (Hill), der Homöostase (Cannon) oder des Fließgleichgewichtes (Bertalanffy) mit technischen Lösungen zur Kontrolle mechanischer Systeme. Zwar waren Stabilität, Gleichgewicht und Regulation – etwa in den Texten des Leipziger Psychophysikers Gustav Fechner oder des Pariser Physiologen Claude Bernard – als Konzepte zur allgemeinen Beschreibung von lebendigen Systemen bereits in der zweiten Hälfte des 19. Jahrhunderts präsent (siehe den Beitrag von Heiko Stoff). Mit den ebenfalls zu dieser Zeit erfolgreichen Lösungen technischer Selbstregulation wie dem Fliehkraftregler von James Watts wurden diese Konzepte jedoch noch nicht in Verbindung gebracht (Keller 2008, S. 64).

Es brauchte, so Keller (ebd.), die Konzentration technischer Anstrengung im Zweiten Weltkrieg, um diese sich bereits seit einigen Jahrzehnten anbahnende Neuordnung des dreifachen Verhältnisses von Organismus, Maschine und physikochemischen Systemen zu festigen. Mit seiner „Vision einer Wissenschaft des Nicht-Lebendigen, einer Wissenschaft auf der Basis der Prinzipien der Rückkopplung und der zirkulären Kausalität" (S. 65) habe Wiener auf genau jene Form zweckmäßiger Organisation gezielt, die Kant für eine exklusive Eigenschaft lebendiger Organismen gehalten hatte. Wiener sei dabei das Kunststück gelungen, Kants Konzept der Selbstorganisation zu aktualisieren, ohne dessen These einer kategorischen Grenze zwischen Organismus und Maschinen zu teilen (ebd.). Er habe eine neue Grenze zwischen jenen Systemen gezogen, die aktiv und selbsttätig gegenüber ihrer Umwelt einen inneren Ordnungszustand aufrechterhalten, und dem Rest der physikochemischen Welt. Dabei, so Keller, sei Wiener der seit den 1920er und 1930er Jahren weitgehend akzeptierten Auffassung gefolgt, dass Systeme durchaus „auf der lokalen Ebene den Gesetzen des zweiten thermodynamischen Hauptsatzes widerstehen könnten" (S. 66).

Den lokalen Widerstand solcher Systeme gegen die allgegenwärtige Bedrohung der Entropie habe der Mathematiker mit ingenieurwissenschaftlichen Begriffen und Theorien erklärt. Durch diesen Rückgriff auf einen in Bezug auf die Frage nach dem Leben völlig unvorbelasteten Diskurs, konnte er laut Keller (2008) die vielen theoretischen Fallstricke der Diskussion um Stabilität, Konstanz und Gleichgewicht schlicht „überbrücken" (S. 66). Bei seiner Synthese technologischer Kontroll- und biologischer Regulationskonzepte bezog sich Wiener (1963) explizit auf die Theorien Bernards und insbesondere auf den von Walter Cannon in seinem 1932 veröffentlichten Buch *The Wisdom of the Body* geprägten Begriff der Homöostase: „Eine große Gruppe von Fällen, in denen irgendeine Art von Rückkopplung nicht nur als Beispiel physiologischer Phänomene angesehen wird, sondern für die Fortdauer des Lebens wesentlich ist, wird im Komplex der sogenannten Homöostase gefunden. [...] Jedes vollständige Lehrbuch über Kybernetik sollte eine sorgfältige, detaillierte Erörterung der homöostatischen Prozesse enthalten." (S. 169f.) In der ersten Fassung seines Buches *Cybernetics. Or control and communication in the animal and the machine* aus dem Jahr 1948 beließ es Wiener (1950) zunächst bei dem Hinweis, jedes Kybernetik-Fachbuch, das den Anspruch auf Vollständigkeit erhebe, müsse eine „detaillierte Diskussion homöostatischer Prozesse" enthalten (S. 135). Den streitbaren Begriff der Selbstorganisation vermied er noch gänzlich. Erst 1961, als der Begriff Konjunktur hatte und forschungspolitisch gefördert wurde, fügte Wiener (1963) der zweiten Auflage seines Buches gleich zwei Kapitel hinzu („Über lernende und sich selbst reproduzierende Maschinen'" (S. 241) und „'Gehirnwellen und selbstorganisierende Systeme'" (S. 257)), welche die ganzheitliche Rhetorik des Diskurses aufgriffen.

Der Homöostat

So war es auch nicht Wiener, sondern der britische Neuropsychiater und Kybernetiker Ross Ashby, der an den kantischen Begriff der Selbstorganisation des Lebendigen erinnerte und ihn wieder in die Debatte einführte. Seit den frühen 1940er Jahren interessierte er sich für die allgemeine Funktionsweise des Gehirns und stieß in diesem Zusammenhang auf (proto)kybernetische Theorien.[3] Die für Ashby (1962) entscheidende Frage lautete dabei: „Wie kann das Gehirn gleichzeitig mechanisch und adaptiv sein?" (S. 452). Insbesondere interessierte er sich für den Umstand, dass das Gehirn offenbar in der Lage war, sich trotz seiner grundsätzlich physischen Determiniertheit an seine Umwelt anzupassen. In einem frühen Aufsatz beschrieb Ashby (1940) das Phänomen der Adaptivität als eine Fähigkeit von Organismen oder physikalischen Systemen, in einen Gleichgewichtszustand zurückzukehren. Bereits drei Jahre bevor Rosenblueth, Wiener und Bigelow (2004) ihren Gründungstext der Kybernetik schrieben, betrachtete Ashby zielgerichtetes Verhalten damit nicht als einen Prozess, der auf ein äußeres Objekt ausgerichtet war, sondern auf einen eigenen inneren Zustand, der den veränderten Bedingungen angemessen war (vgl. Asaro 2008).

Nach Kriegsende veröffentlichte Ashby weitere Aufsätze, in denen er die Vermutung äußerte, dass komplexe Systeme die gezielte Veränderung ihres Verhaltens durch einen zufälligen Wechsel ihrer inneren Organisationsform herbeiführen können. Dieser Prozess, so Ashby (1945), lasse sich als „Adaptation durch Trial-and-Error" beschreiben (S. 13). In diesem Zusammenhang sprach er auch erstmalig davon, dass das Nervensystem ein selbstorganisierendes System sei, deren Besonderheit er folgendermaßen bestimmte: „[I]m Kontakt mit einer neuen Umwelt tendiert das Nervensystem dazu, eine interne Organisationsform zu entwickeln, welche ein an die Umwelt adaptiertes Verhalten zur Folge hat." (ebd., S. 24). Zwei Jahre später verallgemeinerte Ashby (1947) diesen Gedanken und erklärte, von einem selbstorganisierenden System könne man dann sprechen, wenn dieses trotz seiner Eigenschaft als „determiniertes physiko-chemisches System [...] selbstinduzierte interne Reorganisationen durchmachen kann, die ein verändertes Verhalten zur Folge haben" (S. 125). Ein anderer Begriff, der in Ashbys frühen kybernetischen Texten eine zentrale Rolle spielte und mit diesem Konzept von Selbstorganisation als Adaptation durch Trial-and-Error eng verbunden war, war der der „Maschine". Jenseits eines konkreten und an mechanische Apparate gebundenen Maschinenbegriffs verstand Ashby (1945) darunter jede „Sammlung von Teilen, die sich (a) über die Zeit verändern, und (b) miteinander auf eine determinierte und bekannte Art und Weise interagieren" (S. 14).

---

[3]Ashby korrespondierte u. a. mit Gregory Bateson, Kenneth Craik, Warren McCulloch und Alan Turing (Pickering 2010, S. 113).

Abb. 1 „Ashbys Homöostat": Ashby, W. R. (Ashby 1948). Design for a brain. *Electronic Engineering* 20, S. 379–383, S. 380

Um zu beweisen, dass Selbstorganisation als eine in diesem erweiterten Sinne maschinelle Verhaltensweise begriffen werden kann, arbeitete Ashby seit 1946 an der Konstruktion eines elektromechanischen Modells, das diese Fähigkeit zur spontanen Zustandsveränderung demonstrieren sollte. Zwei Jahre später beschrieb Ashby (1948) die Herstellung der Maschine in einem Aufsatz mit dem Titel „Design for a Brain": Die Maschine bestand aus vier interagierenden Einheiten (ebd., S. 380), die einen gemeinsamen analogen Stromkreis bildeten (Abb. 1). Jede Einheit hatte drei Eingänge und einen Ausgang, sodass der Ausgangsstrom einer Einheit jeweils einen von drei Eingangsströmen für die anderen Einheiten bildete. Die drei bei einer Einheit eintreffenden Eingangsströme wurden in drei auf dem Gehäusedach befestigte Spulen geleitet. Durch eine vierte Spule lief der eigene Ausgangstrom der jeweiligen Einheit als „Selbstrückkopplung" (S. 380). Die vier Spulen auf dem Gehäusedach waren in einem einzigen ovalen Bauelement zusammengefasst und erzeugten ein Magnetfeld, durch das ein drehbarer Magnet bewegt wurde, der wiederum mit einer kleinen Drahtfahne (dem „Fühler") verbunden war. Das Ende der Drahtfahne war in einen kleinen Wasserbehälter getaucht, an dessen äußeren Rändern zwei Elektroden unterschiedlicher Spannung angebracht waren. Abhängig von der Position des Fühlers in dem Wasserbehälter nahm er ein elektrisches Potenzial mit veränderlicher Spannung auf. Dieser Strom wurde wiederum am Sockel der Drahtfahne abgenommen und zur Steuerung einer Verstärkerröhre eingesetzt, die das Ausgangssignal der gesamten Einheit produzierte: Befand sich der Fühler der Drahtfahne in zentraler Position, war der Output der Verstärkerröhre gleich Null. Erst wenn sich die Fahne einer der beiden Elektroden näherte, erzeugte die Röhre einen Ausgangsstrom. Auf diese Weise konnte der Output einer einzelnen Einheit als Reaktion auf den Input der drei anderen in Kombination mit ihrem eigenen Output interpretiert werden. Von besonderer Bedeutung war indes, dass jeder der drei Eingänge einer Einheit mit einem Schalter versehen war, der zwei Stromkreise aktivierte, die den eintreffenden Strom auf unterschiedliche Art und Weise verändern konnten. War der Schalter in der ersten Position, konnte der Bediener des Homöostaten *manuell* die Polarität des Eingangssignals beeinflussen, in dem er mithilfe eines Potenziometers variable Widerstände in den Stromkreis einfügte. Befand sich der Schalter jedoch in der zweiten Position, übernahm diese Aufgabe ein zufallsgesteuerter „Uniselektor" (ebd.), der mit allen drei Eingängen verbunden war. Immer dann, wenn sich der Fühler auf dem Gehäusedach am äußeren Rand des Wasserbehälters befand und damit das Ausgangssignal der gesamten Einheit einen bestimmten Schwellenwert überschritt, schloss sich ein Relais und der Stufenschalter wählte einen von 25 unterschiedlichen Widerständen aus, mit dem das Eingangssignal entsprechend verändert wurde. Dieser Reorganisationsprozess hielt so lange an, bis sich der Fühler wieder in zentraler Position befand.

Auf diese Weise bildeten die vier Einheiten des Homöostaten ein dynamisches System, das sich entweder in einem stabilen (alle Fühler befinden sich in zentraler Position und der Zufallsschalter wird nicht aktiv) oder in einem instabilen Zustand (mindestens ein Fühler schlägt zu einer der beiden Seiten des Wasserbehälters aus und der Zufallsschalter wird aktiv) befinden konnte. Dabei ließ das Verhalten der vier Einheiten zwei Interpretationsweisen zu. Einerseits konnten die vier Einheiten als *eine* Maschine interpretiert werden, die als Ganzes adaptiv auf die manuellen Einstellungen ihres Benutzers reagiert: Der Experimentator schaltet einen oder mehrere Eingänge der vier Einheiten auf „manuell" und verändert den Eingangsstrom einer oder mehrerer Einheiten, um einen Reorganisationsprozess des gesamten Homöostaten auszulösen: „Mit anderen Worten, die Maschine beginnt nach einer Kombination von Uniselektor-Einstellungen zu suchen, die ein stabiles System ergeben, d. h. die für passende interne Rückkopplungen sorgen" (ebd.). Andererseits konnten ein, zwei oder drei Einheiten als eine Maschine betrachtet werden, deren Verhalten als Adaptation an das Verhalten der übriggebliebenen Einheiten interpretiert wird: So stellt der Experimentator z. B. die Eingänge zweier Einheiten (die zusammengenommen als Maschine interpretiert werden) auf ‚zufallsgesteuert' und die der zwei anderen (die als Umwelt interpretiert werden) auf ‚manuell'. Wenn er nun die Einstellung letzterer verändert und damit die Umweltbedingungen verändert, reagiert die Maschine und ihre beiden Einheiten: „diese zwei Einheiten [...] müssen sich anpassen, d. h., Kombinationen ihrer zwei Uniselektor-Einstellungen finden, die in Relation zu dieser bestimmten Umwelt ein stabiles System hervorbringen" (S. 381). Im ersten Fall verlief die Grenze zwischen der Maschine und ihrer Umwelt zwischen dem Homöostaten und seinem Experimentator, im zweiten Fall innerhalb des Homöostaten.[4]

In der Fähigkeit des Homöostaten, nach einer durch einen Umweltreiz ausgelösten Zustandsänderung wieder in einen stabilen Zustand zurückzukehren, erkannte Ashby ein Beispiel für das Phänomen der Selbstorganisation: „Ashbys Verwendung des Begriffs Homöostat für seine Maschine dehnte die von Cannon ursprünglich intendierte Bedeutung von Homöostase; und insofern er die Maschine als ein Modell von ‚Selbstorganisation' begriff, gewann er einen zumindest einen Teil der größeren Bedeutung des Begriffs zurück, wie Kant ihn verwendet hatte." (Keller 2008, S. 67) Entscheidend für die Legitimität seiner Maschine als Modell im kantischen Sinne war dabei für Ashby der Begriff der ‚Ultrastabilität': Ihn führte er ein, um zu erklären, dass der Homöostat nicht nur in der Lage war, von einem ungeordneten in einen geordneten Zustand zu wechseln, sondern dass er seine Organisation, ausgerichtet auf das innere Ziel einer *besseren* Organisation, in eine positive Richtung verändern konnte. Im Gegensatz zu späteren Selbstorganisationskonzepten blieb Ashby dabei jedoch der kybernetischen Vorstellung von Verhaltensweisen treu: Wie Paslack festhält, erschien Selbstorganisation bei ihm lediglich unter dem „Aspekt struktureller Modifikation" (Paslack 1991, S. 73) und bezeichnete ein Verhalten, durch das sich ein System „innerhalb eines zulässigen Spielraums" (ebd.) mithilfe negativen Feedbacks stabilisieren kann. Positives Feedback habe Ashby ausschließlich als Bedrohung durch eine „für das System destruktive Aufschaukelung von Abweichungen" (S. 74) empfunden und nicht etwa als konstruktiven Prozess bei der Entwicklung höherer Komplexitäten.

---

[4]In seiner Besprechung des Homöostaten verengt Pickering seine Deutung auf diese zweite Interpretationsweise. Dass Ashby eine oder mehrere der Einheiten als die Umwelt der jeweils anderen interpretiert, so Pickering (2010), zeige dessen dezentralistische Vorstellung einer „Gehirn/Welt-Symmetrie" (Ebd., S. 105). Diese wiederum dient ihm als Beleg für seine streitbare These von der „Nichtmodernität der Kybernetik" (Ebd., S. 107).

Der Cyborg

Mitte der 1950er Jahre wurde der von Ashby (wieder) eingeführte Begriff der Selbstorganisation im Kontext des frühen Konnektionismus und der aufstrebenden Künstlichen Intelligenz-Forschung diskutiert (vgl. Meyer 2004). So entwickelten die Ingenieure Wesley A. Clark und Belmont Farley am Lincoln Laboratory des MIT zum Beispiel ein Programm zur Simulation einfacher neuronaler Netze und sprachen in diesem Zusammenhang von der „Mustererkennung in selbstorganisierenden Systemen" (Farley und Clark 1954). Um 1960 begann sich auch das Militär, konkret: das Office of Naval Research, für die Selbstorganisationsforschung zu interessieren und veranstaltete in den Jahren 1959, 1961 und 1962 eine Tagungsreihe zum Thema (vgl. Foerster und Zopf 1962; Yovits und Cameron 1960; Yovits et al. 1962). Ein Protagonist dieser Reihe war der österreichische Physiker und Kybernetiker Heinz von Foerster, an dessen Biological Computer Laboratory (BCL) Ross Ashby ab dem Jahr 1961 als Professor für Elektrotechnik forschte. Selbstorganisation war eines der zentralen Themen, welches die Arbeit an Foersters Labor und damit die „zweite Welle der Kybernetik" (Hayles 1999, S. 10) maßgeblich prägen sollte (vgl. Müggenburg 2018).

Inmitten dieser neuen Konjunktur der Selbstorganisationsforschung führte Clynes den Begriff „Biokybernetik" ein. Geboren 1925 in Wien, war er 1938 mit seiner Familie nach Melbourne in Australien emigriert, wo er parallel Ingenieurwesen und Musik zu studieren begonnen und als Doctor of Science abgeschlossen hatte. Ab dem Jahr 1946 hatte Clynes seine technisch-musikalische Ausbildung in den USA fortgesetzt, zunächst im Rahmen eines Studiums an der Julliard School in New York und ab 1952 als Assistent am Music Departement der Princeton University. Im Jahr 1955 hatte ihn schließlich der damalige Direktor des Rockland State Hospital in Orangeburg, NY, Nathan S. Kline, eingeladen, ihn bei seiner klinischen Forschung zu unterstützen. Kline kam – wie Ashby – aus dem Bereich der klinischen Psychiatrie und war bekannt für seine pharmakologische Forschung mit psychoaktiven Substanzen. In diesem neuen Umfeld hatte sich Clynes um den Einsatz von Computern in der medizinischen Forschung bemüht und war 1956 zum wissenschaftlichen Leiter des Dynamic Simulation Lab ernannt worden (vgl. Gray 1995, S. 43f.). Die Projekte aus jener Zeit – Clynes forschte zum Beispiel zum Zusammenhang von Atmung und Herzschlag und stellte bezugnehmend auf kybernetische Kontrolltheorien eine entsprechende nichtlineare Gleichung auf (ebd., S. 45) – führten ihn zur Formulierung seines biokybernetischen Programms.

Kurz nachdem Clynes seine neue Position angetreten hatte, war auch Warren McCulloch auf dessen computergestützte Forschung aufmerksam geworden.

Bevor er zu einer der prägenden Figuren der ursprünglichen Kybernetikgruppe geworden war (Heims 1991), hatte McCulloch in den 1930er Jahren selbst am Rockland State Hospital geforscht (vgl. Abraham 2016, S. 3). Um 1960 war der „Kalte Krieger McCulloch" (Kline 2015, S. 186) außerdem zu einem einfluss-reichen Funktionär innerhalb des militärisch-industriell-akademischen Komplexes aufgestiegen und suchte nach neuen Begriffen und Forschungsprogrammen um der krisengeplagten und zunehmend fragmentierten Kybernetik in den USA zu einem neuen Aufschwung zu verhelfen. Neben der im Umfeld von Heinz von Foersters Biological Computer Laboratory lancierten Bionik (vgl. Müggenburg 2018) setzte McCulloch auch auf die Biokybernetik (vgl. Gray 1995, S. 46). Tat-sächlich sah es für eine überschaubare Phase Anfang der 1960er Jahre so aus, als könne diese an die Erfolge der Kybernetik in den 1950er Jahre anschließen: Unter der Beteiligung von McCulloch richtete der Berufsverband Aerospace Medical Association ein Biocybernetics Committee ein und das Office of Advanced Research and Technology der NASA förderte zwischen 1961 und 1963 ein Forschungsprojekt der United Aircraft Coporation mit dem Titel „Engineering Man for Space: The Cyborg Study" (Kline 2015, S. 174ff.).

Ihr Konzept des Cyborg als Beispiel einer möglichen Anwendung seines bio-kybernetischen Programms, hatten Clynes und Kline erstmals im Rahmen eines gemeinsam gehaltenen Vortrags auf einem von der Air Force School of Aviation Medicine im Mai 1960 organisierten Symposium (Flaherty 1961) vorgestellt und noch im gleichen Jahr in einem Aufsatz in der Zeitschrift *Astronautics* ver-öffentlicht (Clynes und Kline 1960). Im Rahmen eines Gedankenexperimentes schlugen sie vor, Astronauten eine kleine „osmotische Pumpe" (ebd., S. 27) zu injizieren, welche das innere physiologische Gleichgewicht des Raumfahrer-körpers durch die automatische Abgabe von „biochemisch aktiven Substanzen" (S. 74) an die ungewohnte Umgebung anpassen sollte. Dem Astronauten sollte also nicht etwa ein Stück Erdatmosphäre mit auf den Weg gegeben werden – z. B. in der Raumkapsel oder einem Raumanzug–, sondern Clynes und Kline empfahlen, „eher den Menschen an seine Umwelt anzupassen als vice versa" (S. 76). Möglich sei dieser Schritt, weil man mittlerweile über ein „gestiegenes Wissen über homöostatische Funktionen" verfüge, wobei man „deren kybernetischen Aspekte gerade erst zu erforschen und zu verstehen beginne" (S. 26). Den Prozess der Fusion von Mensch und Maschine müsse man sich entsprechend als eine „Vereinigung mit fest eingebauten exogenen Geräten" begreifen, „welche die homöostatischen Mechanismen im Menschen benötigen, um ihm ein Leben im Weltraum *qua natura* zu erlauben" (S. 27, Hervorh. im Orig.). Zusammengenommen, so Clynes und Kline, ergäben Pumpe und Astronaut ein „[A]rtifakt-Organismus-System" (S. 26), das man aber auch als

„selbstregulierendes Mensch-Maschine-System" (S. 27) bezeichnen könne. Entsprechend formulierten Clynes und Kline ihre berühmte Definition des Cyborg: „ein exogen erweiterter Organisationskomplex, der als integriertes homöostatisches System unbewusst funktioniert" (ebd.).

Die Tatsache, dass die in den Körper aufgenommene Maschine unterhalb der Bewusstseinsschwelle des menschlichen Wirtes funktionieren sollte, war Clynes und Kline aus einem bestimmten Grund sehr wichtig. Denn anders als nach der kulturwissenschaftlichen und feministischen Umwidmung des Cyborg Mitte der 1990er Jahre (vgl. Harrasser 2015), folgte für die Autoren aus der Existenz ihres „technisch optimierten maskulinen Helden" (ebd., S. 92) gerade keine Entgrenzung oder Dezentrierung des Menschen. In der Tatsache, dass ihr Astronaut „sich an jede Umwelt anpassen kann, die er für sich wählt" (Clynes und Kline 1960, S. 26) erkannten die Autoren vielmehr einen erheblichen Freiheitsgewinn. Tatsächlich erinnert ihr Aufsatz an einigen Stellen an jene zeitgleich entstehenden Cybernation-Utopien, die mittels der Kybernetik den Menschen von allen lästigen und repetitiven Arbeiten befreien wollten (Müggenburg und Pias 2013). „Der Zweck des Cyborg", so Clynes und Kline, „ist es, ein Organisationssystem bereitzustellen, das sich automatisch und unbewusst um alle roboterartigen Probleme kümmert, sodass der Mensch die Freiheit hat, zu erforschen, zu erschaffen, zu denken und zu fühlen" (1960, S. 27). Für Clynes und Kline war der Cyborg *mehr* Mensch, nicht weniger. Es handelte sich um „eine Ausweitung der menschlichen Funktionsweise" (Gray 1995, S. 47). Deshalb sprachen die beiden Autoren im Zusammenhang mit ihrem Cyborg-Konzept auch von einer „Evolutionsteilnahme" (zitiert nach Halacy 1965, S. 15). Der Cyborg stellte ihrer Ansicht nach den Versuch dar, der natürlichen Evolution der Homöostase mit kybernetischen Mitteln auf die Sprünge zu helfen.

Innerhalb der Geschichte der Kybernetik ist die Idee einer Fusion von Mensch und Maschine, wie Clynes und Kline sie hier beschrieben, nicht neu. Norbert Wiener hatte bereits in den frühen 1950er Jahren über Lösungen einer „künstlichen Homöostase" (Wiener 1953, S. 92f.) nachgedacht, zum Beispiel über die Möglichkeit einer automatisierten Abgabe von Insulin bei Diabetes-PatientInnen (vgl. Kline 2015, S. 170).[5] Tatsächlich steht der Cyborg zumindest in einem wesentlichen Aspekt diesen frühen Beispielen aus der medizinischen Kybernetik näher als Ashbys Homöostat. So ging es Clynes und Kline in ihrer Studie weniger darum ein System zu erschaffen, dass selbsttätig und ohne äußeren Eingriff auf

---

[5]Klines spekuliert, dass Clynes im Erscheinungsjahr des Cyborg-Artikels mit Wiener über seine Idee sprach (Kline 2015, S. 170).

unerwartete Umweltveränderungen reagieren konnte. Vielmehr wollten sie, dass der Astronaut in der Lage ist, sich automatisch an die *erwartbaren* Bedingungen einer fremden Umwelt anpassen zu können. Es handelt sich bei dem Cyborg nicht um ein System, welches die Bedingungen seiner Umwelt selbst wahrnimmt und daraufhin alternative Organisationsformen nach Zufallslogik ‚ausprobiert'. Stattdessen konzipierten sie den Cyborg als ein ausschließlich nach innen gerichtetes System, das seine eigenen inneren homöostatischen Prozesse überwacht und durch die Abgabe von biochemischen Substanzen mithilfe der Pumpe an einen vorher bestimmten Richtwert anpasst. Damit diese Anpassung an eine Umwelt geschehen kann, muss vorher bekannt sein, wie diese Richtwerte (etwa für die Höhe des Blutdrucks) auszusehen haben.

Besonders deutlich wird dieser Unterschied zwischen Homöostat und Cyborg am Beispiel jener Laborratte, die Clynes und Kline in ihrem Aufsatz als „einer der ersten Cyborgs" (1960, S. 27) vorstellten: Die beiden Autoren berichten, dass sie bereits im Jahr 1955 eine 7 cm lange und 1,4 cm breite osmotische Pumpe unter die Haut einer Ratte geschoben haben. Diese sei in der Lage über 200 Tage täglich 0,001 ml einer „biochemisch aktiven Substanz" abzugeben (ebd., S. 74). Künftig, so Clynes und Kline weiter, sei es denkbar, diese Pumpe mit „Fühl- und Kontrollmechanismen" auszustatten, welche den inneren biochemischen Zustand des Körpers ständig überwachen, um die körpereigenen Kontrollfunktionen mittels einer „kontinuierlichen Kontrollschleife" zu ergänzen (ebd.). Eine auf diese Weise erweiterte Pumpe könne zum Beispiel den systolischen Blutdruck des Versuchstieres messen und durch die Abgabe von „adrenergen oder vasoaktiven Substanzen" (ebd.) an einen Referenzwert anpassen. Natürlich, so die Autoren, weiter, müssten die Referenzwerte für den „optimalen Blutdruck" (ebd.) in der fremden Umwelt (also z. B. dem Weltraum) bekannt sein, damit das System entsprechend eingestellt werden könne. Insofern der Cyborg also nicht spontan auf veränderte Umweltbedingungen reagieren konnte, sollte er zwar ein stabiles, aber im Gegensatz zu Ashbys Homöostat kein ‚ultrastabiles' System sein. Der Cyborg war kein selbstorganisierendes System im Sinne Ashbys. Die Frage, in welchem Verhältnis der Cyborg zu seiner Umwelt steht, bleibt von Clynes und Kline unberücksichtigt.

Mit Maschinen denken

Kline hat argumentiert, dass die von Clynes und Kline in ihrem Aufsatz beschriebenen Cyborgs die Ausnahme innerhalb der US-amerikanischen Kybernetik bildeten:

„Der Großteil kybernetischer Forschung konzentrierte sich auf die Analogie zwischen Menschen und Maschinen [...] nicht auf die Fusion von Menschen und Maschinen. Die meisten Forscher entwarfen Modelle menschlichen Verhaltens, anstatt die menschlichen Fähigkeiten durch kybernetische Technik zu verbessern" (Kline 2009, S. 333).

Den Cyborg als ein beispielhaftes Ergebnis der historischen Kybernetik zu begreifen, war daher schon immer ein Missverständnis. Diesem sind laut Kline in der jüngeren Vergangenheit vor allem jene Kultur- und GeisteswissenschaftlerInnen aufgesessen, welche der Kybernetik fälschlicherweise eine einheitliche und bedrohliche Identität zugeschrieben haben (ebd.). Die Gegenüberstellung von Homöostat und Cyborg scheint diese These von der Marginalität und Besonderheit der Biokybernetik um 1960 dabei zu unterstützen. Wenngleich beiden Beispielen das Vorhaben zugrunde lag, künstliche Homöostase zu erzeugen, unterschieden sich die Ansätze von Ashby und Clynes und Kline in mehrfacher Hinsicht: Während der Entwurf von Clynes und Kline sowohl organische als auch mechanische Elemente enthielt, handelte es sich bei Ashbys rein elektromechanischem Apparat eher um einen frühen Roboter als um einen Cyborg. Der Homöostat war ein Modell homöostatischer Prozesse in der Natur, dessen Realisierung etwas über die Universalität maschineller Verhaltensweisen aussagte. Bei dem Entwurf ihres Cyborgs setzen Clynes und Kline dagegen nicht auf ein besseres Verständnis und die Synthese von Homöostase, sondern auf die Möglichkeit der medizinischen Manipulation und Erweiterbarkeit der natürlichen Homöostase im menschlichen Körper. Eine direkte Konsequenz aus diesem Unterschied ist die bereits angesprochene Bedeutung der Umwelt für die Realität des kybernetischen Systems in beiden Entwürfen. Während sich Ashby für die Interaktion seiner Maschine mit unbekannten Umwelten interessierte und es dem Homöostaten innerhalb eines Spektrums von Parametern ‚selbst' überließ, die für ihn beste Organisationsform zu finden, zielte der konservative Entwurf von Clynes und Kline auf die Kontrollierbarkeit und den Erhalt einer vorher festgelegten Organisationsform des Systems unter allen Umständen.

Trotz dieser Unterschiede und komplementär zu Klines These von der Marginalität und Idiosynkrasie der Biokybernetik um 1960 lässt sich jedoch auch eine fundamentale *epistemologische* Gemeinsamkeit von Homöostat und Cyborg festhalten, welche beide letztlich doch als Produkt der Kybernetik im Plural auszeichnet. Wie das Beispiel von Ashbys Homöostaten zeigt, gingen die Renaissance des kantischen Begriffs der Selbstorganisation innerhalb der Kybernetik seit den späten 1940er Jahren eine untrennbare epistemische Verbindung mit dem Entwurf von Maschinen ein: Von selbstorganisierenden Systemen zu wissen, bedeutete, Maschinen zu entwerfen und umgekehrt. Clynes und Kline (1960) verorteten sich nicht nur explizit innerhalb dieses Diskurses, z. B. indem sie den Cyborg als ein „selbst–regulierendes Mensch-Maschine-System" (S. 26) bezeichneten, sondern ihr Konzept wäre ohne diese Art des Mit-Maschinen-Denkens gar nicht erst formulierbar gewesen. Die von ihnen vorgeschlagene Fusion von Mensch und Maschine im Rahmen eines biokybernetischen Forschungsprogramms setzte voraus, dass Homöostase als grundsätzlich maschinelle Verhaltensweise gedacht werden konnte – unabhängig davon, ob sie in einem menschlichen Körper oder in einer Maschine realisiert war. Weil sich ‚selbstorganisierende' Organismen und Maschinen nach der Intervention der Kybernetik im Plural auf der gleichen Seite der Grenze zwischen Leben und Nichtleben wiederfanden, erschien ihre Fusion machbar.

Literatur

Abraham, T. (2016). *Rebel genius. Warren S. McCullochs transdisciplinary life in science*. Cambridge: MIT Press.

Asaro, P. (2008). From mechanisms of adaptation to intelligence amplifiers: The philosophy of W. Ross Ashby. In P. Husbands, O. Holland, & M. Wheeler (Hrsg.), *The mechanical mind in history* (S. 149–184). Cambridge: MIT Press.

Ashby, W. R. (1940). Adaptiveness and equilibrium. *Journal of Mental Science, 86*(5), 478–483.

Ashby, W. R. (1945). The physical origin of adaptation by trial and error. *Journal of General Psychology, 32*(1), 13–25.

Ashby, W. R. (1947). The principles of the self-organizing dynamic system. *Journal of General Psychology, 37*(1), 125–128.

Ashby, W. R. (1948). Design for a brain. *Electronic Engineering, 20,* 379–383.

Ashby, W. R. (1962). Simulation of a brain. In H. Borko (Hrsg.), *Computer applications in the behavioral sciences* (S. 452–467). Englewood Cliffs: Prentice Hall.

Clynes, M. E. (1961). Unidirectional rate sensitivity: A biocybernetics law of reflex and humoral systems as physiologic channels of control and communication. *Annals of the New York Academy of Sciences, 92,* 946–969.

Clynes, M. E., & Kline, N. S. (1960). Cyborgs and space. *Astronautics, 5*(9), 26–27, 74–76.

Farley, B. G., & Wesley, C. A. (1954). Simulation of self-organizing systems by digital computer. *Transactions of the IRE Professional Group on Information Theory, 4*(4), 76–84.

Flaherty, B. E. (Hrsg.). (1961). *Psychophysiological aspects of space flight*. New York: Columbia University Press.

Galison, P. (2001). Die Ontologie des Feindes: Norbert Wiener und die Vision der Kybernetik. In M. Hagner (Hrsg.), *Ansichten der Wissenschaftsgeschichte* (S. 433–488). Frankfurt a. M.: Fischer.

Gray, C. H. (1995). An interview with Manfred Clynes. In C. H. Gray (Hrsg.), *The Cyborg handbook* (S. 43–53). New York: Routledge.

Halacy, D. S. (1965). *Cyborg. Evolution of the superman*. New York: Harper & Row.

Harrasser, K. (2015). Die Cyborg. In A. Frei & H. Mangold (Hrsg.), *Das Personal der Postmoderne. Inventur einer Epoche* (S. 81–103). Bielefeld: transcript.

Harrington, A. (2002). *Die Suche nach Ganzheit. Die Geschichte biologisch-psychologischer Ganzheitslehren, vom Kaiserreich bis zur New Age-Bewegung*. Hamburg: Rowohlt.

Hayles, K. (1999). *How we became posthuman Virtual bodies in cybernetics, literature, and informatics*. Chicago: University of Chicago Press.

Heims, S. J. (1991). *Constructing a social science for postwar America. The Cybernetics group*. Cambridge Mass.: MIT Press.

Kant, I. (2014). *Kritik der Urteilskraft* (8. Aufl.). Frankfurt a. M.: Suhrkamp. (Erstveröffentlichung 1790).

Keller, E. F. (2002). *Making sense of life. Explaining biology and development with models, metaphors and machines*. Cambridge: Harvard University Press.

Keller, E. F. (2008). Organisms, machines, and thunderstorms: A history of self-organization, part one. *Historical Studies in the Natural Sciences, 38*(1), 45–75.

Lenoir, T. (1982). *The strategy of life. Teleology and mechanics in nineteenth century German biology*. Chicago: University of Chicago Press.

Kline, R. (2009). Where are the cyborgs in cybernetics? *Social Studies of Science, 39*(3), 331–362.

Kline, R. (2015). *The cybernetic moment*. Baltimore: John Hopkins University Press.

Meyer, U. (2004). *Die Kontroverse um Neuronale Netze. Zur sozialen Aushandlung der wissenschaftlichen Relevanz eines Forschungsansatzes*. Wiesbaden: DUV.

Müggenburg, J. (2018). *Lebhafte Artefakte. Heinz von Foerster und die Maschinen des Biological Computer Laboratory*. Göttingen: Wallstein (Konstanz University Press).

Müggenburg, J., & Pias, C. (2013). Blöde Sklaven oder lebhafte Artefakte? Eine Debatte der 1960er. In H. Bublitz, I. Kaldrack, T. Röhle, & M. Zeman (Hrsg.), *Automatismen – Selbst-Technologien* (S. 45–69). München: Fink.

Paslack, R. (1991). *Urgeschichte der Selbstorganisation. Zur Archäologie eines wissenschaftlichen Paradigmas*. Braunschweig: Vieweg.

Pickering, A. (2010). *The cybernetic brain*. Chicago: University of Chicago Press.

Rosenblueth, A., Wiener, N., & Bigelow, J. (2004). Behavior, purpose and teleology. In C. Pias (Hrsg.), *Die Macy-Konferenzen 1946–1953* (Vol. II, S. 327–332), Essay und Dokumente. Berlin: diaphanes. (Erstveröffentlichung 1943).

Schrödinger, E. (2011). *Was ist Leben? – Die lebende Zelle mit den Augen eines Physikers betrachten* (11. Aufl.). München: Piper. (Erstveröffentlichung 1945).

Tanner, J. (1998). Weisheit des Körpers und soziale Homöostase. In P. Sarasin & J. Tanner (Hrsg.), *Physiologie und industrielle Gesellschaft. Studien zur Verwissenschaftlichung des Körpers im 19. und 20. Jahrhundert* (S. 129–169). Frankfurt a. M.: Suhrkamp.

v Foester, H., & Zopf, G. W. (Hrsg.). (1962). *Principles of self-organization. Transactions of the University of Illinois Symposium on Self-Organization. Robert Allerton Park, 8 and 9 June 1961*. Oxford: Pergamon Press.

Wiener, N. (1950). *Cybernetics. Or control and communication in the animal and the machine*. New York (The Technology Press): Wiley. (Erstveröffentlichung 1948).

Wiener, N. (1953). The concept of homeostasis in medicine. *Transactions and Studies of the College of Physicians or Philadelphia, 20*, 87–93.

Wiener, N. (1963). *Kybernetik. Regelung und Nachrichtenübertragung im Lebewesen und in der Maschine.* Düsseldorf: Econ Verlag. (Erstveröffentlichung 1948).

Yovits, M. C., Cameron, S., & Goldstein, G. D. (Hrsg.). (1960). *Self-organizing systems. Proceedings of an interdisciplinary conference 5 and 6 May, 1959.* Oxford: Pergamon Press.

Yovits, M. C., Jacobi, G. T., & Goldstein, G. D. (Hrsg.). (1962). *Self-organizing systems.* Washington: Spartan Books.

Jan Müggenburg ist Juniorprofessor für Medien- und Wissenschaftsgeschichte am Institut für Kultur und Ästhetik Digitaler Medien der Leuphana Universität in Lüneburg. Er forscht zur Geschichte digitaler Kulturen, Mediengeschichte des Computers, der Kybernetik und der Bionik. Gemeinsam mit Wolfgang Hagen leitet er das von der DFG geförderte Projekt „Medien der Assistenz". Zuletzt sind von ihm erschienen *Lebhafte Artefakte. Heinz von Foerster und die Maschinen des Biological Computer Laboratory* (2018) und Bats in the Belfry. On the Relationship of Cybernetics and German Media Theory. *Canadian Journal of Communication* (2017). Er ist Mitherausgeber von *Trick 17. Mediengeschichten zwischen Zauberkunst und Wissenschaft* (hrsg. zus. mit S. Vehlken, K. Müller-Helle & F. Sprenger, 2016).

Perfektionierungsschleifen. Mensch und Technik bei Frank Bunker Gilbreth

Bernd Stiegler

Zusammenfassung

Frank Bunker Gilbreth hat aus der Zeitoptimierung ein grundlegendes Prinzip der Moderne und des modernen Lebens gemacht, das sich keineswegs auf die industrielle Welt der Produktion beschränkt, sondern auch den Alltag und das Privatleben umfasst. Es geht ihm um einen neuen, modernen und technischen Menschen, der ohne jeden Rückgriff auf Ideologien durch den Ingenieur als Konstrukteur einer neuen Gesellschaft eingesetzt wird. Sein Modell der Optimierung setzt dabei auf Perfektionierungsschleifen und aktive, gouvernementale Partizipation.

Schlüsselwörter

Taylorismus · Fordismus · Moderne · Psychotechnik · Betriebswirtschaft

Der Aufsatz greift in Teilen auf das Nachwort zur Gilbreth-Ausgabe *Die Magie des Bewegungsstudiums. Photographie und Film im Dienst der Psychotechnik und der Wissenschaftlichen Betriebsführung* (2012) zurück, das in veränderter Form auch in mein Buch *Der montierte Mensch* (2016) eingegangen ist.

B. Stiegler (✉)
Fachbereich Literatur-, Kunst- und Medienwissenschaften,
Universität Konstanz, Konstanz, Deutschland
E-Mail: bernd.stiegler@uni-konstanz.de

© Springer Fachmedien Wiesbaden GmbH, ein Teil von Springer Nature 2020
B. Ochsner et al. (Hrsg.), *Affizierungs- und Teilhabeprozesse zwischen Organismen und Maschinen*, Technikzukünfte, Wissenschaft und Gesellschaft / Futures of Technology, Science and Society,
https://doi.org/10.1007/978-3-658-27164-0_3

In ihrer biographischen Skizze, die kurz nach Gilbreths Tod erschien, stellte seine Witwe Lillian Moller Gilbreth ihn in eine Reihe mit den großen Suchern der Menschheitsgeschichte:

> „Der Heilige Gral – das Goldene Vlies – die Quelle der Jugend – und jetzt das Eine Beste und das Eine Höchste!
> In früheren Tagen: irdische und überirdische Schätze – heute: Wissen!
> In früheren Tagen: Muße, Träumereien, Einsiedlertum oder Eremitendasein – heute: Arbeit!
> In früheren Tagen: der Ritter, der Kavalier, der Romantiker – heute: der Ingenieur!“
> (L. M. Gilbreth 2012, S. 11).

In großen Schritten durch die Geschichte skandiert sie hier eine Neuordnung der Welt: Aus dem Gral, dem Vlies und der ewigen Jugend wird das Eine, Beste, Höchste, aus Schätzen, Wissen und Träumereien wird Arbeit und aus dem Einsiedler, Ritter und Romantiker der Ingenieur. Damit ist ein hoher und sachlicher, emphatischer und kühler Ton angeschlagen, der aus Rationalisierung und Technik das neue Heils- und Glücksversprechen der modernen Welt macht. Ihr Prophet und Messias zugleich ist Frank Bunker Gilbreth. Er ist Ingenieur in vielfacher Hinsicht, da es ihm nicht allein um die Konstruktion von Maschinen, sondern um jene einer neuen Lebenswirklichkeit geht, die einem einzigen Prinzip folgt: der Zeitoptimierung.

„He loved building," schrieb seine Frau nach seinem Tod, „in its larger sense of construction – building things, building men, building books."[1] Gilbreth versteht sich als Konstrukteur eines neuen Menschen und einer neuen Gesellschaft und das einzig durch die Suche nach dem, was er in seinen Schriften als „The One Best Way" bezeichnet: die möglichst ökonomische Gestaltung von Arbeitsprozessen aller Art. Seine Vision ist es, dass durch die Ökonomisierung des Alltags allein die Welt eine andere würde. Das ist sein „Heiliger Gral": der mit Großbuchstaben geschriebene „Eine Beste Weg". Entscheidend ist hierbei ein besonderes Verständnis der Zeitlichkeit, das Menschen und Maschinen, Arbeit und Freizeit, das Individuum und das Kollektiv gleichermaßen einschließt. Die Uhr wird neu gestellt und der Mensch wird neu eingestellt. Gilbreth

---

[1]Autobiographische Aufzeichnungen von Lillian Gilbreth (N-File, Box 90-808-14), S. 30. Die Dokumente aus dem Nachlass sind im Folgenden mit den Kürzeln des Archivs der Purdue University nachgewiesen. Eine detaillierte Übersicht bietet auch die Website der Gilbreth-Papers: http://www4.lib.purdue.edu/archon/?p=collections/controlcard&id=25. Zugegriffen: 15. Juni 2018. Dort gibt es auch weitere Links zu den Beständen.

verknüpft dabei zwei unterschiedliche Zeitmodelle: jenes des unaufhörlich voranschreitenden Fortschritts, das für die Moderne insgesamt konstitutiv ist, und ein anderes, das auf Zyklen setzt. Dieses eigentümliche Konzept eines strukturell offenen Prozesses in schleifenförmigen Rückkopplungsschleifen gilt es zu präzisieren. Es ist letztlich ein Regelungsmodell, das in allen Bereichen der Gesellschaft Anwendung findet.

Die Mensch-Maschine

Gilbreth entwirft seine Theorie vor dem Hintergrund der Visionen eines neuen, technischen und montierten Menschen, die sich im fordistisch-tayloristischen Amerika ebenso finden wie in Sowjetrussland und den Entwürfen der Avantgarden in Mitteleuropa.[2] Sie bilden den harten Kern der technischen Moderne. Dazu gehört eine Parallelisierung von Mensch und Maschine, die auch für Gilbreth Programm ist: „It is the aim of scientific management to induce men to act as nearly like machines as possible" (F. B. Gilbreth 1912, S. 50; zwanzig Jahre später dann dazu L. M. Gilbreth 1935, S. 75 ff., 92). Dies schreibt er in seinem Buch *Primer of Scientific Management* und liefert damit zugleich eine prägnante Formel für seine theoretischen Grundüberzeugungen. Die heute viel beschworene Mensch-Maschine-Schnittstelle ist für Gilbreth der Einsatzpunkt seiner Theorie und Praxis, die mit wenigen Elementen auskommen, diese aber Schritt für Schritt verfeinern, differenzieren und optimieren. Die Maschine ist die zentrale Metapher dieser Vision. Mensch und Maschine sind homolog, struktur-verwandt und können in gleicher Weise ausgerichtet, organisiert und optimiert werden. „As our organisation is built thus, like a machine" (F. B. Gilbreth 1908, S. 5), so gelten die Gesetze der Rationalisierung auch für den Menschen, könnte man Gilbreths Satz fortführen. Mensch-Maschinen sollt ihr werden.

Doch was bedeutet das konkret? Gilbreths Verständnis nach ist der Mensch so zu analysieren wie eine Maschine, funktioniert am besten, wenn er regelmäßig wie eine Maschine arbeitet und ist auch Teil eines Soziallebens, das wie eine große Maschine bestimmt werden kann. Entscheidend ist dabei, dass die optimierten Tätigkeiten idealiter immer identisch, ohne jede Veränderung bei einzelner Ausführung, und strikt automatisch, d. h. ohne gedankliche Ein-flussnahme oder Kontrolle ablaufen. Es gilt, Automatismen zu entwickeln, die ohne jede Unterbrechung durch gleich welche Form von gedanklicher Störung

---

[2]Vgl. dazu mein Buch *Der montierte Mensch* (Stiegler 2016) sowie Rabinbach (2010).

ablaufen. Seine Studie „Photographieren mentaler Prozesse" versucht sich an einer solchen Detektierung von mentalen Störfeuern (Gilbreth und Gilbreth 2012, S. 158ff.). Aufgabe ist es, Automatismen auszubilden und den Menschen in einen rhythmisierten Workflow zu versetzen. Der ideale, zeitlich strukturierte Arbeitsprozess ist eine quasi-maschinell ablaufende Bewegungsfolge, die in der Regel immer wieder neu beginnt und in unveränderter Geschwindigkeit abläuft. Regelmäßig und zyklisch, repetitiv und automatisch sollen die Abläufe sein. Die Zeit ist Pfeil und Schlaufe zugleich.

Die große Lichtgestalt und theoretisches Vorbild seiner Optimierungstechniken ist fraglos Frederick Winslow Taylor, den Gilbreth persönlich kennengelernt, wie er in seinen Aufzeichnungen notiert, und daraufhin seine Verfahren umgestellt hat.[3] Die Analyse ihrer Anwendungsformen und epistemologischen Zuschreibungen ergänzt um Studien zur Physiologie und Arbeitswissenschaft wurde insbesondere aus wissenschaftshistorischer Perspektive untersucht (Sarasin und Tanner 1998 sowie Mehrtens 2002). Diese eröffnen einen breiteren historischen Kontext, in dem sich auch Gilbreth situiert. Wir betreten mit ihm das Herz des Taylorismus, in dem die Technik als Leitfigur des proklamierten neuen Zeitalters figuriert. Der Bruch mit Taylor erfolgte dann, weil ihm die Stoppuhr als alleiniges Arbeitsinstrument nicht ausreichte und er andere, nun medientechnische Verfahren für die Optimierung von Arbeitsprozessen aller Art einsetzte. Diese beginnen erst einmal mit der Konstruktion neuer Werkzeuge und Arbeitsmöbel, entwickeln dann Drahtmodelle, die Arbeiter optimierte Bewegungen regelrecht fühlbar machen sollen, um dann sukzessive auch die Fotografie und den Film miteinzubeziehen. Die Arbeitsprozesse werden dokumentiert, analysiert, betrachtet und schließlich in einen Kreislauf eingespeist, bei dem die Arbeiter nicht nur Gegenstand der Optimierungsprozesse sind, sondern in diese eingebunden werden und sie letztlich zu ihrer Sache machen sollen. Sie sollen sie zu ihrem neuen Habitus machen, sie inkorporieren und in der Arbeit und im Alltag umsetzen. Auch Henry Fords „weißer Sozialismus" verstand sich als systematische Kopplung von Arbeit und Freizeit, folgte aber dabei weit mehr als Gilbreth Prinzipien der Arbeitsteilung des Warenverkehrs und Konsums. Gilbreth geht es hingegen eher um die Umsetzung eines neuen Zeitmanagements, das für alle Bereiche grundlegend ist.

Der zyklische Charakter der Zeitordnung findet in der Praxis seine Umsetzung in Gestalt von Feedbackschleifen. Die Mensch-Maschine kann nur dann optimiert

---

[3]„1912. Taylor changed his definitions of Time Study to include Motion Study", notiert er in seinem Arbeits-Lebenslauf.

werden, wenn der Arbeiter aktiv an der Neugestaltung teilnimmt und sich selbst umprogrammiert. Es geht um die Etablierung eines neuen Habitus, der mit der störenden, weil den Arbeitsfluss hemmenden Gewohnheit zu brechen sucht und eine für den Arbeiter nicht wahrnehmbare Prägung und Konditionierung durch eine strukturell offene, perfektionierbare und virtuell unabschließbare ersetzt.

Maschinen sind, so die nüchterne Beobachtung von Gilbreth, ebenso träge wie Menschen. Sind sie erst einmal in einer bestimmten Art eingerichtet, so führen sie monoton die programmierten Bewegungen aus. Der Mensch sei nun, so fährt er fort, ebenfalls durch seine Gewohnheiten, seinen Habitus konditioniert. Diese sind das Trägheitsgesetz der Handlung, das man immer in Betracht ziehen muss. Gewohnheiten sind nicht nur konservativ, sondern von einem enormen Beharrungsvermögen und von nachhaltig prägender Kraft. Sie leisten jeder auch noch so vernünftigen und von den Einzelnen daher auch durchweg eingesehenen Form von Verbesserung in Bewegungs- und Arbeitsabläufen Widerstand – und das gänzlich unbewusst, ohne dass der Verstand Zugriff auf die automatisierten Abläufe hätte. Der Habitus ist ein kultureller automatischer Reflex, der im Zuge der bis dahin ausgeübten Tätigkeiten ausgebildet worden ist und der erst ein Verfahren neuer Konditionierungen durchlaufen muss, um umgestellt werden zu können. Die Mensch-Maschine muss neu programmiert werden, muss neue Automatismen ausbilden. Ziel ist daher eine „Umstellung in der geistigen Haltung" (Gilbreth 1921, S. 78) – wobei Haltung durchaus doppeldeutig gemeint ist: Nicht selten muss man zuallererst die höchst physische Arbeitsposition verbessern, um auch Zugriff auf die psychische Disposition zu bekommen. Gilbreth konstatiert eine komplexe Interaktion physischer Gegebenheiten und psychischer Prozesse, physischer Prozesse und psychischer Gegebenheiten. Viele seiner Untersuchungsfelder haben daher diesen doppelten psycho-physischen Fokus: Ermüdung, Arbeit, Beobachtung, Operationen, Prozesse etc.

Auf der einen Seite ist zuallererst die Arbeit in ihrer Bewegungsgestalt zu analysieren. Dazu wird eine ganze Fülle von unterschiedlichen Medien eingesetzt: Neben diversen Fotoapparaten und Filmkameras sind das Skizzenbücher, in denen Gilbreth fortwährend Gedanken und Beobachtungen notiert, Organigramme und Simultanbewegungskarten, Chronozyklegraphien, Stereofotos und Filme sowie die bereits erwähnten Modelle aus Draht (Abb. 1 und 2).

Auf der anderen müssen die Ergebnisse dieser Beobachtungen und Analysen operationalisierbar gemacht werden, müssen unterrichtet werden können. Dazu dienen unter anderem ein „Ermüdungsmuseum", Lehrbildtafeln, Broschüren und Projektoren, aber auch Fotografien in diversen Gestalten. Gilbreth stellt sich diese Verzahnung von Analyse und Unterricht als nicht abschließbaren Kreislauf der Perfektionierung vor. Das ist die neue Zeitordnung der Welt.

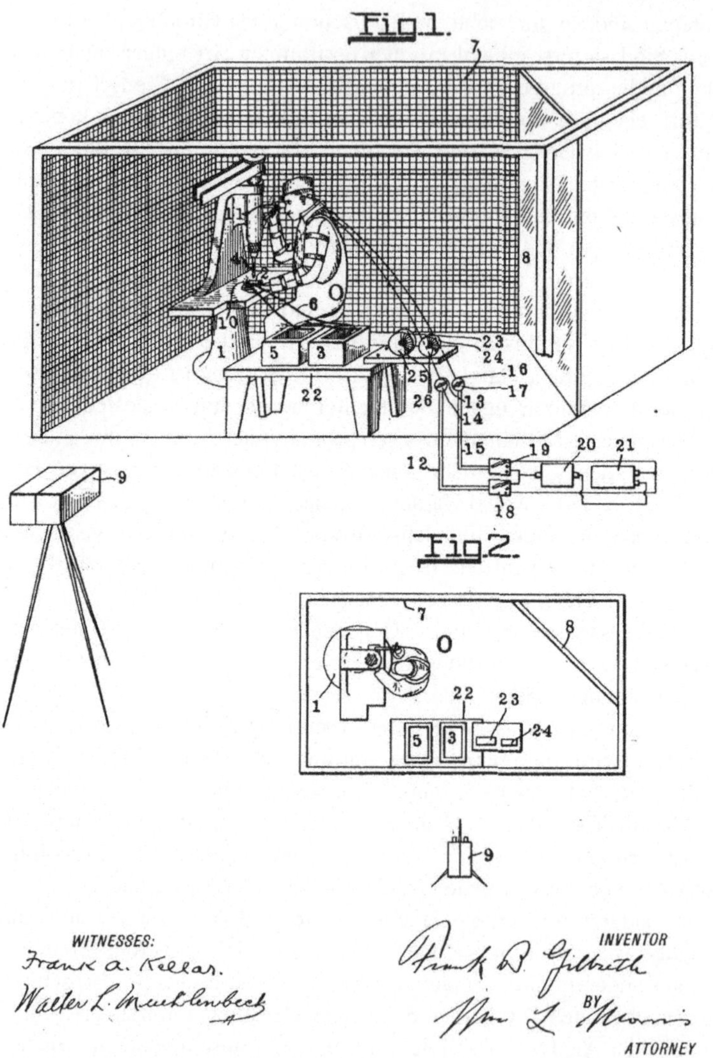

Abb. 1 F. B. Gilbreth: Patent für „Method and apparatus for the study and correction of motions", Purdue University Archives and Special Collections, N-File

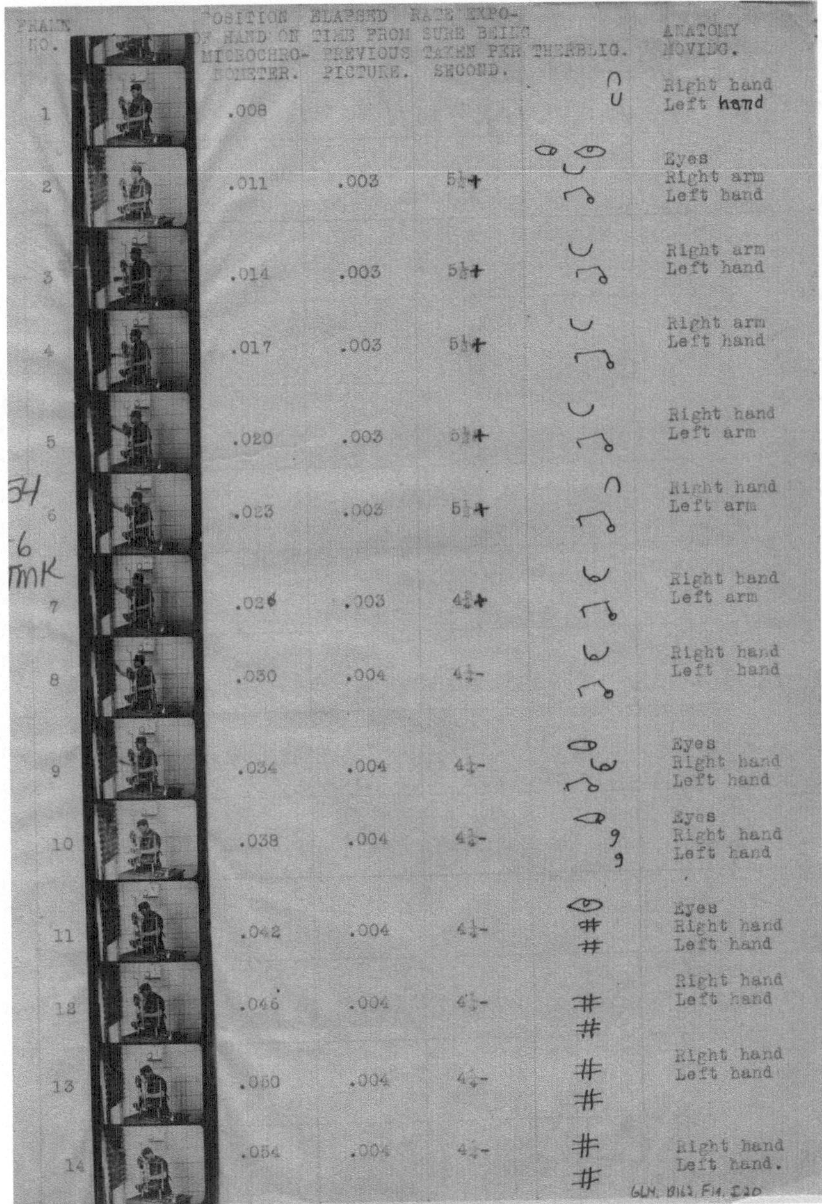

Abb. 2 F. B. Gilbreth: Teil einer Bewegungsanalyse, Purdue University Archives and Special Collections, N-File

Es geht darum, geplante Fortschritte bei Arbeitsprozessen, kalkulierte evolutionäre Schritte der Produktion zu erreichen, die dann auch künftigen Generationen zur Verfügung stehen sollen. „Übertragung erworbener Geschicklichkeit" (Gilbreth 1921, S. 84) nennt er diese Aufgabe. Das klingt nach einer Übertragung des Lamarckismus auf Managementtheorien und ist auch wohl so gemeint, auch wenn Gilbreth auf Spekulationen und Utopien, großangelegte historische Diagnosen und biologistische Theoreme in kulturalistischer Gestalt verzichtet. Seine Theorien sind frei von Zukunftsspekulationen und beschränken sich auf die Gegenwart und die nahe Zukunft; sie operieren „auf Sicht". Gleichwohl zielen die Veränderungen der Einstellung und Haltung des Menschen auch auf seinen Körper und sollen diesen zu- und einrichten. In Zeiten des neuen, technischen und montierten Menschen ist die generationelle Übertragung dieses neuen Habitus von entscheidender Bedeutung. Die Vergangenheit ist dabei vor allem Ballast und hinderliche Tradition, die Zukunft ihre Überwindung. Ein neuer Habitus, eine neue Einstellung, eine neue Haltung sollen regieren. Die radikale Geschichtsfeindlichkeit, die in seinen Texten zu konstatieren ist, macht aus der Tradition, der Kultur und der Vergangenheit vor allem eines: schlechte Angewohnheiten. Aber was erlernt und optimiert wurde, soll, ja muss weitergegeben werden und sich im Leib und Geist des Menschen einpflanzen.

Die neue zyklische Weltordnung

In der Perspektive dieser zu organisierenden Welt auf der Suche nach dem „Einen Besten Weg" kommt es zu einer ebenso pragmatischen wie radikalen und reduzierten Neudefinition der Zeitachsen: Die Vergangenheit ist schlicht das, „was getan worden ist", die Gegenwart hingegen das, „was getan wird", und die Zukunft schließlich das, „was getan werden muß" (Gilbreth 1920a, S. 18). Diese Ordnung der Zeit wird nun auch auf die Organisation im Betrieb übertragen. Gilbreth nennt dies den „Drei-Stellungs-Plan" (ebd., S. 89ff.). Zeit und Hierarchie sind nicht nur korrespondierende Ordnungen, sondern definieren Rollen und einen präzise zu benennenden Erwartungshorizont. Gilbreth bringt diese funktionale Diachronie in eine Übersicht.

Stelle, die er bisher bekleidete	Vgh.	Lehrer
Stelle, der die gegenwärtig einnimmt	Ggw.	Lehrer und Lernender
Stelle, die er einnehmen wird	Zukunft	Schüler

Lernprozesse mit offenem Ausgang werden hier entworfen, die einen Kreislauf der Perfektionierung imaginieren. Gilbreths Welt ist nicht flach, sondern kreisförmig und die von ihm imaginierte Zeitform nicht einfach ein Progress des Fortschritts im Sinne einer zweckrational ausgerichteten Moderne, sondern eine Kombination von Linie und Schlaufe im Sinne von Optimierungsschleifen. Was auch immer er an Modellen imaginiert, früher oder später laufen sie alle auf eine Kreisform hinaus oder schließen diese zumindest ein. Lehrer werden wieder zu Schülern, um dann wieder zu Lehrern zu werden. Neutrale Observatoren analysieren Arbeitsprozesse, legen dann den Arbeitern die Aufnahmen ihrer eigenen Arbeitsvollzüge vor, damit diese wiederum nicht nur ihre Arbeit verbessern, sondern weitere Änderungen anregen. Ein neuer Kreislauf ergibt sich zwischen Ersparnissen durch Erfindungen, die dann quasi natürlich und automatisch, wie Gilbreth betont, zu neuen Ersparnissen jeweils verbunden mit Ergebnissen führen: „Motion study causes invention automatically" (S. 25) und führe eine „suggestion of automatic invention" (S. 33) mit sich. Und auch die von ihm entdeckten „Therbligs", das Set an elementaren Bewegungen, werden in ein „Wheel of Motion" (Abb. 3) übertragen, das Kreisgestalt hat (Abb. 3).[4]

Gilbreths Diagnose, dass ein analytisches Zeitalter angebrochen sei, wird übertragen auf ein diachrones Pendeln zwischen Analyse und Synthese. Während früher, so Gilbreth, die Ordnung der Welt durch die Vorstellung eines Ganzen bestimmt gewesen sei, sind nun an dessen Stelle die Teile getreten und haben die Gruppen von Elementen durch die einzelnen Elemente ersetzt. Man bewegt sich immer um eine Stelle weiter zurück: Im Mittelpunkt der Aufmerksamkeit stehen nicht mehr Handlungen, sondern Zyklen oder genauer: zusammengesetzte Bewegungen und deren Elemente. Das Detektieren der „fundamental motions" ist Aufgabe der Analyse (S. 4). Und während man früher die Unterschiede von Arbeitsprozessen studierte, nimmt man nun deren Ähnlichkeiten in den Blick, die dann erscheinen, wenn man die elementare Ebene der Bewegungselemente, sprich die Therbligs erreicht hat. Das sind zugleich diejenigen Elemente, aus denen die neue Welt aufgebaut werden soll. „Wir möchten an die Stelle des ‚Traumes' den ‚Plan' setzen" (Gilbreth 1922, S. 187), heißt es programmatisch in seiner *Verwaltungspsychologie*.

Ganz konkret bedeutet das etwa in einem Betrieb, dass Frank Bunker Gilbreth mit Assistenten erst die Arbeitsprozesse insgesamt analysiert (die Abläufe, Arbeitsplätze, ihre Verbindung untereinander, die Transportwege,

---

[4]Im Nachlass finden sich diverse, z. T. auch farbige Entwürfe. Vgl. etwa N-File 53-0298.

Abb. 3 F. B. Gilbreth: „Wheel of Motion", Purdue University Archives and Special Collections, N-File

aber auch die Freizeitgestaltung etc.) und dann einzelne Bewegungen in den Blick nimmt. (Abb. 4) Diese werden in ihre einzelnen Elemente zerlegt und zugleich untersucht, ob die Bewegung ohne jedes Zögern durchgeführt und auch präzise ohne jede Variation wiederholt wird. Gegebenenfalls werden überflüssige Teile des Bewegungsprozesses ausgemacht und die Arbeiter dann so neu eingestellt, dass sie fortan auf sie verzichten. Die Analyse erfolgt über Bilder: erst über traditionelle Fotografien, dann über Stereofotos und Mehrfachbelichtungen und schließlich über Filme. Und erneut mündet die Analyse in eine zyklische Synthese, da die Bilder eines Arbeiters diesem dann gezeigt werden, damit er über Ansicht Einsicht zeigt und zugleich Verbesserungsvorschläge anbringen kann, die ihrerseits umgesetzt, erneut aufgenommen, dann von den Arbeitern angenommen und schließlich wieder verbessert werden etc. Das ist die Rückkopplungsschleife, die die Welt voranbringen soll. Und dieser Prozess ist unabschließbar: „Der Gedanke der Vollkommenheit ist an und für sich nicht in dem Begriff der Normalisierung enthalten." (C. Ross 1917, S. 24) Normalisierung ist die notwendige Bedingung, nicht aber das Ende des Fortschritts. Sie ist nur ein erster, entscheidender Schritt. Es gibt immer noch eine Verbesserungsmöglichkeit. Der „Eine Beste Weg" ist und bleibt ein Weg, der nicht geradlinig, sondern schleifenförmig verläuft.

Gilbreths mediale Reiz-Reaktionsschleifen zielen auf eine neue Wahrnehmung von alltäglichen Vollzügen, die man mit anderen Augen sehen soll: Die Vorführung der Aufnahmen in Gestalt von Fotografien und Filme schließen einen Wechsel der Beobachterperspektive strukturell ein: Sie werden den Arbeitern gezeigt „in order (…) that they may see themselves as others see them" und sie „a new viewpoint" (Gilbreth 1920b, S. 6) ausbilden können, der vor allem auf ihre Selbstbeobachtung zielt. Medientechnik wird hier konsequent im Sinne der Gouvernementalisierung und Selbstoptimierung eingesetzt. Fremdbeobachtung soll zur Selbstbeobachtung werden.

Gilbreth verwendete dabei eine Kamera, mit der man Filme mit bis zu 48 Aufnahmen pro Sekunde herstellen konnte, die dann bei der Vorführung schneller oder langsamer gezeigt wurden. Die von ihm verwendete Kamera trug ihre Aufgabe bereits im Namen: In einem im Nachlass erhaltenen Prospekt der Kamera *Educator* schreibt er auf die erste Seite: „This is the one we had".[5] Und das ist es, was der Arbeiter schließlich auch werden soll: Er soll sich und andere im Sinne

---

[5]Eine weitere Kamera trug den Namen *Veraskop*. Ein Loblied dieses Apparats findet sich im Nachlass: N-File 578-0310, datiert 4/18/16.

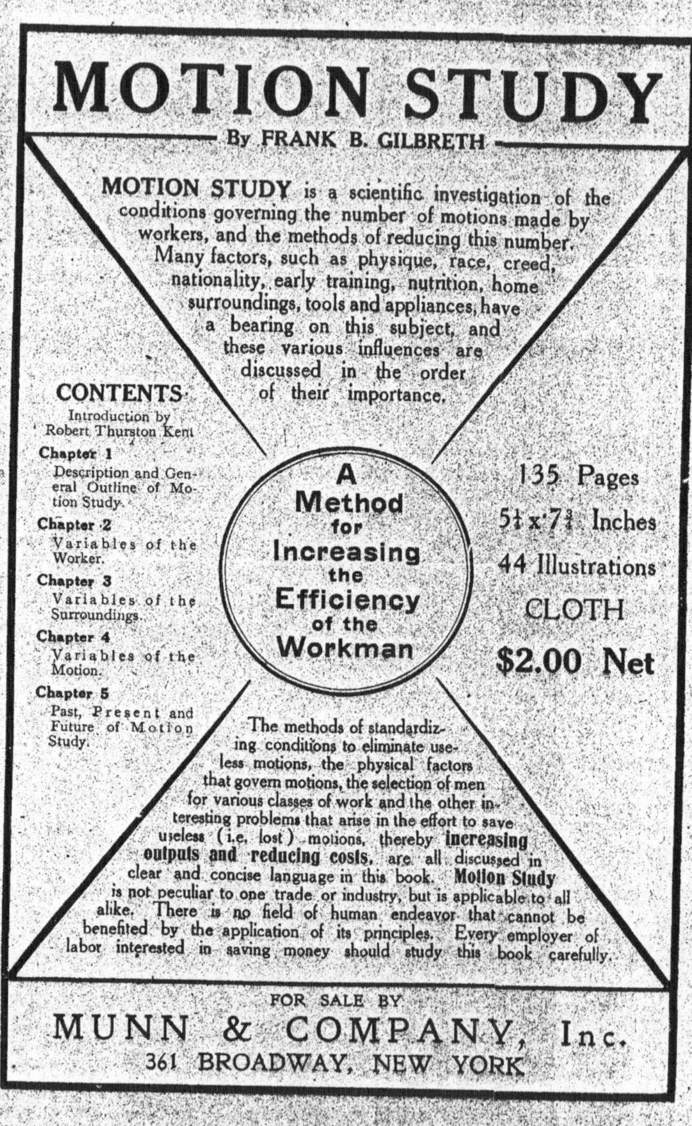

Abb. 4 Werbeblatt für das Buch *Motion Study*, Purdue University Archives and Special Collections, N-File

der Suche nach dem „Einen Besten Weg" aus- und unterrichten. Die Einstellung ist die Einstellung.

Gezielt wird bei Vorführung der Bilder auf Reaktionen der Arbeiter im doppelten Wortsinn: Es geht einerseits um Reaktionen als aktive Umsetzung und Verbesserung ihrer eigenen Arbeit, andererseits aber auch um Kommentare und Kritik des Verfahrens, um so dann auch idealerweise die Arbeitsprozesse insgesamt zu verbessern.[6] Die aktive Mitwirkung soll weiterhin den Nebeneffekt haben, dass die Arbeiter mittels ihres Engagements die Arbeit als Form der Selbstverpflichtung auffassen. Ihre Arbeit soll letzten Endes auch Arbeit an sich sein. Das ist die gouvernementale Pointe wie Grundüberzeugung von Gilbreths Programm: Arbeit schließt immer auch ein Selbstverhältnis mit ein.

Theoriegebäude ohne Geschichte

Gilbreths eigenes Denken verortet sich in seinen Publikationen fast ohne jeden externen Bezug, so als sei alles, was er ausführt, ein Neuentwurf. Bei ihm ist alles Neuanfang und Neuentwurf und die Geschichte erscheint auch bei den Theoriereferenzen als eine Überlieferin von zu lösenden Problemen. Auch in den vielen tausend Seiten des Nachlasses sind Bezugnahmen auf die Tradition die Ausnahme und auch Exzerpte oder Publikationen anderer Forscher kaum anzutreffen. Selbst Belege aus dem Bereich der bewegungsanalytischen Fotografie, der er offenkundig viel verdankt, sind spärlich und versuchen mitunter, die theoretische wie praktische Nähe eher zu verschleiern als zu unterstreichen. Im Nachlass findet sich immerhin ein mit dem Eingangsstempel vom 27. Juni 1913 und handschriftlichen Anmerkungen versehener Artikel über Marey aus *Scientific American Supplement* und ein Artikel von ihm in englischer Übersetzung, genauer: „Photography of moving objects, and the study of the animal movement by chrono-photography" (Gilbreth 1887, S. 9258ff.). Hinweise auf Marey finden sich ohne besondere Prominenz auch als beiläufige Erwähnung in seinem Buch *Fatigue Study,*[7] in dem Typoskript „Time Study"[8] oder in seinen Tagebuchaufzeichnungen: Dort berichtet Gilbreth davon, dass er anlässlich einer

---

[6]Zudem hat die Vorführung in dunklen Räumen den Vorteil, so Gilbreth, dass selbst Arbeiter, die bei öffentlichen Präsentationen und Diskussionen sich nicht zu äußern wagen, dies dann tun.

[7]Als Anspielung erwähnt in: Gilbreth (1916, S. 32).

[8]Mit „MG 1/7/15" bezeichnetes und datiertes Typoskript (N-File 48-0270-3).

Europareise auch das Marey-Institut besucht habe.[9] „Then I hunted", schreibt er in einer Tagebuchnotiz, die mit „Time Study – Morey [sic!] Institute" über-schrieben und auf den 6. Februar 1914 datiert ist,

> „for the Morey Institute [...]. I finally found it and spent the day with Lucius Bull, Underdirector of the Institute. He showed me many wonderful devices, but I found no indication of his having used a flashing lamp, in tuning his spots in photography. He did however show me a wonderful lot of instruments for various purposes, including a stereoscopic motion picture camera. I found no indication of his ever determined of photographed ‚directions' of motions. He did, however, show me wonderful photographs of ‚slowed down' runners, jumpers, heavy weight/throwers, same as we speeded up the workers of New England Butt Co. by taking four per second and then reeled them off at 16 per second."[10]

Die naheliegende Referenz auf die deutlich früher entwickelten Strategien Mareys, mit Lichtlinien zu arbeiten und die Versuchspersonen in schwarze Kleider zu stecken, sodass nur die aufgeklebten reflektierenden Punkte später auf der Platte ihre Spur hinterließen, fehlt hier und anderswo gänzlich, auch wenn sie Gilbreths „Zyklegraphien" recht ähnlich ist und ihnen als Vorbild gedient haben mag. Offenbar scheint er aber seine Verfahren weitgehend unabhängig von der französischen Tradition entwickelt zu haben. Ähnliches wie für Marey gilt auch für Gilbreths amerikanischen Landsmann Muybridge: Gilbreth bewahrte zwar einen Artikel über Leland Stanford aus dem *San Francisco Chronicle* auf, der die Experimente Muybridges finanzierte,[11] übergeht ihn aber in seinen Publikationen. Insgesamt kommen seine Bücher fast ohne Literatur und Fußnoten aus und inszenieren die Suche nach dem „Einen Besten Weg", um den es ihm durch-weg geht, als Erkundung von Neuland, als Pionierleistung, als Kartierung einer *terra incognita* inmitten des Alltags.[12] Neben Taylor und anderen fast durchweg US-amerikanischen Vertretern der Wissenschaftlichen Betriebsführung finden nur eine Handvoll Theoretiker und Texte Erwähnung. Diese sind jedoch zumeist

---

[9]N-File Box 90-808-13.

[10]N-File 808-BNHC (Box 90).

[11]N-File 41-0265-1.

[12]In der deutschen Ausgabe von *Primer of Scientific Management* (1917, mit mehreren Nachauflagen) ergänzt Colin Ross einige weitere Verweise auf aktuelle Debatten und führt so etwa Charles Babbage *(Economy of Machinery and Manifacture)*, Wilhelm Wundt, Walther Rathenau *(Zur Mechanik des Geistes)* oder Wilhelm Ostwald *(Der energetische Imperativ)* an oder verweist auf die Arbeiten Willy Hellpachs.

prominent wie programmatisch: Neben Max Weber sind das Hugo Münsterberg, Herrmann Ebbinghaus, William James und Emil Kraepelin.[13] Die Physiologie und Psychologie waren ganz offenkundig für Gilbreth deutlich interessanter und anschlussfähiger als die fotografische Tradition. Am ehesten fühlte er sich offenbar noch mit den Arbeiten von Jules Amar verwandt, der in Frankreich in ähnlicher Weise Experimente durchführte, ihm Sonderdrucke schickte und mit ihm korrespondierte.[14] Ansonsten ist seine Welt die sich neu formierende Arbeitswissenschaft und Psychotechnik.

Arbeit-Zeit-Leben: die säkulare Trinität

Alles begann mit seiner Beschäftigung mit dem Bauwesen. Gilbreths erste Bücher sind dem Mauern und den Baukonstruktionen gewidmet. Sein Buch *Concrete System,* das bereits 1906 erschien, besteht neben Fotografien, um das Gesagte zu verdeutlichen, aus den 490 Regeln des Heiligen Arbeiters namens Frank Bunker Gilbreth. Befolgt man sie, so wird die Arbeit besser, das Leben glücklicher und die Gesellschaft vorangebracht. Man hat sie, das macht Frank Bunker Gilbreth unmissverständlich klar, keineswegs auszulegen, sondern „carried out the letter" (Gilbreth 1908, S. 6). Der Teufel, das Böse, das er bis zu seinem Lebensende zu bekämpfen nicht müde wird, ist bereits hier ausgemacht: Verschwendung, genauer Zeitverschwendung. Sie gilt es, so heißt es immer wieder in martialischen Worten, „auszumerzen". Sie ist die Plage der modernen Gesellschaft. „It is not our intention to secure speed by hurried construction, but by elimination of unnecessary delay" (ebd., S. 38), heißt es in *Concrete System.* Zeitverschwendung ist nicht nur ein kritisierenswertes Übel, sondern ein Verstoß

---

[13]Verwiesen wird auf Max Webers Aufsatz „Zur Psychophysik der industriellen Arbeit" (1908), auf Hugo Münsterbergs *Psychotechnik* (1914), Kraepelins Aufsatz „Die Arbeitskurve" (1902), Karl Büchers *Arbeit und Rhythmus* (1899) und auf Hermann Ebbinghaus (in Gilbreth 1922, S. 144).

[14]Zu Amar vgl. F. B. Gilbreth 1920b, S. 74 und 112. Er wird auch erwähnt in *Fatigue Study* (1916), dort unter Hinweis auf seine Bücher *Physiologie du travail féminin* (1919) und *Le moteur humain et les bases scientifiques du travail professionnel* (1914). A.W. Sanders aus Leiden fertigt ebenfalls Fotografien an, um Arbeitsprozesse zu untersuchen. Den Durchschlag eines Textes „Account of Research Work relating to Muscular Reflex Action with a view to finding a method of Recording objective results of nervous fatigue" schickt er samt einigen Fotos an Gilbreth. Siehe N-File 40-0259-2.

gegen die Gesetze des Lebens. Arbeit – Zeit – Leben: das ist die säkulare Trinität von Gilbreths Theorie. Es gilt die Arbeit so zu organisieren, dass keine Zeit verschwendet wird und mehr Zeit zum Leben bleibt. Dieses ist nun seinerseits ebenfalls so arbeitsökonomisch zu organisieren, dass neue Zeit zur Verfügung steht, die wiederum produktiv genutzt werden kann. Mithilfe der Fotografie analysiert Gilbreth Arbeits- und Bewegungsprozesse, um sie zu ökonomisieren und zu optimieren. Dabei zielt er auf das ganze moderne Leben. Die Spannbreite seiner Bewegungsstudien wird bereits bei der Wahl seiner Probanden deutlich. Untersucht hat er neben seiner Familie bei Tätigkeiten, die vom Geschirrspülen bis zum Heidelbeerensammeln reichen und zahlreichen industriellen und handwerklichen Fertigungsstätten u. a. Fechter, Golfer, Zahnärzte, Chirurgen, Baseballspieler, Pianistinnen und Schreibmaschinistinnen. Von ihnen allen sind umfangreiche Serien von Fotografien oder mitunter auch Filmaufnahmen erhalten.[15] Gilbreth versuchte, die ausgeführten repetitiven Bewegungen zu analysieren, um sie dann optimieren zu können. Sie sollen in die nach ihm benannten Grundeinheiten der Bewegung, den Therbligs, also in ihre elementaren Komponenten zerlegt werden, um so auch Hinweise auf Ähnlichkeiten zu ermöglichen. Gilbreth stellte etwa eine – ansonsten auch durchaus intuitiv zu konstatierende – Verwandtschaft von Klavierspiel und Schreibmaschineschreiben fest. Optimiert man die eine Tätigkeit, so gelten diese Gesetze auch für die andere trotz des unterschiedlichen Anforderungsprofils.

Was auf den ersten Blick wie eine simple Umsetzung tayloristischer Theoreme in der Praxis aussieht, erweist sich als Versuch einer Lebenskunst in industriellen Zeiten. Optimierung zielt nicht einfach auf Gewinnmaximierung, sondern auf Glück. Optimiert man den Alltag in all seinen Aspekten, so bleibt unter dem Strich mehr Zeit und somit auch mehr Glück.

Gilbreths Methoden beschränken sich in diesem Sinne keineswegs auf die Fabrikarbeit und ihre Optimierung im Sinne einer Applikation der Prinzipien von Taylors „Wissenschaftlicher Betriebsführung", denen er fraglos viel verdankt. Gilbreth ging auch zuhause, in seinem, da sie 12 Kinder hatten, vierzehnköpfigen Haushalt, in ähnlicher Weise vor.[16] Seine Frau Lillian Moller Gilbreth widmete der ökonomischen Gestaltung des Haushalts ein ganzes Buch, zahlreiche

---

[15]Vgl. dazu auch Camp (1916) und Walter Bannard (1920).

[16]Der Haushalt war Gegenstand mehrerer Berichte. Vgl. expl. Anonym (1921).

Aufsätze und Interviews[17] und publizierte auch einen kleinen Prospekt mit dem Titel „Die praktische Küche. Ein Versuch", der sich im Nachlass erhalten hat. Dort heißt es: „Die Hausfrau sollte einen gewissen Sinn für Masse und Normen entwickeln. Selbst der kleinste, billigste und am wenigsten haltbare Gegenstand sollte auf seinen Platz und Gebrauch hin geprüft werden. Niemals sollte etwas seines hübschen Aussehens allein wegen erworben werden."[18] Heim und Arbeit, Freizeit und Tagesablauf sollen den gleichen Prinzipien folgen und sich an der Suche nach dem „Einen Besten Weg" beteiligen.[19] Die Ökonomisierung des Lebens wird als Modell eines geglückten, eines glücklichen Lebens aus- wie vorgegeben.

Hausarbeiten

Ein ebenso witziger und unterhaltsamer wie bemerkenswerter Bericht über Gilbreths Theorie und Praxis findet sich in Gestalt eines Romans, den zwei seiner Kinder geschrieben haben und der mit dem Titel *Cheaper by the Dozen [Im Dutzend billiger]* ein Bestseller werden sollte, der gleich mehrfach verfilmt wurde.[20] Sie berichten dort rückblickend von ihrem gemeinsamen Leben u.v.a. folgendes:

> „So beschlossen Mutter als Psychologin und Paps als Organisator und Fachmann für Bewegungs-Rationalisierung das neue Gebiet der Betriebspsychologie und das alte Gebiet der psychologischen Führung eines kinderreichen Haushalts zu untersuchen. Sie gingen von der Ansicht aus, daß das, was in der Fabrik anwendbar sei, auch in der Häuslichkeit funktionieren müsse und umgekehrt. Kurz nach unserem Umzug nach Montclair probierte Paps diese Theorie aus. Das Haus war zu groß, als das unser Hausfaktotum Tom Grieves und die Köchin Mrs. Cunningham es hätten in Ordnung halten können. Paps beschloss, dass wir ihnen helfen müssten, wollte aber,

---

[17]Vgl. expl. L. M. Gilbreth (1926); Budd (1926); Eaton (1926); Anonym (1926).

[18]Auch eine französische Fassung mit zahlreichen Dokumenten findet sich in den N-Files, Box 71–73.

[19]Das wohl bekannteste Beispiel in Deutschland ist die sogenannte „Frankfurter Küche". Vgl. Kuhn (1998, S. 142ff.) und Heßler (2009).

[20]Eine erste Verfilmung stammt aus dem Jahr 1950 mit Clifton Webb und Myma Loy in den Rollen von Frank Bunker und Lillian Moller Gilbreth. Ein Remake (mit Steve Martin) samt Sequel kam 2003 bzw. 2005 in die Kinos, hat aber nur einen assoziativen Bezug zur Vorlage.

dass wir diese Hilfe von uns aus anböten. Er hatte festgestellt, dass die Angestellten eines Betriebs am besten zur tätigen Mitarbeit zu bringen waren, wenn man einen gemeinsamen Arbeitgeber-Arbeitnehmer-Ausschuss bildete, der die Verteilung der Arbeit je nach persönlicher Eignung und Geschicklichkeit vornahm. Paps gründete also nach dem Muster eines solchen Arbeitgeber-Arbeitnehmer-Ausschusses einen Familienrat, der jeden Sonntagnachmittag nach dem Dinner zusammentrat." (F. B. Gilbreth und Gilbreth Carey 1953, S. 51f.)

Gegründet wurden ein Einkaufs-, Spar- und Planungskomitee und im Haus wurden detaillierte Arbeitspläne erstellt, Tabellen „für alle Arbeiten und sonstigen Verrichtungen" (ebd., S. 9) ausgehängt, und selbst beim Geschirrspülen Film-aufnahmen erstellt, „um zu berechnen, wie wir [die Kinder, B.St.] unsere Bewegungen verringern und die Aufgabe so rasch wie möglich erledigen können" (S. 8). Dem ironisch-bewundernd-humoristischen Blick der Kinder erscheint der Vater als Vorbild in eigener Sache:

„Ja – zu Hause oder im Geschäft: immer war Paps Fachmann für Leistungs-steigerung. Er knöpfte seine Weste von unten nach oben und nicht von oben nach unten zu, weil das Verfahren von unten nach oben nur drei Sekunden in Anspruch nahm, von oben nach unten dagegen sieben. Er benutzte sogar zum Einseifen des Gesichts zwei Rasierpinsel, weil er auf diese Weise die Rasierzeit um siebzehn Sekunden verkürzen konnte. Eine Zeitlang versuchte er, sich mit zwei Messern zu rasieren, aber das gab er bald auf." (S. 9f.)

Gilbreth verstand sein Projekt als allumfassendes, als im besten Sinn globales, gerade indem er sich auf das Kleinste konzentrierte. Er zog aus seiner Diagnose eines anbrechenden analytischen Zeitalters die Konsequenz, die Arbeitsprozesse so weit zu zerlegen, bis ihre elementaren Einheiten vor ihm lagen. Er nahm das Prinzip der neuen Weltordnung in den Blick: die Bewegung. Dabei folgte er der Überzeugung, „that the fundamental element in all activity is motion" (Gilbreth 1920b, S. 29f.).

In ihrem Buch *Im Dutzend billiger* berichten seine Kinder in anekdotischer Weise von einer höchst detaillierten Inszenierung dieses universellen Zugs der Bewegungsstudien: Frank Bunker Gilbreth interessierte, ja passionierte sich für Astronomie und erhielt eines Tages von einem Dozenten der Harvard University „über hundert Photographien von Sternen, Nebelflecken und Sonnen-finsternissen", die er überall in der Wohnung anbrachte. Daneben malte er eine Übersicht der grundlegenden Maßeinheiten vom Kilo über den Liter bis hin zum Meter und zum Fuß an die Wand und eine besondere Schautafel, deren Elemente seinen anagrammatisch verwandelten Namen trugen: die Therbligs. „Die Therbligs waren,“ so Frank B. Gilbreth jr. und Ernestine Gilbreth Carey,

> „von Paps und Mutter entdeckt oder besser festgesetzt worden. Sie sagten: Jeder Mensch hat siebzehn Therbligs, und er kann diese zur Erleichterung oder zur Erschwerung seines Lebens einsetzen. […] Ein Therblig ist einfach eine Bewegungs- oder Denkeinheit. Nehmen wir an, jemand geht ins Badezimmer, um sich zu rasieren; er hat sein Gesicht eingeseift und will nun seinen Rasierapparat in die Hand nehmen. Er weiß, wo der der Rasierapparat liegt, aber zuerst muss er ihn mit dem Blick lokalisieren. Das ist der erste Therblig, das ‚Suchen‘. Wenn der Blick den Rasierapparat gefunden hat und zur Ruhe kommt, so ist das der zweite Therblig, das ‚Finden‘. Der dritte ist das ‚Auswählen‘, das Stadium, das dem vierten Therblig, dem ‚Ergreifen‘ vorangeht. Der fünfte Schritt ist das ‚Transportieren‘, nämlich den Rasierapparat zum Gesicht führen, und der sechste ist das ‚Ansetzen‘, das heißt den Rasierapparat mit dem Gesicht in Berührung bringen. Es gibt noch elf andere Therbligs, und der letzte ist ‚Denken‘!“ (F. B. Gilbreth und Gilbreth Carey 1953, S. 162ff.)

Die Sterne, die Maßeinheiten und die Therbligs, die von ihm entdeckten und benannten Bewegungseinheiten – das ist der Raum, in dem sich die Gilbreths bewegen. Die Therbligs sind die Verknüpfung von feststehenden, elementaren Einheiten einerseits und einer angestrebten perfektionierten Regelmäßigkeit, wie sie Sternenbahnen bereits vor Augen führen, andererseits. Schaut man sich die Chronozyklegraphien der Fechter oder Arbeiter an, so sehen diese aus wie ein dunkler Nachthimmel, auf dem die Sterne Lichtstraßen ihrer Bewegungsbahnen hinterlassen haben. Ebenso regelmäßig wie diese sollen auch die Bewegungen der Erdenbewohner sein. Das ist das kosmische Ideal Gilbreths: der gestirnte Himmel über mir und der „Eine Beste Weg“ der Arbeitsverrichtung in mir. Das ist der nachgerade universelle Horizont, vor dem er seine Theorie und Praxis profiliert.

Literatur

Amar, J. (1914). *Le moteur humain et les bases scientifiques du travail professionnel*. Paris: Dunod et Pinat.

Amar, J. (1919). *Physiologie du travail féminin*. Paris: Gauthier-Villars.

Anonym. (1921). Meet the World's Only Efficient Family. *The Democrat* vom 02.12.

Anonym. (1926). Scientific management in the life of a child. An interview with Lillian M. Gilbreth. *American Childhood*. Mai, 10.

Bannard, W. (1920). Charting a champion. *Popular Science Monthly*, January, 44 ff.

Budd, D. (1926). Housekeeping – An industry. An interview with Lillian M. Gilbreth. *The Woman Citizen*, Juli, 19–41.

Bücher, K. (1899). *Arbeit und Rhythmus*. Leipzig: Teubner.

Camp, W. (1916). Photographic analysis of Golf. *Vanity Fair,* August.

Eaton, J. (1926). Can housework be made house-play? Mrs. Frank Gilbreth, Expert in scientific management says IT CAN. *The Shrine Magazine*. November, 31–85.

Gilbreth, F. B. (1887). *Scientific American Supplement* 579, 5.5.1887, 9245–9260.

Gilbreth, F. B. (1908). *Concrete system*. London: Hive Publ.

Gilbreth, F. B. (1912). *The primer of scientific management*. Reprint Easton, Pa 1973.

Gilbreth, F. B. (1916). *Fatigue study*. London: Routledge.

Gilbreth, F. B. (1920a). *Angewandte Bewegungsstudien. Neun Vorträge aus der Praxis der wissenschaftlichen Betriebsführung*. Berlin: Verlag des Vereines Deutscher Ingenieure.

Gilbreth, F. B. (1920b). *Motion study for the handicapped*. London: Routledge.

Gilbreth, F. B. (1921). *Ermüdungsstudium. Eine Einführung in das Gebiet des Bewegungsstudium*. Berlin: Verlag des Vereines Deutscher Ingenieure. (Erstveröffentlichung 1916).

Gilbreth, F. B. (1922). *Verwaltungspsychologie. Die arbeitswissenschaftlichen Grundlagen für die Ermittlung und Einführung von Verfahren, die den größten Wirkungsgrad bei geringstem Kraftaufwand ermöglichen*. Berlin: Verlag des Vereines Deutscher Ingenieure. (Erstveröffentlichung amer. 1914).

Gilbreth, F. B., & Gilbreth Carey, E. (1953). *Im Dutzend billiger*. Frankfurt a. M.: Büchergilde Gutenberg.

Gilbreth, F. B., & Gilbreth, L. M. (2012). Das Leben eines amerikanischen Organisators [Auszug]. In F. B. Gilbreth, L. M. Gilbreth, & B. Stiegler (Hrsg.), *Die Magie des Bewegungsstudiums. Photographie und Film im Dienst der Psychotechnik und der Wissenschaftlichen Betriebsführung* (S. 11–20). München: Fink. (Erstveröffentlichung 1925).

Gilbreth, F. B., & Gilbreth, L. B. (2012). In F. B. Gilbreth & B. Stiegler (Hrsg.), *Die Magie des Bewegungsstudiums. Photographie und Film im Dienst der Psychotechnik und der Wissenschaftlichen Betriebsführung* (S. 158–162). München: Fink. (Erstveröffentlichung 1923).

Gilbreth, L. M. (1926). Scientific management in the life of the child. *American Childhood* Mai, 5–9.

Gilbreth, L. M. (1935). Now man, *not* the machine, is the center of activity. *Trained Men, 15*(2), 75–92.

Heßler, M. (2009). The Frankfurt Kitchen as a model for modern life and the „traditional" practices of users. In R. Oldenziel & K. Zachmann (Hrsg.), *Cold War Kitchen – Americanisation, Technological and European Users* (S. 163–184). Cambridge: MIT.

Kuhn, G. (1998). Die Frankfurter Küche. In G. Kuhn, *Wohnkultur und kommunale Wohnungspolitik in Frankfurt a. M. 1880–1930. Auf dem Wege zu einer pluralen Gesellschaft der Individuen* (S. 142–176). Bonn: Dietz.

Kraepelin, E. (1902). Die Arbeitskurve. *Philosophische Studien, 19 (Teil 1)*, 459–507.

Münsterberg, H. (1914). *Grundzüge der Psychotechnik*. Leipzig: Barth.

Mehrtens, H. (2002). Arbeit und Zeit, Körper und Uhr. Die Konstruktion von „effektiver" Arbeit im „Scientific Management" des frühen 20. Jahrhunderts. *Berichte zur Wissenschaftsgeschichte, 25*, 121–136.

Rabinbach, A. (2010). *Motor Mensch. Kraft, Ermüdung und die Ursprünge der Moderne*. Wien: Turia und Kant.

Ross, C. (1917). Das Wesen der wissenschaftlichen Betriebsführung. In F. B. Gilbreth (Hrsg.), *Das ABC der wissenschaftlichen Betriebsführung* (S. 1–15). Berlin: Springer.

Sarasin, P., & Tanner, J. (1998). *Physiologie und industrielle Gesellschaft. Studien zur Verwissenschaftlichung des Körpers im 19. und 20. Jahrhundert.* Frankfurt a. M.: Suhrkamp.

Stiegler, B. (2016). *Der montierte Mensch. Eine Figur der Moderne.* Paderborn: Fink.

Weber, M. (1908). Zur Psychophysik der industriellen Arbeit. *Archiv für Sozialwissenschaften und Sozialpolitik, 27*(3), 730–770.

Bernd Stiegler ist Professor für Neuere Deutsche Literatur im medialen Kontext an der Universität Konstanz. Er forscht zur Theorie und Geschichte der Photographie, deutschen und französischen Literatur des 19. und 20. Jahrhunderts sowie zu Literatur und Medien. Er ist u. a. Herausgeber von *Frank Bunker Gilbreth und Lillian Moller Gilbreth, Die Magie des Bewegungsstudiums. Photographie und Film im Dienst der Psychotechnik und der Wissenschaftlichen Betriebsführung* (2012) und Autor von *Der montierte Mensch. Eine Figur der Moderne* (2016).

Fleisch – Wandlung, Wachstum, Züchtung

Christoph Asmuth

Zusammenfassung

Fleisch steckt voller Nährstoffe und voller symbolischer Bedeutung. Das zeigt sich in den symbolischen Metamorphosen des Fleisches. Die Christen glauben an die wundersame Verwandlung von Brot und Wein in Fleisch und Blut Christi. Anabolika lassen bei Mensch und Tier das Fleisch wachsen. Beim Menschen heißt es Doping oder Anti-Aging. Jetzt haben Wissenschaftler und Ingenieure die Hoffnung, den Fleischkonsum der Menschen mit In-vitro-Fleisch zu befriedigen. Der Glaube an die Transsubstantiation ist dabei vielleicht eben so viel oder eben so wenig rational wie die Hoffnung, das In-vitro-Fleisch könne uns von dem Fluch der ethischen Konflikte befreien, die aus unserer Fleischeslust entstehen.

Schlüsselwörter

In-vitro-Fleisch · Natürlichkeit · Abendmahl · Body-Building · Paulus

„With a greater knowledge of what are called hormones, i. e. the chemical messengers in our blood, it will be possible to control growth. We shall escape

C. Asmuth (✉)
Lehrstuhl für Philosophie,
Augustana-Hochschule Neuendettelsau,
Neuendettelsau, Deutschland
E-Mail: christoph.asmuth@augustana.de

© Springer Fachmedien Wiesbaden GmbH, ein Teil von Springer Nature 2020   65
B. Ochsner et al. (Hrsg.), *Affizierungs- und Teilhabeprozesse zwischen Organismen und Maschinen*, Technikzukünfte, Wissenschaft und Gesellschaft / Futures of Technology, Science and Society,
https://doi.org/10.1007/978-3-658-27164-0_4

the absurdity of growing a whole chicken in order to eat the breast or wing, by growing these parts separately under a suitable medium." (Churchill 1932, S. 555)

Manche Erzählungen regen zu archäologischen Betrachtungen an: In der Zeitschrift *GEO* findet sich in der April-Nummer des Jahres 2010 ein Beitrag zum In-vitro-Fleisch, deren Autor ein ethisches Anliegen vertritt. (Tischewski 2010) Er stellte die Möglichkeit vor, Muskelgewebe in großen Biotanks zu züchten – dies vor allem im Hinblick darauf, dass derart gezüchtetes Muskelgewebe in Zukunft unser übliches Schlachtfleisch ersetzen könnte.[1] Im Hintergrund liegt, so der Autor, ein moralisches Unbehagen. Unser heutiger Fleischhunger habe beispielsweise die Konsequenz, dass ein Viertel der zugänglichen festen Erdoberfläche mittelbar oder unmittelbar für die Tierhaltung gebraucht werde. Folge davon sei eine radikale Bedrohung der Wälder, vor allem der großen Urwälder, sowie der hohe mit der Tierhaltung verbundene CO_2-Ausstoß und das entstehende Ammoniak. Darüber hinaus verbrauche die Tierhaltung einen großen Teil der vegetabilen Nahrungsmittel, die anderwärts für die Ernährung großer Teile der Weltbevölkerung wichtig und nötig wären.[2] Ob mit Gentechnik oder ohne – Umweltschützer können sich vorstellen, dass ein großer Teil des Fleischbedarfs demnächst industriell in großen Bioreaktoren wächst. Damit wäre die Massentierhaltung abgeschafft oder doch stark eingeschränkt. Man hofft auf sauberes, gentechnikfreies und gesundes Fleisch. Die eingesetzten Mittel würden ferner weitaus besser und effektiver genutzt, angesichts der Tatsache, dass ein nicht zu unterschätzender Teil des geschlachteten Tieres heute nur Abfall ist, wie etwa die Knochen. Als letztes, und für viele Verbraucher vielleicht entscheidendes Argument, gilt die Tatsache, dass man für die Produktion von In-vitro-Fleisch nicht schlachten müsste. Das ethische Problem, das darin besteht, dass Fleischverzehr zurzeit nur möglich ist, wenn ein Tier getötet wird, könnte restlos entfallen. Tierisches Fleisch könnte ohne Tiere erzeugt werden. (Datar und Betty 2010) Ferner diskutieren Ingenieure darüber, künstlich gezüchtetes Fleischgewebe durch sog. Bio-Drucker, eine weitere Anwendung der zurzeit stark diskutierten 3-D-Drucker, maßgeschneidert und formvollendet auszudrucken. (Trechow 2012) Die Idee verbindet den schon in der Anwendung befindlichen 3-D-Druck mit der bereits möglichen Gewebezüchtung als Antwort auf den Fleischkonsum und dessen Folgen in Zeiten des Klimawandels und der Globalisierung. (Tuomisto und Avijt 2012)

---

[1]Zum Stand der Dinge vgl. die allgemeinverständlich aufgearbeitete Übersicht: Böhm, Ferrari und Woll (2017).

[2]Siehe dazu auch den aktuellen Beitrag von Harwatt et al. (2017).

Zweifellos handelt es sich dabei noch weitgehend um Science-Fiction. Den Gewebezüchtern ist allerdings bereits ein wichtiger Durchbruch gelungen. (Post 2012) Es ist schon länger möglich, aus einer Stammzelle Muskelgewebe zu züchten. Das Ziel der Forscher besteht allerdings nicht unbedingt darin, die Restaurants dieser Welt beliefern zu können. Es geht momentan noch vornehmlich darum zu verstehen, wie Muskelwachstum funktioniert, beispielsweise zur Heilung von Muskelschwund, und – mindestens ebenso wichtig – darum, den möglichen medizinischen Nutzen künstlichen menschlichen Muskelgewebes zu erforschen, etwa für Transplantationen. Es ist klar: Es geht dabei vor allem um Menschenfleisch. Allerdings wird die nicht-medizinische Nutzung des In-vitro-Fleisches bereits heftig und kontrovers diskutiert. (Langelaan et al. 2010) Dies veranlasste einen Nutzer des *GEO*-Forums in einem Kommentar seinen Senf zum Fleischverzehr dazu zu geben: „Ich würde sogar so weit gehen, Labor-Menschenfleisch zu probieren." (Seiffert et al. o. J.)

Tatsächlich ist diese Auffassung konsequent, wenn auch leicht abseitig. Wenn die ethischen Probleme bei Tieren wegfallen, sobald man sie für ihr Fleisch nicht mehr schlachten muss, dann würden auch die ethischen Bedenken in Bezug auf das Menschenfleisch entfallen, wenn dafür die Menschen nicht getötet werden müssten, so das rationale Kalkül. Warum sollte man Menschenfleisch nicht essen, wenn das Fleisch nicht von einem wirklichen Menschen stammt?[3] Ein Großteil der Verbraucher dürfte zumindest im Augenblick noch große Schwierigkeiten damit haben, sich vorzustellen ihr Hähnchennugget oder ihre Grillwurst stammten aus der Retorte einer Biofabrik. Für manche mag das gleich ein Appetitzügler sein; obwohl die industriellen Mastbetriebe und Fleischfabriken schon heute keineswegs ein Ort für zart besaitete Gemüter oder reflektierende Gourmets sind. Neulich hat der größte deutsche Geflügelfleischproduzent PHW/ Lohmann & Co AG, dem beispielsweise die Marke *Wiesenhof* gehört, Anteile an dem israelischen Startup *Supermeat* erworben, das sich auf die Entwicklung von In-vitro-Fleisch spezialisiert hat. Der Konzern, der wegen einiger gravierender Vorwürfe z. B. des Exports von Schlachtabfällen, seiner Arbeitsbedingungen, der Verletzung des Tierschutzes, vor allem bei der Hühnerhaltung, sowie der Hygienevorschriften schon häufig in den Medien war, erhält nun für diese Investition Lob von der Tierschutzorganisation Peta. (Maurin 2018)

Das mediale Echo, das die Entwicklung von In-vitro-Fleisch hervorbrachte, ist erstaunlich. Es lässt sich durch die Einführung einer neuen Technologie allein

---

[3]Vgl. Die Kannibalismusdebatte in den populären Medien: vks/AFP (2011).

wohl kaum erklären. Das ist Grund genug dafür, nicht über die Ethik des Fleischverzehrs zu sprechen, wie auch immer sie aufgespannt sein mag. (Schmidinger 2012, S. 202f.) Stattdessen werde ich dafür argumentieren, dass die aktuelle Diskussion um das In-vitro-Fleisch eng mit einer Symbolik des Fleisches verbunden ist, die tief in der Kultur- und Geistesgeschichte verwurzelt ist. Ich versuche aufzuzeigen, dass das Selbstbild des Menschen als eines körperlichen Wesens mit seiner Auffassung vom Fleisch zusammenhängt. Außerdem scheint mir der Gegensatz von *Natürlichkeit* und *Künstlichkeit* und dessen Auflösung im Biofakt eine wichtige Rolle zu spielen.[4] Mich interessiert die somatische Metaphorik als Form der Selbstdeutung des Menschen. (Asmuth 2015, 2016a) Insofern interessiert mich auch der Mensch als Anthropofakt.

Im Folgenden werde ich mich daher auf drei verschiedene Mutationen des Fleisches beziehen: 1) die Wandlung von Brot und Wein in Leib und Blut Christi in der frühchristlichen Tradition, 2) das induzierte Wachstum des Fleisches durch Verabreichung von Hormonen und 3) die Züchtung des Laborfleisches als Möglichkeit technisierter Nahrungsmittelproduktion.

Fleisch ist ein äquivoker Begriff und ein symbolisch aufgeladenes Wort. *Fleisch* besitzt in der europäischen Kultur eine facettenreiche Tradition. Immer arbeitet sich die kulturelle Überlieferung an der Substanz des Fleisches ab und spiegelt im Opfer und im Verzehr seine symbolische und reale Bedeutung wider. Das In-vitro-Fleisch zeigt sich angesichts der langen Tradition symbolisch aufgeladener Rede vom Fleisch zunächst als symbolfreies, synthetisches, sachliches Nahrungsmittel. Es ist Fleisch ohne Blut. Das traditionelle Symbol ist in der Realität eines bloßen Nährstoffs zugrunde gegangen. Das In-vitro-Fleisch hat so sehr seine Bedeutung verloren, dass es sich heute ohne moralische, ohne symbolische Anreicherung, ohne Lust verzehren lässt. (Vgl. Schaefer und Savulescu 2014) Das industrielle Realfleisch, das zu einem ethisch neutralen Nährstoff geworden ist, teilt das Schicksal zahlreicher Elemente unserer Lebenswelt, nachdem sie im Strom technisch-wissenschaftlicher Industrialisierung zermahlen worden sind. Bei vielen technischen Möglichkeiten der gegenwärtigen pharmakologisch-biotechnischen Entwicklung, besonders aber bei den „Biofakten" (vgl. Karafyllis 2003), fragt man sich, ob Menschen das *dürfen*, beim In-vitro-Fleisch aber mehr, ob sie es auch *wollen*.

Freilich darf bei dieser Gemengelage nicht übersehen werden, dass die breite Diskussion um das In-vitro-Fleisch einen wichtigen Hinweis für eine

---

[4]Vgl. zum Gegensatz *künstlich – natürlich*: Asmuth (2010).

Umbesetzung der metaphorischen Rollen liefert. Die Aufmerksamkeit ist jedenfalls geweckt; die Reaktionen reichen von Ekel bis hin zu kulinarischer Neugier. Nicht ohne Grund erreicht die Diskussion um das *Kulturfleisch* das Feuilleton und schlägt dort Wellen. Es symbolisiert die Grenze von *Natürlichkeit* und *Künstlichkeit*, die Macht der Technologisierung und die Ohnmacht der Konsumenten und – nicht zu vernachlässigen – die unaufhaltsame Ökonomisierung der intimsten Bereiche des Lebens. Die gewohnten ethischen Reflexe werden außer Kraft gesetzt. Die Rationalität des Vegetarismus scheint ebenso irritiert wie die Fleischeslust der Omnivoren. In krassem Gegensatz zur hysterischen Furcht vor der alleszersetzenden Moderne entstehen technoromantische Fantasien von Genuss ohne Reue. Das in industriellem Maßstab gezüchtete In-vitro-Fleisch symbolisiert ein egalitäres Paradies, in dem kein Mangel herrscht und in dem das Fleisch nicht der Verlust des Lebens, sondern dessen sündenlose Steigerung bedeutet.

Die Neutralisierung der Symbolik des Fleisches im *cultured meat* ist nicht vollständig. Es gibt Überblendungen und Überlappungen. Die Rationalisierung und Industrialisierung der Fleischproduktion hat eine Erinnerung an die Vorgeschichte des Fleisches zurückgelassen. Die technische Lösung ethischer Probleme verdeckt nur oberflächlich, was an symbolischer Vitalität im ‚Fleisch‘ angelegt ist. Immer ist das Fleisch Medium der Wandlung. Das Fleisch ist Leben und Begierde. Es wächst und es nährt. In den frühesten Aufzeichnungen, die wir aus der Geschichte der Menschheit kennen, wird den Göttern Fleisch geopfert. Es hat eine heilsbringende Funktion; Grund genug, um sich auf den Weg einer Archäologie der Symbolik zu begeben. Wenige Stationen seien hier vorgestellt.

Wandlung des Fleisches: das christliche Abendmahl

Transsubstantiation ist eine theologische Erklärung, die plausibel machen soll, was beim christlichen Abendmahl geschieht. Sie versucht verständlich zu machen, wie aus Brot und Wein Leib und Blut Christi werden. Sie ist keineswegs die erste kulturell bedeutsame Aufladung des ‚Fleisches‘; aber sie steht für ein außerordentlich lehrreiches Kapitel in der europäischen Kulturgeschichte (Hoping 2016).[5] Bei Paulus heißt es: „Der Herr Jesus nahm in der Nacht, als er verraten wurde, das Brot, dankte und brach es und sprach: Nehmt, esst, das ist

---

[5] Vgl. zur kulturwissenschaftlichen Einordnung: Gumbrecht (2004, S. 46ff.).

mein Leib *(soma)*, das für euch gegeben wird; solches tut zu meinem Gedächtnis. Ebenso nahm er auch den Kelch nach dem Mahl und sprach: Dieser Kelch ist der neue Bund in meinem Blut *(haima)*; solches tut, so oft ihr trinkt, zu meinem Gedächtnis." (1 Kor 11, 23–26) Bei Johannes lasen die ersten frommen Christen: „Jesus sprach zu ihnen: Wahrlich, wahrlich ich sage euch: Werdet ihr nicht essen das Fleisch (sarx) des Menschensohnes und trinken sein Blut, so habt ihr kein Leben in euch." (Joh 6, 53) Im darauffolgenden Satz ist sogar von *trogein* die Rede, was so viel heißt wie *nagen, abfressen, aufkauen.* „Wer mein Fleisch isst (trogein) und mein Blut trinkt, hat ewiges Leben, und ich werde ihn auferwecken am letzten Tag." (Joh 6, 54) Diese und ähnliche Sätze entstammen, so sagen die Exegeten des Neuen Testaments, ursprünglich einer rituellen Kultpraxis der ur- oder frühchristlichen Gemeinden in Palästina, Antiochien oder Damaskus. (Delling 1977, S. 47ff.) Sie gingen in alle Evangelien sowie in die Briefe des Paulus in leicht geänderter Form ein. Als Teil einer kultischen Praxis mögen sie mehr oder weniger nachvollziehbar sein: So kann man sich leicht vorstellen, dass neue Gemeindemitglieder der Taufe, Weihungen und langer Unterweisungen bedurften, bevor sie zum Mahl zugelassen wurden. (Vgl. Schmitz 1975) Wie der Text des Paulus unmissverständlich zum Ausdruck bringt, ging es dabei nicht um eine Praxis der Menschenfresserei, sondern um das Gedächtnis an Leben und Wirken Jesu. Das lässt zwar immer noch Raum für Interpretationen, die sich indes, so darf man vermuten, in der Kultpraxis von selbst klärten.

Später allerdings, als das Christentum sich konsolidierte und zu missionieren begann, war es gezwungen, kohärente und vernünftige Erklärungen für seine Überzeugungen zu liefern. Durch die Ausbreitung des Christentums wurden die kultischen Elemente aus der unmittelbaren Praxis isoliert. Die Wahrheit des Christentums sollte nicht nur geglaubt werden, sondern auch überzeugen. Dieser Prozess der Konsolidierung und Theologisierung ist in den Texten des Frühchristentums und der Kirchenväterzeit überliefert. Die religiösen Inhalte wurden nicht nur in den Gemeinden des Urchristentums verbreitet, sondern auch in völlig neue Zusammenhänge gestellt. Das machte eine Hermeneutik notwendig, um die in den Texten verborgene Wahrheit zu entschlüsseln.

Am Ende des 3. Jahrhunderts waren die Christen im römischen Reich eine bedeutende Macht geworden. Heute geht man von einem Zehntel der römischen Bevölkerung aus. Unter Decius und Valerian fanden im ganzen Reich Christenverfolgungen statt. Sie standen im Zusammenhang mit einer Krise des römischen Reichs, bei der es zu zahlreichen Einfällen der Sassaniden im Osten und der Goten, Alamannen und Franken im Norden und Westen kam. Die Verfolgungen richteten sich schließlich auf eine gänzliche und systematische Vernichtung des Christentums und auch anderer heterodoxer Religionen. Erst 313 kam es mit der sogenannten Konstantinischen Wende zu einem langsamen, aber gründlichen Wandel: Das Christentum wurde den römischen Kulten Zug um Zug gleichgestellt und dann 380 unter Kaiser Theodosius I. zur Staatsreligion.

Diese wenigen Stichwörter sollen nur andeuten, dass die sog. Mahlworte in den ersten Jahrhunderten unserer Zeitrechnung einem starken Interpretationsdruck ausgesetzt waren. Es handelte sich dabei vor allem um einen Rationalisierungsdruck. Als ‚Worte des Herrn' konnten sie nicht unbeachtet bleiben, aber was sollten sie in einem völlig anderen Kontext bedeuten? Wie sollte sie ein Christ verstehen, der in einer vorwiegend griechisch-römisch geprägten Welt lebte oder bestrebt war, seinen Platz in der römischen Welt zu finden?

Jedenfalls konnte die griechisch sprechende, intellektuelle Elite im römischen Reich sich nur schwer mit diesen Christen und ihrer irgendwie zusammengezimmerten Lehre anfreunden, die alle möglichen Geschichten und rituellen Texte transportierte, aber eben überhaupt keine Theorie, keine Theologie. So bemerkte der Neuplatoniker Porphyrios, jener hochgebildete Kenner des Aristoteles und der Schüler des Plotin, in seiner Schrift *Contra Christianos* voller Abscheu:

„Viel zitiert ist folgendes Wort des Meisters [Jesus]: ‚Werdet ihr nicht essen mein Fleisch und trinken mein Blut, so habt ihr kein Leben in euch' [Joh 6, 53]. Das ist wahrlich nicht einfach viehisch und absurd, sondern absurder als jede Absurdität und viehischer als alles, was es beim Vieh gibt, dass ein Mensch von menschlichem Fleisch isst und das Blut trinkt von solchen, die vom selben Stamm und Geschlecht sind, und dass er dadurch das ewige Leben erwirbt."[6]

Was Porphyrios den Christen vorwarf, war nichts anderes als Kannibalismus. Er sah in den Worten Jesu die Ankündigung einer Ekel erregenden Menschenfresserei und die Aufforderung, ihn, Jesus, zu verspeisen. Bis zum heutigen Tage geistert diese Deutung durch die populären Interpretationen des Christentums, meist mit leicht despektierlichem Ton, wie etwa bei Kurt Röttgers, der in den Worten des christlichen Abendmahls und in der langen Tradition seiner Deutung eine Übertretung des Kannibalismus-Tabus erkannt haben will. (Vgl. Röttgers 2009, S. 25)

Für einen heutigen laizistisch-liberalen Menschen ist es indes nicht schwer, auf die Worte des Paulus zu stoßen, der – ebenfalls im ersten Brief an seine

---

[6]Porphyrius, Contra Christianos *(Katá Christianōn)*, Macarius, Apocriticus III: 15, Übersetzung, Harnack.

Gemeinde in Korinth – ausführlich über den Abendmahlsritus berichtet und erklärt, was er in der frühchristlichen Praxis bedeutete:

„Als mit den Klugen rede ich; richtet ihr, was ich sage. Der gesegnete Kelch, welchen wir segnen, ist der nicht die Gemeinschaft des Blutes Christi? Das Brot, das wir brechen, ist das nicht die Gemeinschaft des Leibes Christi? Denn ein Brot ist's, so sind wir viele ein Leib, dieweil wir alle eines Brotes teilhaftig sind." (1 Kor. 10, 15–17)

Mit einem Wort: Paulus betont, dass der Sinn der kulturellen Praxis Kommunion ist, nicht Kannibalismus, Gabe, nicht Opfer bzw. Gedächtnis und Andenken und eben nicht Schlächterei.

Festzuhalten bleibt, dass die christlichen Riten und Überzeugungen im 3. und 4. Jahrhundert unter Nichtchristen in keinem guten Ruf standen. Damit ergab sich für die ambitionierten Christen die Aufgabe, eine merkwürdige Redeweise in ihren heiligen Schriften jetzt weitgehend kontextunabhängig zu reformulieren. Das ging nur durch eine interpretierende Erklärung. Tatsächlich entstanden schon bald, nämlich zum Ende des 4. und zu Beginn des 5. Jahrhunderts wesentliche Elemente einer Theorie des Abendmahls, die allerdings kaum zu einer dogmatischen Einheit zusammenwachsen konnten. Neben den Vorstellungen einer realen oder gar physischen Präsenz Jesu in dem in sein Fleisch verwandelten Brot gab es, etwa bei Augustinus, eine durchgängig symbolische Deutung des Abendmahls. Ambrosius von Mailand, ein römischer Beamter aus Trier, der in der kirchlichen Hierarchie aufstieg und zu einem wichtigen Berater Kaiser Theodosius I. avancierte, bestand dagegen auf der realen Wandlung von Brot in Fleisch und von Wein in Blut: „Sobald die Konsekration erfolgt ist, wird aus dem Brot das Fleisch Christi. [...] Durch welche Worte geschieht denn die Konsekration, und wessen Worte sind es? Die des Herrn Jesus. [...] Vor der Konsekration war es nicht der Leib Christi, aber nach der Konsekration, so versichere ich dir, ist es nunmehr der Leib Christi. Er selbst hat gesprochen, und es entstand; er gab den Befehl, und es wurde geschaffen." (Ambrosius 1990: IV, 14–16, S. 143f.) Noch allerdings wurden diese konfliktuösen Deutungsmuster durch die großen dogmatischen Streitfelder der Christologie, Inkarnation und Trinität, überlagert. Der Kampf gegen die Arianer bestimmte noch das Geschehen. Die Angelegenheit änderte sich indes drastisch, als die fränkischen Theologen unter Karl dem Großen und Ludwig dem Frommen damit begannen, die antiken und spätantiken Lehren in einem erneut stark veränderten Umfeld zu reformulieren. (Vgl. Keller und Althoff 2008) Ihnen ging jegliches Verständnis für die ganz griechisch gedachte Realpräsenz Jesu Christi in Brot und Wein des Abendmahls ab. Wie auch in ihrer Position zum Bilderstreit der Ostkirche (vgl. Asmuth 2011) blieb ihnen nur eine Alternative, nämlich die Wirklichkeit als die sinnlich-physische Anwesenheit, als Vorhanden-Sein zu bestimmen, und damit als wirkliches Vorliegen bzw. als Realität zu denken oder aber eine allegorische, rein symbolische und spiritualistische Deutung vorzuschlagen, bei der das Reale außerhalb der Sache liegt, an das erinnert und worauf hingewiesen werden soll. Statt der Präsentation des Realen, kennt man hier die symbolische Repräsentation, letztlich bloß in Form der Referenz. Dementsprechend mussten sich die Theologen entscheiden, ob sie sich für eine Variante entscheiden wollten, nach der dem Abendmahl ein quasi-physikalisches Phänomen zugrunde liegt oder ob dabei ein symbolischer Akt vollzogen wird. Der Streit war vorprogrammiert.

Amalar von Metz, gestorben um die Mitte des 9. Jahrhunderts, war vermutlich ein Schüler des Gelehrten Alkuin, des einflussreichen Beraters Karls des Großen. Wir wissen wenig über Amalar, sein Leben und seine Lehre. (Cabaniss 1954; Diósi 2006) Im Gedächtnis geblieben ist er aber deshalb, weil er eine wegweisende Deutung der Liturgie vorgenommen hat, die vorwiegend allegorisch war und aus diesem Grund zwar verurteilt wurde, aber dennoch überaus wirksam blieb. Die Verbindung mit dem liturgischen Sinn des Abendmahls, wie er noch bei den Kirchenvätern vorausgesetzt und ausgedrückt wurde, war in dem neuen karolingischen Umfeld bereits verblasst. Es gab keine Möglichkeit mehr, unmittelbar an die alten Traditionen anzuknüpfen. Die Karolinger waren Realisten und hatten eine dinghafte Vorstellung von den liturgischen Prozessen. Was dort geschah, wurde entweder nur als Zeichen der Erinnerung an das reale Leben Christi oder als dinghafte Verwandlung verstanden. Der Gedanke der Teilhabe oder der symbolischen Realpräsenz lag ihnen fern.

Dies zeigte sich im Abendmahlstreit des 11. Jahrhunderts, als das Dogma der Transsubstantiation Konturen gewann. (Vgl. Hödl 1964; Jorissen 1965; Macy 1984; Laarmann 1999) Dies war das Werk vor allem eines Mannes: Lanfrank von Bec. (Vgl. Crowdy 2003) Er war ein ausgebildeter Dialektiker (heute würden wir ihn als Sprachwissenschaftler bezeichnen), der in der aristotelisch-boethianischen Logik geschult war. Seine Behauptung war nun, dass die Eigenschaften bzw. die Akzidenzien des Brotes, wie er sich mit Aristotelischen Begriffen ausdrücken konnte, bestehen bleiben, während die Substanz des Brotes sich in das Fleisch Christi verwandelt. Bei der Wandlung durch die formelhaften Worte des Priesters, der Konsekration, geschehe eine stoffliche Veränderung, eine *materialis mutatio*. (Vgl. Flasch 1998, S. 120) Freilich war es auch Lanfrank klar, dass dieses Fleisch, der Leib Christi, nicht sein wirkliches Fleisch war, dennoch dachte er an den verklärten Leib. Dies war ein mit der aristotelischen Tradition kaum zu vereinbarender Vorgang. Er wurde nur dadurch denkmöglich, weil angenommen wurde, der Priester vollziehe in der Eucharistie mithilfe Gottes einen Eingriff in die physikalische Wirklichkeit. Es wurde als ein Wunder interpretiert und damit als ein Ereignis, das einzig durch ein geheimnisvolles Einwirken Gottes in die natürliche Ordnung zu erklären sei. Die konsekratorische Kraft der Worte Christi, die vom Priester ausgesprochen wurden, geschehe dabei durch das Gebet des Priesters die Wandlung. (Vgl. Hwang 2013) „So ist auch das, was vor der Konsekration Brot war, nach derselben der Leib Christi, weil das Wort Christi das Kreatürliche wandelt"[7], sagten die Theologen des 11. Jahrhunderts mit Ambrosius.

Aber auch sprachphilosophisch bedeutete die Transsubstantiationslehre eine ungeheure Provokation. Denn sie geht wie selbstverständlich davon aus, dass der Referenzrahmen wissenschaftlichen Sprechens, der seit der Antike unangefochten durch Aristoteles markiert war, einfach außer Kraft gesetzt werden konnte. So dogmatisch diese Entwicklung anmutet, so öffnete sie auch dem Skeptizismus und dem Aberglauben Tor und Tür. Menschenfresserei wurde den Christen nun nicht mehr vorgehalten, denn dazu waren die Vorstellungen über das eucharistische Geschehen viel zu abgeklärt. Die Stabilität der Brotakzidenzien, wie Aussehen, Geschmack und Konsistenz, verhinderten darüber hinaus die Assoziation mit kannibalistischen Praktiken. Allerdings musste Berengar von Tours, der große intellektuelle Gegenspieler Lanfranks, noch schwören, der Leib Christi werde vom Priester zerteilt und von den Zähnen der Gläubigen zermahlen (Flasch 2008, S. 89), um sich von der Anklage des Laterankonzils zu befreien. Berengar hat später zahlreiche Argumente, philosophische wie autoritative, gegen die Lehre Lanfranks geltend gemacht, so etwa die Auflösung der aristotelischen Beziehung von Substanz und Akzidens. (Schnitzer 1892) Sie wurden im Mittelalter nicht bekannt. Es hieß stattdessen, Berengar hätte vor den Argumenten des Lanfrank kapitulieren müssen. Erst die erstaunliche Entdeckung Lessings in der Herzog-August-Bibliothek in Wolfenbüttel, der den Text Berengars *Rescriptum contra Lanfrancum* fand und unter dem Titel *Berengarius Touronensis* veröffentlichte, brachte den Intellektuellen Berengar wieder ans Licht der Öffentlichkeit.

Lanfranks Position behielt über lange Jahrhunderte hinweg Gültigkeit, im Großen und Ganzen in der katholischen Kirche bis heute. Das Fleisch und das Blut Jesu verdankten sich einem Wunder, das ein ungeklärtes Geheimnis bleibt.

---

[7]„Et sic quod erat panis ante consecrationem iam corpus Christi est post consecrationem, quia sermo Christi creaturam mutat, et sic ex pane fit corpus Christi, et uinum cum aqua in calice missum fit sanguis consecratione uerbi celestis." Friedberg 1879–1881: pars III, D. 2, C. 55, S. 1334f. Vgl. Hödl 1964.

Es ist selbstredend kein natürliches gewachsenes Fleisch, aber künstlich insofern, als das Geheimnis des Sakraments glaubhaft macht, der göttliche Künstler selbst vollziehe die Wandlung. Das Fleisch, *corpus mysticum*, ist ein Theofakt.

Wachstum des Fleischs: Anabolika

Das Wachstum des Fleisches ist ohne Hormone nicht möglich. Daher beginnt dieser Abschnitt beim lieben Vieh. Denn eine wichtige Anwendung der Anabolika ist die Viehzucht. *Anabolikum* ist eine aus dem Griechischen gebildete Bezeichnung für verschiedenartige Substanzen, seien diese körpereigen oder synthetisiert, mit deren Hilfe körpereigenes Gewebe gestärkt wird. Dazu zählen anabole Steroide, Wachstumshormone und Beta-2-Sympathomimetika. Dabei geht es um das Wachstum von Fleisch, sei es Tier- oder Menschenfleisch. Bei den anabolen Steroiden spricht man zumeist über Testosteron, das männliche Sexualhormon, sowie um Substanzen, die eine ähnliche Wirkung besitzen. Ihre Namen sind den Sportbegeisterten aus der Presse bekannt, etwa Nandrolon im bis heute umstrittenen Fall Dieter Baumann, dem deutschen 5000-m-Olympiasieger in Barcelona 1992 oder Stanozolol bei Ben Johnson, dem Sieger des 100 m-Finales der Olympischen Spiele 1988 in Seoul, der später wegen der nachgewiesenen Einnahme des Anabolikums suspendiert wurde. Nandrolon wird in der Schweine- und Kälberproduktion verwendet, was aber in der EU verboten ist. In den USA sind die Hormonpräparate jedoch teils frei verkäuflich. Nandrolon wird in der Regel durch Implantationspräparate in Depots verabreicht. Ob und inwieweit die Hormonrückstände gesundheitsschädliche Auswirkungen haben, ist umstritten. Stanozolol wird vor allem Haushunden und -katzen sowie Pferden zum Muskelaufbau und zur Gewichtszunahme verabreicht. Clenbuterol ist ein Kälbermastmittel der Beta-2-Sympathomimetika, das ebenfalls in der EU verboten ist, allerdings immer wieder zur Fleischproduktion, so etwa in China, eingesetzt wird. Es hat den Vorteil, nicht nur das Muskelwachstum zu fördern, sondern gleichzeitig auch Fett abzubauen. Als Dopingmittel kam es in die Medien, als Katrin Krabbe 1992 wegen Dopings gesperrt wurde. In einer Urinprobe fand sich Clenbuterol. Da sich das Clenbuterol in einem Asthmamedikament befand, das zum Zeitpunkt der Sperre noch nicht auf der Dopingliste stand, konnte sich Krabbe vor dem Oberlandesgericht München erfolgreich gegen die Dopingverurteilung wehren und 1,2 Mio. DM Schadenersatz erstreiten.

Anabole Steroide sind historisch gesehen unauflöslich mit Anti-Aging-Praktiken verknüpft. Die Geschichte der Entwicklung der anabolen Steroide verdankt sich nämlich dem Interesse an der Funktionsweise des Hodens. Es war

Charles Édouard Brown-Séquard, ein im ausgehenden 19. Jahrhundert hochdekorierter experimenteller Mediziner am Collège de France, dessen Arbeiten zum Blut und Nervensystem grundlegende Bedeutung erlangten. (Olmsted 1946) Er gewann wichtige Erkenntnisse über das endokrine System und verfolgte in seinen Experimenten und Untersuchungen praktische Ziele: Er entwickelte ein Verjüngungsmittel, das er aus den Hoden von Hausmeerschweinchen und Hunden extrahierte. Dieses *liquide orchitique* genannte Elixier spritzte er sich selbst subkutan und berichtete anschließend 1889 stolz darüber, wie sehr es ihn selbst verjüngt habe. (Hobermann und Yesalis 1995; Stoff 2004, S. 26ff.)[8] Die Wirkung der Hoden für den Erhalt und die Steigerung der Männlichkeit war seit der Antike vermutet worden, aber nun gingen die Mediziner daran, den endokrinen Regelmechanismus aufzuklären. In diesem Zusammenhang entstand um 1905 der Begriff des Hormons. Die Chirurgen waren diesbezüglich wenig zimperlich: Warum erst ein Extrakt gewinnen, wenn sich der betreffende Körperteil auch transplantieren ließe? Ein junger Chirurg, Leo L. Stanley, der fast lebenslänglich, nämlich von 1913–1951 im berüchtigten San Quentin State Penitentiary arbeitete, transplantierte das Hodengewebe hingerichteter Schwerverbrecher an freiwillige Empfänger, die unter dem Verlust ihrer Männlichkeit oder Impotenz litten – mit Erfolg, wie von den Empfängern berichtet wurde. Schließlich verwendete Stanley auch Ziegen als Spender des Hodenmaterials (Blue 2009). Das wichtigste in den Hoden produzierte Hormon, das Testosteron, konnte dagegen erst 1935 synthetisiert werden. Seitdem dient es verschiedentlich als Medikament, als Dopingmittel oder zum Body-Styling. Es lässt das Fleisch wachsen. (Kläber 2010, 2013; Greve 2018; Gronau 2004)[9]

Inzwischen ist natürlich bekannt, dass die ganze Prozedur gefährlich und nicht nebenwirkungsfrei ist. Die sogenannten *Kuren* können schnell zu lebensbedrohlichen Erkrankungen führen wie zur Vergrößerung des Herzens, Verkalkung der Gefäße, zu Schlaganfälle, aber auch zum Leber- und Nierenversagen. Die Muskelberge heutiger leistungsorientierter Bodybuilder dürften ohne anabole Steroide nicht zu erreichen sein. Es ist daher – auch ohne genaue Erhebung von statistischem Material – davon auszugehen, dass hier nicht nur ein großer Bedarf, sondern auch ein hohes Gefährdungspotenzial vorhanden ist.

---

[8]Vgl. auch Brown-Séquard (1889), dazu: Cusson et al. (2002).

[9]Die letzte, erweiterte Auflage von Sinner (2004) kann von entsprechenden Seiten der Szene heruntergeladen werden.

Wer sich die Mühe macht, im Internet nach einschlägigen Präparaten zu suchen, erlangt schnell einen tiefen Einblick in die Funktionsweise des Anabolika-Marktes. Es lassen sich so ziemlich alle Präparate mühelos im Internet bestellen, vorausgesetzt, man traut den Laboren, in denen die Pharmaka synthetisiert werden. Auf den entsprechenden Webseiten bekommt der Ratsuchende sachdienliche Anleitungen gleich mitgeliefert. Bevor es zu unschönen Nebenwirkungen, wie etwa bei Männern die Gynäkomastie oder Hodenatrophie bis zur Impotenz, bei Frauen zu Störungen des Menstruationszyklus, Klitoriswachstum oder zur Veränderung der Stimmlage kommt, raten die fürsorglichen Webseiten zu pharmazeutischen Gegenmitteln. Es ist daher davon auszugehen, dass in den Bodybuilding-Studios bei der Einnahme von Anabolika auch über die entsprechenden Risiken diskutiert wird und dass die Nutzer dieser Substanzen über das Gefährdungspotenzial informiert sind (Kläber 2010). Unwissend und unreflektiert werden heute nur noch die wenigsten Athleten zu ihren Muskelbergen gekommen sein.

Die gleichen Mittel finden dann auch im Anti-Aging Anwendung. Hier geht es nicht um die Erzeugung von Muskelbergen, sondern um die Anpassung an ein gesellschaftlich erzeugtes Idealbild vom perfekten Körper, jugendlich, athletisch, gestrafft. Auch hier stehen die Muskeln im Mittelpunkt. Das alternde Fleisch wird durch moderates Doping wieder in Form gebracht, das Fett abgebaut, die Figur artikuliert (Greve 2018).

Noch in einer weiteren Hinsicht sind Steroide für das Fleisch relevant. Duftende Steroide werden seit längerem in der Schweinezucht gebraucht, und zwar bei der künstlichen Besamung zur Aufzucht besonders fleischiger Schweine. Ethische Restriktionen verbieten solche Experimente am Menschen. So wissen wir bisher nicht, ob sich auch das Paarungsverhalten von Menschen durch Steroide steuern und kontrollieren lässt:

„Über den erotischen Signalwert duftender Steroide für den Menschen hat man etwas festere Vorstellungen, obwohl der Zugang zu ‚harten' Daten auch bei dieser Verbindungsgruppe durch methodische Unzulänglichkeiten und soziokulturelle Barrieren erschwert ist. Es müssen daher auch in diesem Fall häufig Anleihen bei unseren nächsten Verwandten im Tierreich gemacht werden, denn dort ist die Pheromon-Wirkung duftender Steroide unbestritten. So ist ein Gemisch von Androstenon und Androstenol als Eberpheromon identifiziert worden. Es entsteht in Verbindung mit der Produktion anaboler Sexualhormone in den Hoden, obwohl es selbst keine androgene Wirkung aufweist." (Ohloff 2004, S. 265)

Spezielle Parfums für Männer werben mittlerweile jedoch aggressiv mit den in ihrer Rezeptur angeblich enthaltenen Pheromonen.

Die Auffassung, anabolikafreies Fleisch sei halbwegs natürlich, gerät angesichts einer solchen Praxis an seine Grenzen. Eberpheromon kommt freilich in der ‚Natur' vor. Aber bereits die Existenz derartig technisierter Tiere verdankt sich Züchtung und Biotechnologie. Zuchttiere sind Biofakte. Auch die Muskeln der Athleten in den Arenen unserer Tage lassen sich nur bedingt als natürlich bezeichnen, sind sie doch bereits das Ergebnis von jahrelangem Training in technisch hochgerüsteten Trainingsanlagen, auch dann, wenn sie im Einzelfall ohne Einsatz von Anabolika entstanden sind. Der Sportlerkörper ist damit ein technisch zugerichteter Körper, ebenfalls also ein Biofakt (Asmuth 2018).

Züchtung des Fleisches: Cultured Meat

Die Erfindung des In-vitro-Fleisches, dessen Marktreife uns heute in Aussicht gestellt wird, bedeutet eine weitere Mutation des Fleischs. Gewebekulturfleisch, das den Fleischhunger künftiger Generationen befriedigen soll, ist ein Fleisch ohne Mensch und Tier, ein Fleisch ohne Knochen und Gedärm. Man erinnert sich an das Entsetzen in jenem US-amerikanischen Öko-Endzeitthriller von Richard Fleischer [!] SOYLENT GREEN (USA 1973), in dem Charlton Heston erkennen musste: *Soylent Green* ist Menschenfleisch. Diese Fiktion lässt sich weder vom Kannibalismus noch von der Transsubstantiation her verstehen, sondern verweist auf andere, weitere Dimension des Themas. Die antike Vorstellung von Substanz und Akzidenz lässt sich nicht mehr anwenden. *Soylent Green* sieht so wenig wie Menschenfleisch aus wie In-vitro-Fleisch nach seinem tierischen Ursprung. Es wächst nicht an einem Knochen, dient nicht der Bewegung und ist in keinen Funktionskreislauf eingebunden. Es wächst nicht einmal wie eine Pflanze. Man wird sich zuerst mit amorphem Fleisch begnügen müssen, das eher konventionellem Hackfleisch gleicht, als einem fetten Steak. Nicht ohne Grund denken die Hersteller von In-vitro-Fleisch an Hackfleischbällchen und Burger. Die Forschung ist freilich bereits auf dem Wege, dem Fleisch durch elektrische Impulse mehr Form zu verleihen. Bis zum Sauerbraten oder zum marmorierten Entrecôte wird aber noch geraume Zeit vergehen.

Schließlich ist völlig offen, woran überhaupt festgemacht werden sollte, dass es sich hier noch substantiell um *Fleisch* handelt. So liegt zwar Muskelgewebe vor, aber wohl kaum Fleisch – zieht man etwa die Leitsätze des *Deutschen Lebensmittelbuches* heran, in dem die Herstellung, Beschaffenheit und Merkmale von Lebensmitteln im Auftrag des Bundesministeriums für Ernährung, Landwirtschaft und Verbraucherschutz beschrieben werden (BMEL 2016). Dort heißt es: „‚Fleisch' sind alle Teile von geschlachteten oder erlegten warmblütigen Tieren, die zum Genuss für Menschen bestimmt sind." (ebd., S. 1) Fleisch nach dieser Definition ist die Skelettmuskulatur von geschlachteten Tieren. Parallel zum Analogkäse könnte man deshalb besser von Analogfleisch sprechen. Dabei geht es um mehr als nur um Etikettierungen. Die Lebensmittelverordnungen sind von enormer gesellschaftlicher Mächtigkeit und es dürfte deshalb für In-vitro-Fleisch schwer werden, sich gegen das Beharrungsvermögen und die Verflechtungen von Verordnungen, Ämtern, Prüfungen, Interessenverbänden und Lobbyisten durchzusetzen. Bisher steht nur die Behauptung im Raum, die aseptische Herstellung von Fleisch könne Risiken der Verunreinigung, Infizierung und Kontaminierung weitgehend beseitigen. Bevor In-vitro-Fleisch in den Kühlregalen unserer Supermärkte auftauchen könnte, müsste ein System von Verordnungen und Rechtsvorschriften geändert werden.

Als hochtechnisiertes Produkt symbolisiert das In-vitro-Fleisch die aufgehobene Grenze von Natürlichkeit und Künstlichkeit. Als Biofakt fehlt ihm die archaische Mächtigkeit, die aus der Bezwingung und Beherrschung des Tieres folgt. Es symbolisiert das definitive Ende aller Authentizität und dies besonders nachdrücklich, weil das Essen, das Einverleiben des ursprünglich Anderen, ein Akt großer Intimität ist. In-vitro-Fleisch ist nicht mehr und nicht weniger als ein synthetischer Nährstoff ohne eigene Form und daher in jede mögliche Form pressbar oder mit Fleisch-*Tinte* druckbar, seien es Würstchen, Nuggets oder Frikadellen, seien es später vielleicht Braten- oder Filetstücke.

Man wird sogar kaum sagen können, dass dieses *Fleisch* künstlich ist, denn es ist ja biologisch gewachsen. Es ist auch nicht natürlich, denn seine Produktion ist auf speziell entwickelte Nährlösungen und Bioreaktoren angewiesen, die ohne Ingenieurskunst nicht möglich sind. Bei modernen Biofakten wird der ohnehin nur relative Gegensatz von *künstlich* und *natürlich* ausgehebelt. Freilich ist das In-vitro-Fleisch hergestellt und insofern ein Artefakt, ein Produkt der Biotechnologie. Aber wir sagen auch nicht zu einem Stuhl, er sei künstlich, nur weil er hergestellt wurde und nicht auf einem Baum gewachsen ist. Die Grammatik des Wortes *künstlich* bezieht sich gewöhnlich darauf, dass etwas auch natürlich vorkommt. Das ist bei In-vitro-Fleisch nicht der Fall. Ein Fleisch, das nichts mit Sex, nichts mit Blut, nichts mit getöteten Menschen und Tieren zu tun hat, ist natürlich auch nicht künstlich.

Ob sich In-vitro-Fleisch durchsetzt, hängt nicht zuletzt vom Markt ab. Mit Blick auf die gegenwärtige Nahrungsproduktion wird es das In-vitro-Fleisch schwer haben, sich durchzusetzen; denn wer hat schon Appetit auf einen *ausgedruckten* Braten, wenn ein richtiger für wenig Geld im Kühlregal der Billiganbieter liegt? Kritisch gewendet könnte man aber prognostizieren, dass sich mit diesem Produkt eine weitere Revolution der Nahrungsmittelproduktion ankündigt. Die Industrialisierung der Ernährung schlägt ein neues Kapitel der Synthetisierung auf. Sie markiert einen neuen Höhepunkt in der langen Geschichte der durchgehenden Industrialisierung ihrer Erzeugnisse – seien es nun technisierte Tiere oder In-vitro-Fleisch. (Vgl. Benz-Schwarzburg und Ferrari 2016; Ferrari 2015) Der Zusammenhang mit einer Unterscheidung *natürlich-künstlich*, über deren Schwierigkeiten beim Anabolikaeinsatz der Bodybuilder wenigstens noch nachgedacht werden kann, muss hier völlig scheitern. Unterscheidungen gibt es, wenn man sie trifft. So mag die Natur des Menschen kein Kriterium sein, um zu entscheiden, ob der Mensch sich – wie beim Body-Styling oder Anti-Aging – nach seinem eigenen Bild gestalten darf. Vielmehr kann man sich beim *Kultur*-Fleisch fragen, ob er auch will, was er darf. Der Apostel Paulus hatte da eine spezielle Auffassung. „Alles, was auf dem Fleischmarkt verkauft wird, das esst und forscht nicht nach, damit ihr das Gewissen nicht beschwert."[10] (1. Kor. 10, 25)

Fleisch: Symbolische Metamorphosen

Fleisch steckt voller Nährstoffe und voller symbolischer Bedeutung. Der Beherrschung und Kontrolle des Tiers, seiner Zähmung, folgt die Züchtung. Der Einblick in die Mechanismen des Wachstums folgt umgehend ihr technischer Einsatz. Die Lösung des Fleisches vom lebendigen Tier folgt nun die Züchtung und das Wachstum des Fleisches im Bioreaktor. Das sind Metamorphosen, deren symbolische Verschiebungen durch einfache Ablösungsprozesse nur schwer zu deuten sind. Vielmehr sind Überlagerungen zu diagnostizieren.

Allemal ist die post-aufklärerische Attitüde fehl am Platz. Die Auflösung des Symbolischen ins Digitale führt keineswegs in die reine Welt des Unmissverständlichen und Vernünftigen. Der Glaube an die wundersame Verwandlung der Brotsubstanz in den Leib Christi ist vielleicht eben so viel oder eben so wenig rational wie die Hoffnung, das In-vitro-Fleisch könne uns vom Fluch der ethischen Konflikte befreien, die aus unserer Fleischeslust entstehen.

---

[10]Der Kontext des Korintherbriefs verrät, dass sich Paulus auf einen Konflikt in der Gemeinde von Korinth bezog, der seinen Grund in der Frage hatte, ob Fleisch verzehrt werden dürfe, das bei heidnischen Opferkulten übriggeblieben und auf dem Markt verkauft wurde (Götzenopferfleisch). Die Diskussion gehört in die Auseinandersetzung um Juden- und Heidenchristen. (Vgl. Schnabel 2006, insb. S. 561ff.). Man kann hier sehr schön sehen, was passiert, wenn einem Text der Kontext abhandenkommt.

Paulus dachte, dass das Fleisch die Begierden und das eigenmächtige Handeln des Menschen gegen das Gesetz Gottes ausdrückt: „Wir wissen nämlich, dass das Gesetz selbst vom Geist bestimmt ist; ich aber bin fleischlich, das heißt: verkauft unter die Sünde." (Röm 7, 14) Paulus schwebte kein Dualismus von Leib und Seele vor. Fleisch ist bei ihm beides. Aber man kann auf die Idee kommen, dass Gott die Zähmung des Menschen durch sein Gesetz nicht ganz geglückt ist. Die Widersetzlichkeiten, die auch aus dem Bauch kommen, der immer verzehren und trinken will, machen dem Geist im irdischen Leben einen Strich durch die Rechnung.

Die Kontrolle des Fleisches kommt an ihre Grenzen. Erst im Wissen um die Wachstumsprozesse kann das Fleisch vollständig beherrscht und kontrolliert werden. Aber das Fleisch verliert dadurch alle Reste seiner Natürlichkeit. Fleisch wird zum Biofakt zweiter Ordnung, das weder natürlich noch künstlich ist. Für manche mag es problematisch scheinen, dass es Menschen gibt, die ihren Körper nach eigenen Vorstellungen völlig verändern wollen. Der Körper ist für einen Bodybuilder oder einen Anti-Ager nicht etwas unverfügbar Gegebenes, sondern ein in Gänze Verfügbares. Manchem mag dabei der Verdacht kommen, dass das instrumentelle Verhältnis zum eigenen Körper den Platz für die Unterwerfung des Menschen unter externe Zwecke schafft. Das Selbstbild, welches der Mensch sich von sich macht, kann sehr leicht auch durch Fremdbilder geleitet sein und missbraucht werden. Die Möglichkeit, den eigenen Körper zu formen, ist nicht nur ein Ausdruck der Emanzipation, sondern kann zugleich Folge eines erheblichen Anpassungsdrucks sein. Die Nutzung technischer Mittel, um selbstgesteckte oder fremdbestimmte Ziele durch die Veränderung des eigenen Körpers zu erreichen, ist dabei eine kritische Überlegung wert. Allerdings kann sie sich nicht auf die Dichotomie von *natürlich* und *künstlich* berufen. Denn das menschliche Fleisch ist durch Nutzung seiner Möglichkeiten zur Selbstformung längst zum Biofakt, besser, zum Anthropofakt, geworden.

Die Industrialisierung des menschlichen und des tierischen Fleisches gehen Hand in Hand. Der Mensch macht sich die Welt Untertan, auch dann, wenn er verspricht, die Tiere zu schonen und auf Jagen und Schlachten zu verzichten und fürderhin nur In-vitro-Fleisch zu verzehren. Interessant ist die Diskussion um das In-vitro-Fleisch gerade deshalb, weil es verspricht, ethische Großprobleme zu lösen, die mit dem massenhaften Fleischverzehr einhergehen. Dem liegt einerseits die Hoffnung zugrunde, ethische Probleme könnten durch technische Innovationen einfach verschwinden. Andererseits scheint in dieser Diskussion die *Künstlichkeit* des In-vitro-Fleisches gar kein ethisches Problem darzustellen.

Jedenfalls verwirrt das In-vitro-Fleisch die Logik des Vegetarismus. Das Tierische wird ganz in die Kontrolle des Menschen gegeben. Das Tier ist nicht mehr das Andere, sei es auch das Andere, Vernunftlose, im Menschen selbst. Es hat sich in pure Nahrung aufgelöst und ist ganz nach menschlichem Maß gemacht. Es symbolisiert den Verlust der Unterscheidung von Künstlichkeit und Natürlichkeit und den Übergang in eine Verfügungsmacht des Menschen über seine Umwelt, die den Weg in die völlige Industrialisierung seiner Ernährung und seiner selbst weist. Es hebt die Kontrolle des Menschen über sich, über das, was er ist und was er isst, auf eine neue Stufe.

Literatur

Ambrosius. (1990). *De sacramentis.* Fontes Christiani; 3. Freiburg: Herder.

Asmuth, C. (2010). Praktische Aporien des Dopings. In C. Asmuth (Hrsg.), *Was ist Doping?* (S. 93–116). Bielefeld: transcript.

Asmuth, C. (2011). *Bilder über Bilder. Bilder ohne Bilder. Eine neue Theorie der Bildlichkeit.* Darmstadt: Wissenschaftliche Buchgesellschaft.

Asmuth, C. (2015). Das Selbst des Körpers – der Körper des Selbst. In C. Asmuth & W. Ehrmann (Hrsg.), *Zirkel – Widerspruch – Paradoxon. Das Denken des Selbst in der klassischen deutschen Philosophie und in der Gegenwart* (S. 175–194). Würzburg: Königshausen & Neumann.

Asmuth, C. (2016a). Die Seele ist dasselbe als ihre Leiblichkeit in sie eingebildet. Leib und Seele bei Hegel. *Revista Portuguesa de Filosofia, 72*(2–3), 281–298.

Asmuth, C. (2016b). Der verklärte Leib. Singularität und Technoromantik. In K. Harrasser & S. Roeßiger (Hrsg.), *Parahuman. Neue Perspektiven auf das Leben mit Technik* (S. 121–129). Köln: Böhlau.

Asmuth, C. (2018). Doping und Natürlichkeit – Eine Aporie. In *Translating Doping – Doping übersetzen.* Internetportal des BMBF-Verbundprojekts. http://www.translating-doping.de/dossiers/164. Zugegriffen: 20. März 2018.

Benz-Schwarzburg, J., & Ferrari, A. (2016). Super-muscly pigs – Trading ethics for efficiency. *Issues in Science and Technology, 1,* 29–32.

Blue, E. (2009). The strange career of Leo Stanley. Remaking manhood and medicine at San Quentin State Penitentiary, 1913–1951. *Pacific Historical Review, 78,* 210–241.

Böhm, I., Ferrari, A., & Woll, S. (2017). *In-Vitro-Fleisch. Eine technische Vision zur Lösung der Probleme der heutigen Fleischproduktion und des Fleischkonsums?* http://www.itas.kit.edu/pub/v/2017/boua17b.pdf. Zugegriffen: 20. März 2018.

Brown-Séquard, C. E. (1889). The effects produced on man by subcutaneous injection of a liquid obtained from the testicles of animals. *The Lancet, 134*(3438), 105–107.

Bundesministerium für Ernährung und Landwirtschaft (BMEL). Lebensmittelbuch des Bundesministeriums für Landwirtschaft und Ernährung, Leitsätze für Fleisch und Fleischerzeugnisse. https://www.bmel.de/SharedDocs/Downloads/Ernaehrung/Lebensmittelbuch/LeitsaetzeFleisch.html. Zugriffen: 20. März 2018.

Cabaniss, A. (1954). *Amalarius of Metz.* Amsterdam: North-Holland Publishing Company.

Churchill, W. (1932). Fifty Years Hence. *Popular Mechanics, 57*(March, 3), 397.

Cowdrey, H. E. J. (2003). *Lanfranc.* Oxford: Oxford University Press.

Cussons, A. J., et al. (2002). Brown-Séquard revisited: A lesson from history on the placebo effect of androgen treatment. *The Medical Journal of Australia, 177*(2), 678–679.

Datar, I., & Betty, M. (2010). Possibilities for an in vitro meat production system. *Innovative Food Science and Emerging Technologies, 11,* 13–22.

Delling, G. (1977). Abendmahl. *Theologische Realenzyklopädie,* (Bd. 1., S. 43–229) Berlin: DeGruyter.

Diósi, D. (2006). *Amalarius Fortunatus in der Trierer Tradition. Eine quellenkritische Untersuchung der trierischen Zeugnisse über einen Liturgiker der Karolingerzeit.* Münster: Aschendorff Verlag.

Ferrari, A. (2015). Animals and technoscientific developments: Getting out of invisibility. *Nanoethics, 9,* 5–10.

Flasch, K. (2008). *Kampfplätze der Philosophie. Große Kontroversen von Augustin bis Voltaire.* Frankfurt a. M.: Vittorio Klostermann.

Flasch, K. (1998). Berengar von Tours: Rescriptiones contra Lanfrancum. In K. Flasch (Hrsg.), *Hauptwerke der Philosophie des Mittelalters* (S. 108–128). Stuttgart: Reclam.

Friedberg, E. (Hrsg.) (1879–1881). Decretum sive Concordia discordantium canonum. Kritische Ausgabe. Corpus Iuris Canonici, 1. Leipzig.

Greve, K. (2018). *Körperkultur, Körperkult und Leistungswahn: Ethische Reflexionen über das Doping im Freizeitbodybuilding.* TU Berlin: Dissertation.

Gumbrecht, H. U. (2004). *Diesseits der Hermeneutik. Die Produktion von Präsenz.* Frankfurt a. M.: Suhrkamp.

Harwatt, H., et al. (2017). Substituting beans for beef as a contribution toward US climate change targets. *Climatic Change, 143*(1), 261–270.

Hoberman, J. M., & Yesalis, C. E. (1995). Die Geschichte der androgen-anabolen Steroide. *Spektrum der Wissenschaft, 4,* 82–88.

Hödl, L. (1964). Der Transsubstatiantionsbegriff in der scholastischen Theologie des 12. Jahrhunderts. *Recherches de Théologie ancienne et médievale, 31,* 230–259.

Hoping, H. (2016). *Mein Leib für euch gegeben. Geschichte und Theologie der Eucharistie.* Freiburg: Herder.

Hwang, H. S. (2013). *Die Eucharistielehre des Ambrosius von Mailand. Zum eucharistischen Hochgebet seiner Schriften* De sacramentis *und* De mysteriis. Dissertation. Freiburg.

Jorissen, H. (1965). *Die Entfaltung der Transsubstantiationslehre bis zum Beginn der Hochscholastik.* Münster: Aschendorff Verlag.

Karafyllis, N. C. (Hrsg.). (2003). *Biofakte. Versuch über den Menschen zwischen Artefakt und Lebewesen.* Paderborn: Mentis.

Keller, H., & Althoff, G. ([10]2008). *Spätantike bis zum Ende des Mittelalters. Die Zeit der späten Karolinger und der Ottonen. Krisen und Konsolidierungen (S. 888–1024).* Stuttgart: Klett-Cotta.

Kläber, M. (2010). *Doping im Fitness-Studio. Die Sucht nach dem perfekten Körper.* Bielefeld: Transcript.

Kläber, M. (2013). *Moderner Muskelkult. Zur Sozialgeschichte des Bodybuildings.* Bielefeld: Transcript.

Laarmann, M. (1999). Transsubstantiation. Begriffsgeschichtliche Materialien und bibliographische Notizen. *Archiv für Begriffsgeschichte, 41,* 119–150.

Langelaan, M. L. P., Boonen, K. J. M., Polak, R. B., Baaijens, F. P. T., & van der Schaft, D. J. W. (2010). Meet the new meat: Tissue engineered skeletal muscle. *Trends in Food & Science Technology, 21*(2), 59–66.

Macy, G. (1984). *The theologies of the Eucharist in the early scholastic period.* Oxford: Clarendon Press.

Maurin, J. (2018). Tierrechtler loben Geflügelfleischkonzern. Wiesenhof investiert in Kunst-Fleisch. *taz* vom 05.01. http://www.taz.de/!5475027/. Zugegriffen: 20. März 2018.

Ohloff, G. (2004). *Düfte – Signale der Gefühlswelt.* Zürich: Verlag Helvetica Chimica Acta.

Olmsted, J. M. D. (1946). *Charles-Edouard Brown-Séquard. A nineteenth century neurologist and endocrinologist.* Baltimore: John Hopkins Press.

Post, M. J. (2012). Cultured meat from stem cells: Challenges and prospects. *Meat Science, 92,* 297–301.

Röttgers, K. (2009). Fragmente einer Kritik der kulinarischen Vernunft. In C. Hoffstadt, et al. (Hrsg.), *Gastrosophical Turn. Essen zwischen Medizin und Öffentlichkeit* (S. 21–28). Bochum: Projektverlag.

Schaefer, G. O., & Savulescu, J. (2014). The ethics of producing *in vitro* meat. *Journal of Applied Philosophy, 31*(2), 188–202.

Schmidinger, K. (2012). *Worldwide Alternatives to Animal Derived Foods – Overview and Evaluation Models – Solutions to Global Problems caused by Livestock.* Diss. Wien. http://www.futurefood.org/DissertationSchmidinger.pdf. Zugegriffen: 20. März 2018.

Schmitz, J. (1975). *Gottesdienst im altchristlichen Mailand.* Köln: P. Hanstein.

Schnabel, E. J. (2006). *Der erste Brief des Paulus an die Korinther.* Wuppertal: Brunnen-Verlag.

Schnitzer, J. (1892). *Berengar von Tours, sein Leben und seine Lehre. Ein Beitrag zur Abendmahlslehre des beginnenden Mittelalters.* Stuttgart: J. Roth.

Seiffert, D. et al. (o. J.). Laborfleisch. Alternative zum traditionellen Fleisch? https://invitrofleisch.jimdo.com/verbrauchermeinungen. Zugegriffen: 2. Januar 2018.

Sinner, D. (2004). *Das schwarze Buch. Anabole Steroide.* Gronau: BMS.

Stoff, H. (2004). *Ewige Jugend. Konzepte der Verjüngung vom späten 19. Jahrhundert bis ins Dritte Reich.* Köln: Böhlau.

Tischewski, J. (2010). In-Vitro-Fleisch: Labor-Schnitzel als Klimaretter. *GEO.de* vom 16.04. http://www.geo.de/GEO/technik/63864.html. Zugegriffen: 20. März 2018.

Trechow, P. (2012). Druck mal das Mittagessen aus! *taz.de* vom 26.08. http://www.taz. de/!100341/. Zugegriffen: 20. März 2018.

Tuomisto, H., & Avijt, R. (2012). Could lab-grown meat soon be the solution to the world's food crisis? Cultured meat, developed in the laboratory, could have a dramatic effect on global hunger and climate change. *The Observer* vom 22.1. http://www.guardian.co.uk/commentisfree/2012/jan/22/cultured-meat-environment-diet-nutrition. Zugegriffen: 20. März 2018.

vks/AFP. (2011). Kannibalen-Show im niederländischen TV. Wie schmeckt Menschenfleisch? *Spiegel online* vom 21.12. http://www.spiegel.de/kultur/tv/kannibalen-show-im-niederlaendischen-tv-wie-schmeckt-menschenfleisch-a-805210.html. Zugegriffen: 20. März 2018.

Christoph Asmuth ist Professor für Philosophie und Leiter des Forums für Religionsphilosophie an der Augustana-Hochschule Neuendettelsau. Er leitete die BMBF-Projekte „Translating Doping – Doping übersetzen" (2009–2012) sowie „ANTHROPOFAKTE" (2013–2016). Seine Forschungsschwerpunkte sind die Geschichte der Philosophie, Ontologie, Metaphysik und Metaphysikkritik sowie die Philosophie des Körpers, des Wissens und der Technik. Er ist Autor von *Das Begreifen des Unbegreiflichen.* (1999) und Herausgeber von *Was ist Doping?* (2010). Zudem ist er Mitherausgeber von *Subjekt und Gehirn – Mensch und Natur* (2011, zus. mit P. Grüneberg), *Entgrenzungen des Machbaren? Doping im Schnittfeld zwischen Recht und Moral* (2012, hrsg. zus. mit C. Binkelmann); *Saubere Leistung? – Grenzen akzeptieren!* – Acht Module für einen fächerübergreifenden Unterricht zum Problemfeld Doping (2013), *Irrationalität* (2015, hrsg. zus. mit S. Neuffer) und *Schemata* (2017, zus. mit L. Gasperoni).

Teil II
Medienwissenschaftliche und kulturphilosophische Perspektivierungen

„Bündel von Orakeltechniken". Ein Gespräch mit Erhard Schüttpelz über Trance und Kybernetik

Erhard Schüttpelz, Beate Ochsner und Robert Stock

Zusammenfassung

In dem von Beate Ochsner und Robert Stock mit Erhard Schüttpelz geführten Gespräch geht es um die Verflechtungen zwischen Kulturanthropologie und Kybernetik. Dabei stehe vor allem die kritische Würdigung der von Schüttpelz als „Mystifikation" bezeichneten Fähigkeit der Kybernetik zur Debatte, allgemeingültige Denkmodelle ein „conceptual scheme" – zu entwickeln, wie sie sich nicht nur in der Medienwissenschaft häufig als wegweisend erwiesen haben. Beispielhaft wird der Aufsatz „Some components of socialization for trance" von Gregory Bateson diskutiert, der in einer kybernetischen „Einkleidung" diametral entgegengesetzte Zuschreibungen wie „Besessenheit", „Ekstase" oder „Marionettenkörpers" zu strukturieren vermag, indem er von

E. Schüttpelz (✉)
Universität Siegen, Philosophische Fakultät, Medienwissenschaftliches Seminar,
Siegen, Deutschland
E-Mail: schuettpelz@medienwissenschaft.uni-siegen.de

B. Ochsner
Fachbereich Literatur-, Kunst- und Medienwissenschaften, Universität Konstanz,
Konstanz, Deutschland
E-Mail: beate.ochsner@uni-konstanz.de

R. Stock
Fachbereich Literatur-, Kunst- und Medienwissenschaften, DFG-Forschungsgruppe
„Mediale Teilhabe. Partizipation zwischen Anspruch und Inanspruchnahme",
Universität Konstanz, Konstanz, Deutschland
E-Mail: robert.stock@uni-konstanz.de

© Springer Fachmedien Wiesbaden GmbH, ein Teil von Springer Nature 2020   89
B. Ochsner et al. (Hrsg.), *Affizierungs- und Teilhabeprozesse zwischen Organismen und Maschinen*, Technikzukünfte, Wissenschaft und Gesellschaft / Futures of Technology, Science and Society,
https://doi.org/10.1007/978-3-658-27164-0_5

einem Verwirrung stiftenden unterdeterminierten Grundvorgang ausgeht, dessen Deutung bzw. Zurechnung immer erst zu erlernen ist. Die fundamentale Beunruhigung ist dabei genau das, was ein Medium von einem Werkzeug unterscheidet, nämlich die Fähigkeit, in der Situation einer Vermittlung multiple Situationen der Zuschreibung wie auch Situationszuschreibungen zu eröffnen.

Schlüsselwörter

Kulturanthropologie · Kybernetik · Denkmodell · Medium · Werkzeug

Die Beziehung von Kybernetik und US-Amerikanischer Kulturanthropologie reicht weit zurück. Kroebers The concept of culture in science (1952) *wäre hier etwa zu nennen. In welcher Weise gestaltet sich dieses theoretisch-methodische Zusammenspiel von Kybernetik und Kulturanthropologie und welche Auswirkungen sind dabei in Bezug auf das Verständnis von Kultur/Natur sowie Bio-Technologien respektive Medien zu beobachten? Könnte aus dieser Sichtweise heraus Kultur als etwas beschrieben werden, mit dem mediale Verschaltungen/Vernetzungen unterschiedlicher Akteure prozessiert werden? Kultur quasi als sozio-technisches Handlungsfeld?*

Erhard Schüttpelz (E.S.): Ich muss gleich vorausschicken, dass ich zur Kybernetik ein ambivalentes Verhältnis habe. In meiner Jugend folgte ich dem Wunsch, alles aus klar hervortretenden Beziehungen aufzubauen: einzig mit bestimmten Elementen, einzig mit klaren Umrissen, Ableitungen und ohne Vagheit. Dann musste ich einsehen, dass es Gebiete gibt, in denen man anders arbeiten muss, um mit fleckigen Lappen und trübem Wasser schmutzige Reagenzgläser zu säubern. Und dass das der Normalzustand, ja sogar der ideale Zustand ist, und die Reagenzgläser trotzdem sauber werden. Wenn selbst das nicht mehr hilft und die Signalquellen dauerhaft gestört bleiben, was hilft uns dann außer der Theorie gestörter Signalquellen und unserem eigenen Vermögen der Intervention und Interferenz, um die zugrunde liegenden Verzerrungen zu erkennen?

Auf diesem abschüssigen Weg fand ich Batesons Schriften, aber auch die Schriften der Kybernetik, jahrelang gut zum Träumen oder zum Orakeln: Was sehen wir in den Diagrammen von Glanville (1988) oder Shannon (1949) oder Wiener (1948), und was sehen wir durch sie in der Welt und in den Medien? Wie sind diese Diagramme zu Medien der Kommunikationstheorie und Medientheorie geworden? Diese beiderseitige Blickrichtung schien mir damals und scheint mir weiterhin eine zentrale Fragestellung zur Beurteilung der Welt des Kalten

Krieges und ihrer heutigen Folgen. Der Höhepunkt dieser Orakeltechnik ist für mich wie für andere deutsche Medienwissenschaftler *Der Parasit* von Michel Serres. Bei Bateson wie bei Serres kann man lernen, was und wie man in solchen Orakeln etwas entdecken kann. Schließlich gibt es keine Medienwelt, deren Organisationen, Techniken, materielle Beschaffenheiten und Verhaltensweisen so mimetisch und parasitär sind wie unsere digitale Medienwelt in ihrer ständigen schöpferischen Zerstörung und Selbstzerstörung. Und wenn es um die Denkweisen der Leute geht, die diese Welt für uns und sich eingerichtet haben, haben wir auch mit der Kybernetik zu rechnen.

Aber wenn wir einen noch längeren historischen Bogen schlagen, sollten wir zugleich davon ausgehen, dass der Erfolg der Kybernetik auf einer bewussten Mystifikation beruht, und dass die Orakelqualitäten der Kybernetik aus dieser Mystifikation entstanden. Die Signalquelle war eine gestörte Quelle, und ihre Faszination entstand nur aus dem historischen Zusammenspiel von Störung und Signal. Für die Theorie der Signalquelle galt das umso mehr. Kurz nach dem Zweiten Weltkrieg wurden gleich mehrere Mystifikationen in die Welt gesetzt und miteinander verbunden: die Informationstheorie durch die Popularisierung Shannons, die Kybernetik mit und durch Wiener und McCulloch, sowie die Turingmaschine und der Turingtest unter Berufung auf Turing. Turingtest und Turingmaschine wurden in ihrer Kombination zu tragenden Leitvorstellungen der Künstlichen Intelligenz. Und die Künstliche Intelligenz mitsamt dem Kognitivismus ist erfolgreicher als die Kybernetik, denn wie man es auch immer wenden will: Eine Wissenschaftsformation namens Kybernetik gibt es nicht mehr und es gab sie bereits Ende der 1950er nur als gescheiterte Hoffnung einer Metadisziplin oder einer Supertheorie, die aber keiner mehr ernst nahm, außer einigen wenigen Außenseitern wie Heinz von Foerster, die weiterhin an den Stein der Weisen glaubten und denen die Forschungsgelder am Ende entzogen wurden. Man müsste daher erst einmal länger darüber reden, was diese Mystifikationen bedeuteten und was sie bewirkten.

Sind hier bestimmte Personen oder Forschungsrichtungen gemeint? Was bedeutet hier „Mystifikation" im Einzelnen?

E.S.: In der Informationstheorie etwa ging es Ende der 1940er darum, bestimmte physikalische und militärische Anwendungen geheim zu halten und durch eine mathematische Theorie zur zivilen Nutzung zu ersetzen. Die Mathematisierung verlieh der Theorie eine höhere Dignität, und dazu kam noch die ebenso opake wie arbiträre Gleichsetzung von „Information" und „Entropie".

Die Kanonisierung Turings konnte einige Jahrzehnte das Feld der Programmierer zusammenhalten und ihnen eine Computerwissenschaft, eine „Computer Science" versprechen. Ja, man konnte sogar so tun, als sei zuerst die Atomphysik gewesen und dann die Atombombe, im übertragenen Sinne also erst die Turingmaschine und dann der Computer. Dann stimmt die Dignität: Zuerst und zuletzt eine „reine Wissenschaft" und Grundlagenforschung und dann die „angewandte Wissenschaft und Technik".

Auch die Kybernetik sollte eine Grundlagenforschung sein. Mit anderen Worten, alle drei Mystifikationen haben damit zu tun, dass man eine reine „Grundlagenforschung" in Gebieten postuliert, die durch Bastelei, durch gestörte Signalquellen mit Geheimhaltungsstufen und durch pragmatische Rechtfertigungen gekennzeichnet waren und gekennzeichnet bleiben. Da tut es wissenschaftspolitisch gut, Kulturheroen und Grundlagentheoreme zu benennen, die Turingmaschine, Shannons Theorem der Kanalkapazität oder sogar eine neue Wissenschaft. Während die Bastelei in den Werkstätten weitergeht und sich nicht viel aus der Pot'jomkinschen Fassade der postulierten „reinen Wissenschaft" macht. Im Fall der Kybernetik war Regelungs- und Steuerungswissen eine gut eingespielte Größe der Ingenieurswissenschaften, zwischen Flugabwehrgeschützen, Radartechnik und Fliehkraftreglern. Dieses Gebiet zu isolieren und zum Zentrum einer Diskussion über die Gemeinsamkeiten von Maschinen, Organismen und Organisationen zu machen, hatte etwas Phantasmagorisches und kann im Musil'schen Sinne als „Parallelaktion" zur Übernahme der Weltmacht durch die USA begriffen werden. Welche Form der Selbstkontrolle und Selbststeuerung soll eine demokratische Gesellschaft ausüben und durch große technische Systeme und durch große bürokratische Apparate implementieren? – Das war die Frage der Weltkriegsgesellschaft und in gewissem Sinne schon die Frage des New Deal gewesen – damals noch ohne eine Einkleidung als „Kybernetik" oder „Künstliche Intelligenz". Die Macy-Konferenzen zur Kybernetik sollten sich unter anderem dieser sozialtechnologischen Frage widmen und starteten voller Hoffnungen, endeten aber insgesamt desasträs. Ich denke, allen Beteiligten war klar, dass sie sich in einem nicht ganz seriösen und zum Teil geradezu phantasmagorischen Gelände bewegten – sie sagen das auch in den überlieferten Protokollen (Pias 2003, 2016). Aber diese Spekulationswut sollte Schule machen und bestimmt als Faszinationsgeschichte zum Teil bis heute unser Denken. Die Kybernetik, die Informationstheorie und die Künstliche Intelligenz bilden einen dreifachen Absturz des Rationalismus in Mystifikationen – zumindest im Vergleich mit den philosophischen Grundlagenkrisen der Zwischenkriegszeit, also im Vergleich etwa mit dem Wiener Kreis und der mathematisch-logischen Grundlagenkrise, oder im Vergleich mit der wissenschaftstheoretischen Debatte um die Grundlagen der neuen Physik vor dem Krieg.

Damit will ich die Zwischenkriegszeit von entsprechenden technokratischen Wünschen nicht freisprechen, und insbesondere die amerikanische nicht. Zweifelsohne gab es bereits in den 1930ern entsprechende Übereinstimmungen zwischen Forschungen zum sozialen und ökonomischen Gleichgewicht mit Vergleichen zu körperlichen Homöostasen. Insbesondere in Boston, also am Hauptort der Kybernetik, und zwar im Pareto-Zirkel um Talcott Parsons (1937) und Lawrence Joseph Henderson (1935). Und tatsächlich wurde an diesem Ort der Physiologie Walter B. Cannon zum Teilnehmer des Paretokreises[1] und andererseits die ökonomische „General Equilibrium Theory" vorausgedacht (Walras 1954). Aber auch die Idee der „circular causality" wurde bereits propagiert, und zwar deshalb, weil dann die Marxisten mit ihren linearen Ableitungen von Überbau aus Unterbau per definitionem unrecht behalten würden. Genau das also, was Luhmann dreißig, vierzig und fünfzig Jahre später den deutschen marxistischen Theorien und anderen unabhängigen Variablen entgegenhalten sollte: dass eine „zirkuläre Kausalität" differenzierter wäre und durch ihre Differenziertheit als „Supertheorie" anderer Theorien auftreten würde, um sie zu schlucken, war schon in den späten 1930ern im Paretokreis der Wunsch des Gedankens. Damals stand der Liberalismus allerdings mit dem Rücken zur Wand und erfand sich daher als „Neoliberalismus" neu, mit einer gehörigen Ambivalenz gegenüber den untergehenden Demokratien und einer unleugbaren Faszination gegenüber der in den 1930ern gängigen Gleichsetzung von Generalmanager, Ingenieurgenie und Diktator (Valéry 1934). Aber „Kybernetik" hieß das noch nicht, eher schon „Systemtheorie". Trotzdem kann man den Anspruch der Kybernetik und Systemtheorie besser verstehen, wenn man in diese 1930er Jahre zurückgeht, nämlich als einen im Prinzip idealistischen Vorschlag, die Wissenschaftslandschaft durch ein neues „conceptual scheme" neu anzuordnen und zu erobern, wie es Henderson im vielleicht wichtigsten Aufsatz der amerikanischen Wissenschaftstheorie genannt hatte (Henderson 1932; vgl. auch Homans 1947). Die wissenschaftstheoretische Bestimmung wissenschaftlicher Gemeinsamkeiten sollte durch den Nachweis eines „conceptual scheme" erfolgen und die Disziplinen einer „unified science"

---

[1]Vgl. im Hinblick auf das Homöostase-Modell Cannon (1932) und Borck (2014). Vgl. ebenso den Beitrag von Heiko Stoff in diesem Band.

zuführen; das ist auch die implizite Wissenschaftstheorie der Macy-Konferenzen. Also das, was Thomas Kuhn, der Zögling dieser Kreise, etwas später ein „Paradigma" nennen sollte, um es dann allerdings in einen unvorhergesehenen praxistheoretischen Abgrund zu stürzen. Die „Kybernetik" der Macy-Konferenzen ist von Anfang an ein geplantes „conceptual scheme" gewesen, das ein „Paradigma" begründen sollte, aber auf diesem Wege gründlich scheiterte und dafür viele trügerische Hoffnungen hervorbrachte.

Was ergibt sich aus dieser Sichtweise für die kulturwissenschaftliche Forschung?

E.S.: Ich will auf keinen Fall sagen, dass wir dieses Paradigma nicht studieren sollten – im Gegenteil, wir müssen es historisch in aller Gründlichkeit studieren, und zwar weil wir in Kulturen und Gesellschaften leben, deren technische Hoffnungen und Computerisierungsbewegungen tief vom Kognitivismus, von der Informationstheorie und von der Kybernetik geprägt worden sind. Aber wir dürfen diese Prägungen nicht als Erfolgsgeschichten verstehen, sondern als eine Serie von improvisierten Entwurfsgeschichten mit z. T. abenteuerlichen Kehrtwendungen und jeder Menge verbrannter Forschungsgelder. Die ersten zwanzig Jahre Computerentwicklung etwa wurden mit Forschungsgeldern für automatische Maschinenübersetzung bestritten, und dabei kam nichts Brauchbares heraus, zumindest nicht für diesen Zweck. Künstliche Intelligenz, Kybernetik und Computerisierung führten insgesamt in die größte technokratische Krise der amerikanischen Gesellschaft um 1970 – schließlich hatten alle drei in Vietnam, aber auch in der technokratischen Planung der Inlandsgesellschaft versagt. Wenn Studierende heutzutage das Gefühl haben, dass kybernetische Beziehungen in Gestalt ihrer Computer große Teile ihrer Lebenswelt übernommen haben, folgen sie einem Image oder einem Bild. Und es ist besser, aus diesem Bild wieder herauszutreten. Es gab keine kybernetische, informationstheoretische oder kognitivistische Theorie, die dem Bau und dem Betrieb unserer Computer oder unseren „Social Media" zugrunde lag oder zugrunde liegt.

Denken wir an die Teilnahme von G. Bateson und M. Mead an den Macy Konferenzen. In welcher Form wirkte sich diese auf Batesons Arbeit aus? Um ein Beispiel zu nennen: So beschreibt Bateson in Naven *(1958) eine Zeremonie – wie Helmreich formuliert – "as a servo-mechanism maintaining the logical coherence, the equilibrium, of Iatmul eidos, or cultural structure" (Helmreich 2001, S. 615). Von dort ausgehend ließe sich weiter fragen, inwiefern das von Bateson (1975) beschriebene Ritual als eine Anordnung oder ein Handlungsfeld zu verstehen ist, in der Biokybernetik und Teilhabe ineinandergreifen?*

E.S.: Zweifelsohne war Bateson seit den späten 1940ern ein kybernetischer Enthusiast und sollte es für den Rest seines Lebens bleiben. Dazu muss man wissen, dass er den Zweiten Weltkrieg mit einer Analyse Hitlers und dann Nazideutschlands beginnt und dann im pazifischen Teil des Weltkriegs in Spezialmissionen unterwegs war, die zumindest in der Zusammenfassung seiner Tochter an James Bond erinnern. Auch als die Atombombe fällt, sieht er darin zuerst nur einen Anlass für eine noch wichtigere Rolle der Sozialwissenschaften in der Weltgesellschaft. Sich vorzustellen, wie die Welt regiert und sogar unter der Ägide der nuklearen Bewaffnung geordnet wird, bereitete ihm 1945 keine Mühen. Erst in den McCarthy-Jahren distanzierte er sich, wie auch Norbert Wiener, von den Gefahren einer angewandten und dem Militär zuarbeitenden Forschung. Und erst sehr viel später wird er zum Idol der Öko-Bewegung und ihrer esoterischen Schattierungen. Der zweite Teil seines Lebens ist in den biographischen Stationen nicht nur abenteuerlich, sondern auch inkonsistent und sprunghaft, konzeptuell hingegen konsistent und wird durch seine Kybernetikfaszination zusammengehalten.

Der erste Teil seines Lebens hingegen versprach eine glänzende ethnologische Karriere, die dann durch den Krieg und seine eigene Abenteuerlust untergraben wurde. Die Schriften dieser Periode sind noch nicht vereinheitlicht und allesamt experimentell. Erst im Nachhinein hat Bateson sie ebenfalls unter das Banner der Kybernetik gestellt, was ihrer Lektüre aber keinen Gefallen tut. Die Frage bleibt etwa, ob man die Forschungen zum „Äquilibrium" vor 1945 als „Kybernetik" bezeichnen sollte. Gregory Bateson kam aus einer Biologenfamilie und sah sich zum Teil auch selbst als Biologe, was sich in den 1950ern durch ethnologische und ethologische Filme, selbstgebaute Aquarien und Delphinforschungen noch bewahrheiten sollte. Und das biologische Modell der Gesellschaft als Organismus aus teilweise unabhängigen und teilweise gekoppelten Fließgleichgewichten hat ihn im Anschluss an Walter B. Cannon zweifelsohne fasziniert und dient letztlich in Form des Begriffes „plateau" als Vorlage für Gilles Deleuzes und Felix Guattaris *Mille Plateaux*.[2]

---

[2] „Gregory Bateson se sert du mot ‚plateau' pour désigner quelque chose de très spécial: une région continue d'intensités, vibrant sur elle-même, et qui se développe en évitant toute orientation sur un point culminant ou vers une fin extérieure. Bateson cite en exemple la culture balinaise, où des jeux sexuels mère-enfant, ou bien des querelles entre hommes, passent par cette bizarre stabilisation intensive." (Deleuze und Guattari 1980, S. 32.)

Dass Bateson in *Naven* an Servomechanismen dachte, würde ich allerdings glatt bezweifeln. Batesons implizite Wissenschaftstheorie in *Naven* ist die Anthropologie von Malinowski, insbesondere die Dreiteilung der methodischen Anleitung zur Feldforschung in seiner Argonauten-Einleitung, nämlich statt „Knochen" (Genealogien, Verwandtschaft, Listen, Klassifizierungen), „Fleisch und Blut" (die Lebenswelt des alltäglichen Umgangs) und „Geist" (die Wünsche und der Ehrgeiz, wie man sie an Mythen und Liedern ablesen kann), die zusammen einen Menschen oder die „Anthropologie" einer Bevölkerung ausmachen, heißt es bei Bateson: Sozialstruktur (Knochen), Ethos (Fleisch und Blut), Eidos (Geist). Aber die Dreiteilung in diesem großartigen Buch ist dieselbe. Und was die Iatmul in der Beschreibung von Bateson angeht, kann man sich nur wundern, was diese Gesellschaft überhaupt zusammenhält, so sehr betont Bateson ihre „schismogenetischen", also auf Spannung und Spaltung gerichteten Züge. *Naven* ist ein großartiges Buch, weil es einen einzigen kleinen rituellen Vorgang nimmt, einen Akt der Travestie, in dem sich ein Onkel vor seinem Neffen durch ein Mit-dem-Hintern-Wackeln erniedrigt, und zur Deutung dieses Details die gesamte Kultur mit allen Schikanen heranzieht, bis klar wird, dass es Rituale auf diesem Planeten und insbesondere in Melanesien gibt, die unsere gesamte Deutungsfähigkeit erschöpfen würden, bevor wir uns auch nur annähernd selbst verstanden hätten. Wenn man sich diese Passagen anschaut, kann man nur sagen: Ich kann beim besten Willen keinen Servomechanismus entdecken.

Als „Überwissenschaft" (Kittler et al. 2000, S. 332) bietet die Kybernetik die Möglichkeit zur Theoriebildung aus interdisziplinärem Material. Dies zeigt sich auch im Kontext des Aufsatzes „Some components of socialization for trance" (Bateson 1975), im Rahmen derer Bateson sich mit der Erfahrung einer Ichfremdheit unkontrollierbarer körperlicher Bewegungen (in diesem Fall der Klonus, der vielen Trance-Zuständen zugrunde liegt) und der Aufgabe, diese zu bewältigen, beschäftigt hat. In welcher Relation stehen der zitternde (Fremd-) Körper und die rituellen Techniken seiner Ausdeutung? Könnte man – im Hinblick auf die Thematik des vorliegenden Sammelbandes – diesen ‚zitternden' Körper als biokybernetischen Operator oder Regulator von Übersetzungs- oder Transindividuationsvorgängen beschreiben, im Rahmen derer Handlungen verbunden, Teilhabeprozesse eröffnet (oder verhindert) und das Handlungsfeld in gleichem Maße konfiguriert, wie sie in jenem rekursiv modifiziert werden? Und welchen Erkenntnisgewinn kann diese Betrachtungsweise erzeugen?

E.S.: Wie gesagt, an eine „Überwissenschaft" namens Kybernetik kann ich nicht glauben, nur an ein Bündel von Theoremen und Orakeltechniken dieses Namens. Daher glaube ich auch nicht an den Triumph der Kybernetik in dieser

Gesellschaft damals oder heute, und auch die eingebaute Kybernetik in unseren Apparaten kann nicht durch Kybernetik begriffen werden. Die Leute, die Medien und ihre Beziehungen sind komplizierter als Kybernetik. Kybernetik beginnt als Anleitung zur Reduktion. Den Grundgedanken der Kybernetik nannte W. Ross Ashby „Isomorphie": Wenn man eine Schwarze Kiste nicht öffnen kann, weil sie so gebaut ist, dass sie dann auseinanderfliegt, kann man den Input und den Output durch eine Funktionsgleichung erschließen und diese Gleichung nachbauen. Dann arbeitet man mit der isomorphen Basteleinheit weiter. In den weitaus meisten Fällen war das, was als „Isomorphie" verhandelt wurde, allerdings nur eine „Homomorphie" oder Ähnlichkeit, also nur der Anfang eines Vergleichs und nicht sein Resultat. Wenn Bateson in seinem Kommentar zur Trance-Tafel von „Balinese Character" die Selbstregelung eines Kühlschranks oder einer Heizung heranzieht – „If the circuit is ‚on'; then it shall become off.' And ‚if it is ‚off'; then it shall become ‚on'." (Bateson 1975, S. 153) –, ist das keine echte Isomorphie, sondern erst einmal nur ein Begriff. Das Signal einer Klingel oszilliert zwischen „an" und „aus", der Klonus oszilliert zwischen „an" und „aus" der Muskelspannung. Mehr ist es ja nicht.

Wenn ich diese zentrale Passage kommentiere, dann am Besten in zwei Schritten. Zuerst: Warum die kybernetische Darstellung für Bateson so wichtig war; und dann, warum seine Erkenntnis für die Tranceforschung auch ohne kybernetisches Vokabular wichtig bleibt. Und so ist es ja oft in der Wissenschaftsgeschichte: Das, was früher einmal auch „context of discovery" genannt wurde, ergibt eine faszinierende Geschichte, aber sie kann auch in Vergessenheit geraten. Umgekehrt kann man daraus schließen, dass wir glänzende Ideen nicht deshalb abwerten sollten, weil uns ihre Quellen trübe oder verdächtig erscheinen. Wir brauchen eben auch immer wieder neue Orakeltechniken, um die chaotischen Zustände der Ideenfindung zu erzielen. Bateson suchte Zeit seines Lebens nach dem Stein der Weisen, insbesondere in epistemologischer Hinsicht. Und seine große Stärke lag darin, dass er bis zuletzt nicht wusste, ob dieser Stein der Weisen in der gestörten Signalquelle oder ihrer Entstörung liegen würde. Ende der 1940er dachte er, es sei die Typentheorie Russells und Whiteheads und das Lügnerparadox, aus dem schon bald der Stein der Weisen herausspringen würden. Aber war es die Typentheorie oder war es das Lügnerparadox selbst? Die wiedererlangte Konsistenz oder die Form einer logisch notwendigen Inkonsistenz? Im entscheidenden Moment zögerte Bateson, und er zögerte für immer. Wenn man bedenkt, dass aus diesem Zögern sowohl die Theorie des Double Bind als auch die Theorie der Rahmen und des Spiels hervorgehen sollten, die durch so unterschiedliche Leute wie Erving Goffman, Paul Watzlawick, Janet H. Beavin und Don D. Jackson oder Terence Turner weiterinterpretiert werden konnten, war das eine äußerst folgenreiche Unentschiedenheit. Im Grunde wissen wir bis heute nicht, worin die Konsequenzen des Epimenides bestehen. Batesons Unentschiedenheit und sein Zögern waren vermutlich die beste Wahl, oder eben auch Nicht-Wahl, weil er keine Wahl hatte.

Und Ende der 1940er hatte seine Epimenides-Faszination auch ganz kontingente Voraussetzungen. Eine ganz frühe Logikmaschine, „Computer" ist eigentlich zu viel gesagt, wurde Ende der 1940er am MIT, also in unmittelbarer Nachbarschaft von Wiener und Bateson, so konstruiert, dass sie fähig war, das Pendant zum Lügnerparadox zu modellieren. D. h., sie wurde dazu gebracht, die Frage zu entscheiden, ob der Ausdruck „nicht-selbstbezeichnend" nicht selbstbezeichnend ist oder nicht nicht selbstbezeichnend, also selbstbezeichnend. Diese Logikmaschine oder dieser Logik-Computer gab die richtige Antwort: Er verfiel in eine wilde Schwingung aus „Ja" und „Nein" im Wechsel, d. h., er oszillierte zwischen An und Aus, und damit wie eine Klingel. Diese Maschine nimmt einen gehörigen Raum im ersten Buch zur Popularisierung des Computers ein, „Giant Brains" (Berkeley 1949); sie wird in Norbert Wieners Kybernetik lobend erwähnt; und blieb in den 1950ern noch berühmt genug, um als Legende der frühen Computergeschichte zu dienen. Die Oszillationen der Logikmaschine sollen so stark gewesen sein, dass sie am Lügnerparadox auseinanderbrach – so die Legende. Diese damals sehr bekannte Logikmaschine muss für Bateson wie eine glatte Bestätigung der Homöostasen-Theorie von Walter B. Cannon gewirkt haben: Cannon hatte in seinem berühmten Aufsatz über „Voodoo Death" (Cannon 1942) geschrieben, dass es einen Zustand gibt, in dem der Organismus angestachelt wird, sich auf Flucht oder auf Angriff vorzubereiten. Cannon stellte fest, dass dieser Zustand extrem hilfreich und wirkungsvoll ist – unter anderem durch eine von Adrenalinausschüttungen hervorgerufene Schmerzunempfindlichkeit –, dass aber eine ständige Wiederholung oder Dauereinrichtung dieses Zustands den Organismus zusammenbrechen lässt. Vor allem dann, wenn weder Flucht noch Angriff möglich wird; wie etwa beim „Voodoo Death", einer Form der Verfluchung und der sozialen Ächtung, die den Tod bewirkt, sobald der Verfluchte an seine Unrettbarkeit glaubt.

Jetzt bin ich die Einzelelemente von Batesons Intuition durchgegangen, und sie ergeben eine höchst unwahrscheinliche Geschichte aus homomorphen Überblendungen: die Klingel, das Lügnerparadox, die Homöostasen des Körpers und die Homöostasen der als Organismus gedachten Gesellschaft. Maschinen, Organismen, Sozialbeziehungen, logische Beziehungen und ihre Verbindung durch die Fragestellung einer Oszillation. Ja, jetzt können wir seinen Satz besser verstehen, und vielleicht nur diesen einen Satz: „If the circuit is ‚on'; then it shall become off.' And ‚if is ‚off'; then it shall become ‚on'." Aber das sollte uns nicht davon abhalten, diese Intuition von dem zu unterscheiden, was man aus seinem Text zur Theorie der Trance lernen kann.

Streichen wir also einfach alles, was ich bisher gesagt habe, und kommen wir zum Kern des Geschehens, zur Ethnographie. Das Wichtigste an Batesons Kommentar ist, dass man überhaupt besser versteht, was er und Mead sich bei dieser Bild-Tafel gedacht haben. Und das, was sie sich gedacht haben, ist in der Tat enorm produktiv, und zwar so, dass man Bateson jede kybernetische Einkleidung gerne verzeiht. Was Bateson in „Some components of socialization for trance"[3] leistet, ist die Auflösung eines Rätsels, das die gesamte Tranceforschung betrifft: Warum reden die einen davon, dass eine fremde Macht in sie „eingefahren" ist oder sie „besessen" macht; und die anderen, dass ihre Seele „ausfährt" und sich vom Körper ablöst? Und warum reden wiederum andere davon, Körperteile oder Seelenanteile würden sich „verselbständigen" und ihrer Kontrolle und Gegenwehr nicht mehr gehorchen? Und warum geschieht das einerseits zwischen den Kulturen und zum anderen auch innerhalb einer Kultur und oft genug auch innerhalb eines einzigen Rituals oder einer einzigen Körpertechnik? Bateson gibt für diese drei oder mehr Möglichkeiten des Hinein, des Hinaus und der Verselbständigung eine einzige Antwort, und dass er dabei die Oszillation eines Apparats bemüht, fällt für mich nicht besonders ins Gewicht. Viel wichtiger ist, dass er eine praktische Technik anführt, die jeder nachvollziehen kann – wie erzeugt man einen Klonus? – und dass er jedem die Anleitung gibt, was man dabei empfinden kann, und wie unterdeterminiert diese Zuordnung der Handlungsmacht wirklich ist. Wenn das Knie „von selbst" zu zittern beginnt, sich also selbsttätig an- und ausschaltet, dann kann man die Empfindung kultivieren, dass (A.) eine Kraft von außen eingedrungen ist, (B.) ein Teil der eigenen Seele oder Bewusstheit über den Körper hinausdrängt oder „ausfliegt", oder eben (C.) sich ein Körperteil verselbständigt und mit ihm auch das, was diesen Körperteil im Bewusstsein durch die Ausführung von Intentionen kontrolliert. Jeder kann diese Übung kultivieren, man muss allerdings hinzusetzen: auf eigene Gefahr, was die Folgen der Gemüts-Dissoziation angeht. Wenn ich noch einen Ratschlag geben kann: Unempfindliche Gemüter sollten bei der Übung halluzinative Ornamente betrachten, empfindliche Gemüter davon Abstand nehmen. Die Übung kann sich auf die Selbst- und Fremdempfindung richten. Auch das gesamte hier bemühte Vokabular steht in der Beobachtung oder Selbstbeobachtung dieses Vorgangs auf dem Prüfstand: Es gibt keine

---

[3]Vgl. den Wiederabdruck von Batesons Text in diesem Band.

ideale Auflösung dieses Rätsels einer Bewegung, die „von innen" oder „von draußen" oder „von selbst" oder „gegen den Willen" empfunden wird, mit oder ohne Bewusstheit, Bewusstsein, Intentionalität oder Kraft, Macht, Handlungsmacht oder Handlungsinitiative. Nein, der Grundvorgang ist unterdeterminiert und er kann amüsierte Neugier oder tiefe Verunsicherung auslösen, schwere Trance und Erschütterung oder einen leichten Tagtraum und sein ebenso leichtes Abschütteln. Wie gesagt, Bateson gelingt es, die diametral entgegengesetzten Zuschreibungen der „Besessenheit", der „Ekstase" und des „Marionettenkörpers" zu plausibilisieren, und er löst damit ein Rätsel, das auch Ioan Myrddin Lewis (1971) mit größter Eindringlichkeit aufgestellt hat: Was für die einen „Besessenheit" ist, ist für andere ein „Flug" nach draußen; was für die einen befreiend und ekstatisch ist, ist für andere eine Bedrückung und ein Alp oder gar eine Verhexung, und das möglicherweise anhand derselben Symptome oder Empfindungen. Und das führt Bateson vor, sodass wir es durch dieselbe leichte Übungsreihe verstehen können, und dadurch auch verstehen, dass es in Bali wie in Südostasien insgesamt noch eine dritte Möglichkeit gibt, den zitternden Körper in Trance neu zu ordnen und zu segmentieren, und diese Segmentierung auf eine Weise zu üben, die uns fremd bleibt: analog zur Bewegung von Körperteilen oder Puppen an Fäden. Woher kommt das Signal, und warum stört es unser Ichgefühl? Und wenn es als Störung entsteht, wie gelingt es uns, diese Störung als Signal zu verstehen? Bateson gibt die Antwort.

Kommen wir zu den zur Anwendung kommenden Medien: In welchem Maße sind die Technologie des fotografischen Bildes und die soziotechnische Konstellierung der Blicke als relevante Faktoren in der Analyse des Rituals zu begreifen? Bateson selbst bezeichnet die Fotografien als „Daten", die er komparatistisch in eine Theorie überführen will. Wie ist der Übersetzungsvorgang eines auf der Basis teilnehmender Beobachtung beschriebenen Rituals in eine fotografische Bildserie zu beschreiben?

E.S.: Zuerst einmal sehen wir in den Fotos andere Medien, die zur Anwendung kommen, nämlich Kinder, die durch Fäden und Puppen in Trance versetzt werden und dabei lernen, wie man seine Extremitäten in Trance verselbständigt und in Tanzbewegungen versetzt, die wir nicht ausführen könnten. Das ist die Technologie, die Bateson in den Mittelpunkt stellt. Und außerdem ist es nicht nur die fotografische Serie, die er zusammenstellt, um das zu zeigen, sondern er nimmt die Kunst aus Bali und die Ikonographie von Rangda, der Hexe, hinzu. Ich denke, dass Bateson und Mead auf einer einzigen Tafel gelungen ist, was Charcot und Richer (1984) durch hunderte von Tafeln nicht gelungen ist: die elementaren Formen der Sozialisation, die Ästhetik und die spontane Erfahrung der Technik in einer Montage zusammenzustellen. Einer solchen Aussage kann man selbstredend widersprechen und in der Tat gab es heftige Kritik an „Balinese Character" wie auch an Batesons Rangda-Faszination, also dem Ritualkomplex, an dem er sich mit Mead auf Bali wie so viele andere Nicht-Balinesen abgearbeitet hat. Bateson hat auf Bali wie ein Besessener gefilmt und fotografiert, vielleicht war das in der Tat seine Feldforschung in „ciné-transe" (vgl. Rouch 1973). Diese Filme sind bis heute nicht ausgewertet oder neu geschnitten worden; und der einzige Film für die Öffentlichkeit wurde von Mead betreut und zum Teil verhunzt. Bleibt der sorgfältig zusammengestellte Atlas. Die Fotos in „Balinese Character" bilden einerseits einen Atlas und hier, bei der Trance, auch einen Film, also den Film, den Bateson nicht geschnitten hat. Eines Tages wird sicherlich jemand „Balinese Character" noch einmal verfilmen, hoffentlich mit der noch vorhandenen Footage. Dazu muss man vielleicht noch zwei Sachen sagen: Als Bateson und Mead „Balinese Character" montierten, gab es noch keine Methodik der AV-Sequenzanalyse, ja nicht einmal das Programm. Das Programm wurde erst von und mit Batesons Psychiatrieforschung aufgestellt, nämlich durch die „Natural History of an Interview" (McQuown und Bateson 1971) und deren Folgen. Erst danach gab es die Bewältigung dessen, was Bateson in Bali im Grunde immer schon vorausgesetzt hatte: eine Visuelle Anthropologie. Batesons fotografischer Blick auf Bali ist nicht vom Dokumentarfilm-Prinzip des „fly on the wall" geprägt, sondern von der ungenierten Provokation der Kamera-Arbeit. Das galt allerdings auch für seine Konkurrenten und Gegenspieler auf Bali: Die Nobeltouristen auf Bali verzerrten die Feldsituation durch die Bezahlung von Trance-Ritualen und führten eine Inflation ekstatischer Zustände herbei. Bateson und Mead versuchten sich von dieser Situation zwar zu distanzieren, gerieten dadurch aber wiederum in andere schwer einzuschätzende Situationen. Aufgrund des damaligen Culture-and-Personality-Denkens gingen sie ohnehin davon aus, dass die grundlegenden Sozialisations- und Bewegungsmuster so durchdringend sein würden, dass sie gut erkennbar und stabilisierbar waren. Wenn wir diese Voraussetzung in unserer Gesellschaft anwenden würden, kämen wir zu einer ziemlich unverschämten Kulturauffassung, aber auch zu einer ziemlich interessanten Datenaufnahme. Alles ist auf einmal „typisch für" ein Muster, "ein Symptom" einer tieferliegenden Struktur oder „ein Beispiel" für mögliche Verallgemeinerungen. In diesem Sinne sind diese Bilder für Mead und Bateson „Daten" gewesen, also Daten für „typische Muster", die man durch Vergleiche herausfinden konnte, also durch das, was Karl Mannheim eine „dokumentarische Methode" genannt hat (1923, vgl. Weller 2005).

*Wie ist Bateson zufolge der Körper in Trance als Kreuzungspunkt von Steuerungs-
prozessen zu sehen, der in einem Spannungsfeld zwischen Räumlichkeiten, Personen
und Einschreibungen (Tanzbewegungen) situiert wird? Und welche Relation
besteht zwischen dem Körper und der, von Bateson im Rekurs auf die Kybernetik
ersetzten, psychoanalytischen Idee einer inneren Struktur (Ich, Selbst) durch Ideen
über Beziehungsmuster, zirkuläre Prozesse, Kontext und Vernetzung? Welche
Relevanz zeitigt dies für einen prozessual zu verstehenden Teilhabebegriff, der die
Beobachtungseinheit des Dazwischen bzw. die reflektierte Konstruktion etabliert?*

E.S.: Ich denke, die eigentliche Schwierigkeit besteht nicht in diesen Begriffen, sondern darin, dass „Balinese Character" ein Solitär geblieben ist. In gewissem Sinne gilt das auch für „*Naven*", aber für Melanesien haben wir natürlich eine ganze Reihe von ausgezeichneten Ritualstudien und mehrere Anschlüsse an Batesons Theorien. Der Atlas und die visuelle Anthropologie von „Balinese Character" hingegen sind nie wiederholt worden, und das macht es so schwer, die ethnographische, aber auch die psychologische und ästhetische Leistung der beiden einzuschätzen. Nachdem Bateson Kalifornien verlassen musste, hat er nie den Weg in die Ethnologie zurückgefunden, und andererseits das, was er durch die Kybernetik formuliert hatte, nie aufgegeben. „Some components of socialization in trance" ist in gewissem Sinne sein ethnologisches Vermächtnis und sein letzter ethnographischer Kommentar. Man sieht, was er noch alles hätte kommentieren sollen; und vor allem kann man nachlesen, wie er über die Hälfte des Textes das gesamte Grundvokabular der Verhaltenswissenschaften auf den Prüfstand stellt. Es bleibt nicht viel übrig, außer das, was nachweisbar sozialisierbar und beurteilbar gemacht wird, also das, was die Einheimischen sozialisierbar und beurteilbar, lehr- und lernbar machen, und zwar ganz körperlich. Die didaktische Einleitung Batesons, die ungefähr die Hälfte des Textes ausmacht, ist extrem kunstvoll und nützlich. Dann kommt er zum Punkt des „anderen Denkens" der Balinesen. Sie haben eine andere Theorie des „Selbst", denn auch Körperglieder können ein „Selbst" haben und sich „verselbständigen", oder anders: Sie können ihrem Selbst Ausdruck verleihen. Vielleicht sagen wir etwas Ähnliches, wenn sich unsere Körperglieder durch Schmerzen und Krankheiten verselbständigen, aber wir sagen es, ohne es in allen Belangen so zu empfinden. Vielleicht ist es auf Bali intensiver: Die Empfindung nimmt das auf, was wir sagen. Andererseits hat Bateson in einem seiner schönsten Aufsätze die Persön-lichkeitstheorie der Anonymen Alkoholiker gerechtfertigt und systemtheoretisch überhöht (1971), und dort geht es um die Anerkennung der Kapitulation des Selbst vor einer Form der Besessenheit (oder einer untilgbaren Verselb-ständigung oder einer periodischen Unverantwortlichkeit) und der Anerkennung, dass nur noch ein Nicht-Selbst den Zirkel aus Selbsttäuschung und Selbstverlust beheben kann. Der Körper in Trance kann gemäß Batesons elementarer Zitter-Einsicht ebenfalls ganz unterschiedlich empfunden werden: Als eine zu erreichende Nicht-Körperlichkeit, deren Körper man reglos hinter sich lässt, um ihm zu entfleuchen; oder als reine Körperlichkeit, derer sich ein Geist in Trance als „Pferd" bedient. Der Körper wird überwunden oder die Erscheinung wird ein Agens, das man nur an seinen körperlichen Auswirkungen erkennen kann; oder der eigene Körper wird ein Marionettenkörper, der so virtuos und schwerelos beweglich wird, weil er einer externen oder internen Kraft keinen Widerstand mehr entgegensetzt und daher auch nicht mehr „körperlich" wirkt, sondern wie ein Kleidungsstück. Also gibt es wie beim Hinein, Hinaus und Verselbständigen der Bewegung mehrere diametral entgegengesetzte Möglichkeiten dessen, was hier Körper oder Leib sein soll: keinen Körper mehr zu haben, nur noch Körper einer fremden Macht oder ihre Bekleidung zu sein. Und die Erscheinungen beruhen wechselweise auf anderen Körpern, auf körperlicher Übermacht oder auf Unkörperlichkeit. Und nicht zu vergessen: Weil wir diese Erfahrungen in diesen verschiedenen Extremen erleben können, hintereinander und anhand derselben Symptome, bleibt eine weitere Grundgröße dieser Welt die tiefe Verwirrung, die entsteht, wenn wir die Zurechnungen nicht erlernt haben oder versuchen, sie eigenständig zu bestimmen oder loszuwerden. Es gibt daher nicht eine Antwort auf die Fragen von Selbst, Körper und Trance, nicht einmal innerhalb einer Kultur oder innerhalb eines einzigen Rituals. Die Grundvoraussetzung besteht darin, dass es diese Antwort nicht geben kann, und dass die ungebändigte Verwirrung und Verstörung des Anfängers den Spielraum der technischen Zurichtung markiert. Die fundamentale Beunruhigung bleibt auch bei Virtuosen, und sie ist das, was ein Medium von einem Werkzeug unterscheidet: Dass es sich um eine Vermittlung handelt, die innerhalb einer einzigen Situation multiple Situationen der Zuschreibung und multiple Situationszuschreibungen eröffnet.

Literatur

Bateson, G. (1958). *Naven. A survey of the problems suggested by a composite picture of the culture of a New Guinea tribe drawn from three points of view.* Stanford: Stanford University Press.
Bateson, G. (1971). The cybernetics of the ‚self': A theory of alcoholism. *Psychiatry, 34,* 1–18.
Bateson, G. (1975). Some components of socialization for trance. *Ethos, 3*(2), 143–155.
Berkeley, E. C. (1949). *Giant brains or machines that think.* New York: Wiley.

Borck, C. (2014). Die Weisheit der Homöostase und die Freiheit des Körpers. Walter B. Cannons integrierte Theorie des Organismus. *Zeithistorische Forschungen/Studies in Contemporary History, 11,* 472–477.

Cannon, W. B. (1932). *The wisdom of the body.* New York: W.W. Norton Company.

Cannon, W. B. (1942). "Voodoo" death. *American Anthropologist, 44*(2), 169–181.

Charcot, J.-M., & Richer, P. (1984). *Les Démoniaques dans l'art.* Paris: Macula.

Deleuze, G., & Guattari, F. (1980). *Capitalisme et Schizophrénie. Mille Plateaux.* Paris: Minuit.

Glanville, R. (1988). In jeder White Box warten zwei Black Boxes, die herauswollen (1975). In R. Glanville (Hrsg.), *Objekte* (S. 119–147). Übersetzt von Dirk Baecker. Berlin: Merve.

Helmreich, S. (2001). After culture: reflections on the apparition of anthropology in artificial life, a science of simulation. *Cultural Anthropology, 16*(4), 612–627.

Henderson, L. J. (1932) An approximate definition of fact. *University of California Studies in Philosophy, 14,* 179–199.

Henderson, L. J. (1935). *Pareto's general sociology.* Cambridge: Harvard University Press.

Homans, G. C. (1947). A conceptual scheme for the study of social organization. *American Sociological Review, 12*(1), 13–26.

Kittler, F. A., Berz, P., Hauptmann, D., & Roch, A. (2000). Read me first (als Nachwort). In C. E. Shannon (Hrsg.), *Ein/Aus. Ausgewählte Schriften zur Kommunikations- und Nachrichtentheorie* (S. 329–333). Berlin: Brinkmann & Bose.

Kroeber, A. L. (1952). *The nature of culture.* Chicago: The University of Chicago Press.

Lewis, I. M. (1971). *Ecstatic religion: An Anthropological study of spirit possession and shamanism.* London: Penguin Books.

Mannheim, K. (1923). *Beiträge zur Theorie der Weltanschauungsinterpretation.* Wien: Österreichische Verlagsgesellschaft E. Hölzel & Co.

McQuown, N. A., & Bateson, G. (1971). *The natural history of an interview.* Chicago: University of Chicago Library.

Parsons, T. (1937). *The structure of social action. A study in social theory with special reference to a group of recent European writers.* New York: McGraw Hill.

Pias, C. (Hrsg.). (2003). *Cybernetics\Kybernetik. The Macy-Conferences 1946–1953* (Bd. 1). Berlin: diaphanes.

Pias, C. (Hrsg.). (2016). *Cybernetics: The Macy conferences 1946–1953. The complete transactions.* Berlin: diaphanes.

Rouch, J. (1973). Essai sur les avatars de la personne du possédé, du magicien, du sorcier, du cinéaste et de l'ethnographe. In: G. Dieterlen (Hrsg.), *La notion de personne en Afrique noire* (S. 528–544). Paris: L'Harmattan.

Shannon, C. E., & Weaver, W. (1949). *The mathematical theory of communication.* Champaign: University of Illinois Press.

Valéry, P. (1934). *Note sur l'idée de dictature.* Paris: Plon.

Walras, L. (1954). *Elements of pure economics.* Crows Nest: Allen and Unwin. (Erstveröffentlichung 1874–77).

Weller, W. (2005). Karl Mannheim und die dokumentarische Methode. *Zeitschrift für qualitative Bildungs-, Beratungs- und Sozialforschung, 6*(2), 295–312.

Wiener, N. (1948). *Cybernetics or control and communication in the animal and the machine.* New York: Wiley.

Erhard Schüttpelz ist Professor für Medientheorie an der Universität Siegen und war Sprecher des DFG-Graduiertenkollegs „Locating Media" sowie Sprecher des SFB „Medien der Kooperation". Seine Forschungsschwerpunkte sind Literatur- und Mediengeschichte der globalisierten Moderne, Wissenschaftsgeschichte der Medientheorie und der Ethnologie. Er ist Autor von *Die Moderne im Spiegel des Primitiven. Weltliteratur und Ethnologie 1870–1960* (2005) und Mitherausgeber von *Connect and Divide. The Practice Turn in Media Studies* (2019), *Akteur-Medien-Theorie* (2013), *Trancemedien und Neue Medien um 1900. Ein anderer Blick auf die Moderne* (2009).

Beate Ochsner ist Professorin für Medienwissenschaft an der Universität Konstanz und Sprecherin der DFG-Forschungsgruppe „Mediale Teilhabe. Partizipation zwischen Anspruch und Inanspruchnahme". Sie leitet dort das Projekt „Technosensorische Teilhabeprozesse. App-Praktiken und Dis/Ability". Ihre Forschungsschwerpunkte sind Kulturen der Teilhabe, audiovisuelle Produktion von Behinderung, Praktiken des Nicht/Hörens und Nicht/Sehens, Medien/Kultur/Produktion, auditorische Ökologien sowie Medientheorie und -ästhetik. Zu rezenten Publikationen gehören Oikos und Oikonomia oder: Selbstsorge-Apps als Technologien der Haushaltung. *Internationales Jahrbuch für Medienphilosophie* (2018), Talking about Associations and Descriptions or a Short Story about Associology. In Dies./M. Spöhrer (Hrsg.), *Applying the Actor-Network Theory in Media Studies* (2017) und Documenting Neuropolitics: Cochlear Implant Activation Videos. In H. Hughes & C. Brylla (Hrsg.), *Documentary and Disability* (2017).

Robert Stock ist Koordinator der DFG-Forschungsgruppe „Mediale Teilhabe. Partizipation zwischen Anspruch und Inanspruchnahme" und dort assoziierter Postdoktorand im Projekt „Technosensorische Teilhabeprozesse. App-Praktiken und Dis/Ability". Zu seinen Forschungsschwerpunkten gehören mediale Praktiken des Sehens und Hörens, Disability Sound & Media Studies, Dokumentarische Filme und Behinderung, kulturwissenschaftliche Tier-Studien, filmische Zeugenschaft und luso-afrikanischer Film. Aktuelle Publikationen sind Musik-Filmische Teilhabekonstellationen als Partizipationsversprechen und situiertes Wissen in The Queen of Silence (2014) und And-Ek Ghes… (2016). In *Paragrana. Internationale Zeitschrift Historische Anthropologie* (2019) und Singing altogether now. Unsettling images of disability and experimental filmic practices. In H. Hughes & C. Brylla (Hrsg.), *Documentary and Disability* (2017). Er ist Mitherausgeber von *senseAbility – Mediale Praktiken des Sehens und Hörens* (2016, zus. mit B. Ochsner).

Some Components of Socialization for Trance

Gregory Bateson

Abstract

Let me be clear from the beginning that by "components" I do not mean events or pieces of events that can be counted to become members of a statistical sample. I am doubtful whether in human behavior there are any such. In certain games, such as baseball and cricket, the named actions of the players appear to be repeated many times over and upon the samples so created a sort of statistic can be computed, assigning "batting averages" and the like to the various players; and such "averages" are indeed a rough indication of "better" and "worse." But it is clear that every play of the game is unique and that every ball pitched or bowled is conceptually inseparable from others, forming with them a larger strategy. The most elementary requirement of statistics – uniformity of sample – is therefore not met.

Keywords

Bali · Trance · Tanz · Sozialisierung · Körper

Wiederabdruck von Bateson, Gregory (1975): Some Components of Socialization for Trance. *Ethos* 3(2), 143–155. In den eckigen Klammern sind die Seitenangaben des Originalabdrucks verzeichnet. Wir danken AnthroSource Wiley Online Library für die freundliche Genehmigung des Abdrucks.

G. Bateson (✉)
Gregory Bateson is a Fellow of Kresge College, at the University of California, Santa Cruz, USA

© Springer Fachmedien Wiesbaden GmbH, ein Teil von Springer Nature 2020

B. Ochsner et al. (Hrsg.), *Affizierungs- und Teilhabeprozesse zwischen Organismen und Maschinen,* Technikzukünfte, Wissenschaft und Gesellschaft / Futures of Technology, Science and Society, https://doi.org/10.1007/978-3-658-27164-0_6

Let me be clear from the beginning that by "components" I do not mean events or pieces of events that can be counted to become members of a statistical sample. I am doubtful whether in human behavior there are any such. In certain games, such as baseball and cricket, the named actions of the players appear to be repeated many times over and upon the samples so created a sort of statistic can be computed, assigning "batting averages" and the like to the various players; and such "averages" are indeed a rough indication of "better" and "worse." But it is clear that every play of the game is unique and that every ball pitched or bowled is conceptually inseparable from others, forming with them a larger strategy. The most elementary requirement of statistics – uniformity of sample – is therefore not met.

"Into the same river no man can step twice," not because the universe is in flux, but because it is organized and integrated.

The behavioral stream of events, like baseball or cricket, is segmented in time; and this segmentation is not to be violated by treating its numbers as quantities. As in the segmentation of an earthworm, each segment can have an ordinal name from "first" to [144] "last," but no cardinal number can be applied. The total number of segments, whether in the worm or the game, is the name of a pattern. Segmentation is itself not a quantity; it is a component or premise of the morphology of the worm.

But still there is an economy, a parsimony of description to be gained by recognizing the repetitive character of the segments, whether these be of life or of game or of worm. We shall require fewer words and phrases, fewer linguistic bits, in our description if we take advantage of the repetitive and rhythmic nature of what is to be described.[1] In seeking for components of socialization, it is such a parsimony that I would hope to achieve. My ultimate goal is simple and not very ambitious. It is merely to discover a few notions, a few categories, which can be used over and over again.

But in the whole realm of behavioral science, our ignorance is perhaps most conspicuously medieval when we pose questions about the classification of sequences of behavior. We have a whole host of words which name *classes* of action without identifying the members of the class. For some unknown reason, we cannot spell out the characteristics of any of these classes: What is "play"? What is "aggression"?

---

[1] In the wide biological field, where description must be passed on from one generation to another, a similar parsimony is de rigeur. This necessity explains (for me) the phenomena of *homology*, both phylogenetic and metameric.

"He picked up his pen," "the cat scratched him," "he was hurrying," "she ate the steak," "he sneezed," "they quarreled," etc., etc. Not one of these descriptive statements can be classified without more information.

Here is an exercise: consider for each of the above statements what you would need to know in order to say "that was play" or "that was exploration" or "practice" or "histrionics" or "humor" or "somnambulism" or "aggression" or "art" or "courtship" or "love" or "mourning" or "exploration" or "manipulation" or even "accident." "Ritual" or "magic"? Or was it mere "spinal reflex"?

And are any of these categories mutually exclusive?

It is not too much to say that a science of psychology might begin here. If we only knew what that rat or that graduate student was doing while he was "acting" as "subject" of our "experiment"! And what are those men with masks in New Guinea doing? Is it "dancing"? Is that actor "pretending" to be Hamlet?

The exercise is nontrivial.

[145] Note first of all that such exercises concern how we, the observers, shall classify the items of behavior. How shall *we* structure our description? And what, if you please, is an "item" of behavior?

But these primary questions turn on another more difficult. What we are watching are not the impacts of billiard balls but of organisms, and they in turn have their own classification and structuring of the events in which they participate. The rat has surely a much more complex structure than the earthworm, and the structure is, surely, more complex again for the graduate student, though he, at least, will try to help the observer by trying (and seeming) to do what is asked of him. Our first task is to learn how the subject structures his living. Only after that is done can we build a "psychology," a science of biological categories.

This indeed is the trap of the laboratory in which the experimenter is caught: that the units of behavior are defined by the *structure of the experiment,* which structure is unilaterally determined by only one of the participants ... and that the wrong one. Under such circumstances, the only units that can be investigated must always be simpler, smaller, and of lower logical type than the structure of the experiment. It is all very well to perform an experiment with a "naïve" rat. When he becomes "test wise," the sophistication of the experiment will have to transcend that test wisdom.

This need to transcend, that is, to use in the explanations, propositions of higher logical type than the descriptive proposition used in the explanandum, has a logical corollary in the familiar rule that no scientific hypothesis can ever be verified by inductive procedure. The proposition of lower type can contradict but never verify that of high type. This rule is especially cogent when the explanandum contains propositions such as ideas in the heads of rats and people.

Finally, what about cultural contrast? How, if at all, can the anthropologist recognize "play," "manipulation," and so on, among people of another culture? And what about dolphins and octopuses?

All of these questions are embarrassing and all must be faced to make sure that we do not claim insight to which we are not entitled by our experience, but I, personally, do not believe that the gross difficulty of these questions makes invalid all attempts to understand what goes on in other cultures and among non-human organisms.

As it seems to me, there are several components of our problem which suggest that it may be not insoluble and which, conversely, [146] suggest that research which ignores all these advantageous components is likely to be a tilting at epistemologically monstrous windmills. First, "socialization" (by definition) requires *interaction,* usually of two or more organisms. From this it follows that, whatever goes on below the surface, inside the organisms where we cannot see it, there must be a large part of that "iceberg" showing above surface. We, biologists, are lucky in that evolution is always a co-evolution and learning is always a co-learning. Moreover, this visible part of the process is no mere by-product. It is precisely that production, that set of appearances, to produce which is supposedly the "goal" of all that learning which we call "socialization." Moreover, this aggregate of externally observable phenomena, always involving two or more "persons,"[2] contains not only what has been learned but also all the imperfect attempts of both persons to fit together in an ongoing process of interchange.

Above all, out there and imaginable for the scientist, are the *contexts* of all those failures and successes that mark the process of "socialization."

In other words, the scientist who would investigate "socialization" is lucky in that nature displays before him phenomena that are already *ordered* in two ways that should be of interest to him. He can observe "out there" both the *actions* of the interacting persons and, by a sort of inductive perception, the *contexts* of these actions.

Clearly a first step in defining units or parts of the process of socialization will be the explication of these two levels of order: the "actions" and the "contexts."

Before illustrating this program, however, a word must be said about those phenomena that are only *subjectively* observable. I can know something of the inner determinants of my own actions, and something of what the *contexts* of

---

[2]The "person," after all, is the *mask.* It is what is perceivable of a human organism. It is a unilateral view of the interface between one organism and another.

my actions look like to me. But how much egomorphism should I allow myself in interpreting the actions and contexts of others? No final answer can be given, since both internal and external sources of information are certainly valuable – especially as corrective of each other. The excesses of "behaviorism" can only be corrected by empathy, but the [147] hypotheses that empathy proposes must always be tested in the external world.

Without identification of context, nothing can be understood. The observed action is utterly meaningless until it is classified as "play," "manipulation," or what not. But contexts are but categories of the mind. If I receive a threat from him, I can never get empirical validation of my interpretation of his action as "threat." If his threat is successful and deters me from some action, I shall never be sure that he was really threatening. Only by calling his bluff (and was it "bluff"?) can I get an indication of how he *now* at this later moment and in this new context of my "calling his bluff," classifies his potential threat. *Only* by use of introspection, empathy, and shared cultural premises – the products of socialization – can anybody identify how context appears to another.

One form of habitual error can, however, be pilloried. This is the trick of drawing a generalization from the world of external observation, giving it a fancy name, and then asserting that this named abstraction exists *inside* the organism as an explanatory principle. Instinct theory commonly takes this monstrous form. To say that opium contains a dormitive principle is no explanation of how it puts people to sleep. Or do the people contain a dormitive instinct that is "released" by the opium?

What is important is that the conscious use of introspection and empathy is always to be preferred to their unconscious use. When all is said and done, we are still human and still organisms, and it is silly not to compare what we personally know about being human with what we can see of how other people live, and silly not to use what we humans know of living as a background for thinking about the being of other species. The *difference* between man and planarian must be enlightening because these two creatures resemble each other more than either resembles a stone.

What is disastrous is to claim an objectivity for which we are untrained and then project upon an external world premises that are either idiosyncratic or culturally limited. Biology, alas, is still riddled with hypotheses that are unconscious proj~ctions upon the biosphere of social philosophies generated by the Industrial Revolution. It was right – and inevitable – for Darwin and the others to create hypotheses out of the climate of their own culture and epoch, but disastrous to not see what they were doing.

The danger inherent in the use of subjective insights is not that [148] these are necessarily wrong. The subjective view is, in 1974, still the richest and most rewarding source of understanding in biology. (So little do we know of the nature of life!) The danger arises from what seems to be a fact of natural history: that the insights given by introspection and empathy seem irresistibly true. Like the axioms of Euclid, the premises of subjective insight seem "self-evident."

With this caveat regarding the subjective, I now return to the two species of order – the actions and the contexts of action – which characterize the observable part of socialization, and I ask what dues to the understanding of this external order can be derived from my own internal experience of living. As I see it, the fundamental idea that there are separate "things" in the universe is a creation of and projection from our own psychology. From this creation, we go on to ascribe this same separateness to ideas, sequences of events, systems, and even persons.[3] I therefore ask whether this particular psychological habit can be trusted as a clue to understanding the order or sorts of order that are (expectably)[4] immanent in the socialization process; and the answer is not what naive positivism might lead us to suspect. The more complex entities – ideas, sequences, persons, and so on – seem to be suspiciously intangible and suspiciously devoid of limiting outlines, and we might therefore be led to suppose them illusory, creations only of the mind and, therefore, to be distrusted in scientific analysis.

But, precisely at this point, there is a paradoxical reversal: the socialization that we try to study is a *mental* process and therefore only the productions and processes of mind are relevant. The dissection of experience into ideas, sequences, and events may be "really" invalid but certainly the occidental mind really thinks in terms of such separations. If, therefore, we are to analyze processes of socialization we must examine and map these separations and, by this act of separating a group of phenomena, I commit myself to natural history. My aim is to study those separations (valid or not) that [149] characterize the thought of those whom I study, of whom "I" am one.

This leaves conspicuously unanswered the analogous question about the organization of mind in the Orient and elsewhere. From an external view of what

---

[3]Opinions differ as to which separating line was primary. Some suppose that the first distinction is that between self and notself.

[4]Note that already the psychological habit of isolating and naming processes as if they were things creeps in with this word "expectably" and with my reference to *the* socialization process. But are there any total divisions between things? Is there a place or time where one thing begins and another ends? If so, then clearly there could be no causal or logical interaction between them.

is reported, it seems that there are several arduous pathways by which experience of other ways of knowing can be achieved. Some of these other epistemologies are also accessible to Westerners by pathways not less arduous. What is reported by East and West alike is that, in these special states of mind, the way of knowing is precisely *not* organized in separate or separable *gestalten*.

In the jargon of this essay, it seems that for these states there are no separable components of socialization and possibly no meaning attachable to "socialization." Or perhaps such words could refer only to some buzzing of irrelevant memory, recalling other more prosaic states.

For the mystic shares with the pragmatist that fact of natural history – whereby the premises of mind, in whatever state it be, seem self-evident. His thoughts may be more abstract and perhaps more beautiful. From where the mystic sits, the premises of the pragmatic and the egocentered will appear parochial and arbitrary, but his own premises are, for him, completely self-evident.

In sum, what can be said about the mystics defines our upper limit, an upper level of abstraction into which we need not pursue the search for data, since socialization is not there, but *from* which we can look out at the data generated in other levels. The epistemology onto which we map the facts of socialization must be more abstract than the facts to be mapped.

Gradually the outlines of how to think about components of socialization or about any sort of mental change begin to appear. We are to concern ourselves with the psychologically "self-evident" and with a premise that the psychologically self-evident is divisible into components. This latter premise, is, itself, self-evident at the psychological level where the components appear to be (and therefore *are)* separable. But at a higher level of abstraction, where the mystics live, it is claimed that such separation is not only not selfevident, it is almost inconceivable. It is some traveler's tale from the world of illusion or *maya*. The mystic may laugh at us but still [150] the task of the anthropologist is to explore the world of illusion, perhaps with the eyes and ears of the mystic.

To be "self-evident," a proposition or premise must be out of reach and unexaminable: it must have defenses or roots at unconscious levels. Similarly, to be "self-evident," a proposition or premise must be either self-validating or so general as to be but rarely contradicted by experience.

Enough has now been said to be background for considering a cluster of cultural phenomena in an attempt to recognize components that shall compose the socialization "behind" those cultural phenomena.

The most direct approach is that of looking at sequences of interchange between parents or other teachers and children in which the former are "socializing" the latter. Margaret Mead and I have provided data for such a study on a rather large scale in *Balinese Character,* where data in actual socialization are set side by side with other Balinese material. In this book, the plates, each with from five to nine pictures, were built according to what we thought or felt were cultural and characterological themes. These themes do not appear, however, in the naming of the plates, which is done in terms that appear to be episodic or concrete: "Cremation," "Cock Fighting," "Eating Snacks," "A Bird on a String," "Fingers in Mouth," and so on. But, in fact, every plate is a complex statement, illustrating either different facets of some quite abstract theme or the interlocking of several themes.

Each picture is raw data except for the fact of selection – the aiming of the camera and the choice of the particular print for reproduction. Beyond that, of course, the juxtaposition of the various pictures on the plate is, necessarily, ours. It is our first step towards computing some sort of theory from the data. The method is comparative but not statistical, reticulate rather than lineal.

Faced with these data, I ask again whether there is a useful species of component of culture? Are the themes useful in the formal sense that by recognition of them we can describe the Balinese culture and socialization in a more economical manner?

Consider plate 17, which is entitled "Balance." The two preceeding plates (15 and 16) are called "Visual and Kinaesthetic Learning I" and "Visual and Kinaesthetic Learning II." The three plates following "Balance" are called "Trance and *Beroek* I," "Trance and [151] Beroek II," and "Trance and Beroek III." The whole series of six plates from plate 15 to plate 20 are interrelated. (In addition, plate 17 in my copy has on it a penciled note in my handwriting: "This plate should more appropriately follow the series on ‚Elevation and Respect‘ and point up the balance problems of the elevated. Cf. also ‚Fear of Space‘ (plate 67) and ‚Fear of Loss of Support‘and ‚Child as (elevated) God‘ (plate 45)."

In a word, the book is built in such a way that the interlocking nature of the themes is stressed and their separateness as "components" is made most difficult to disentagle. I have chosen the "Balance" plate for this essay because it illustrates a point of meeting of many different themes.

The context of plate 17 is described in the book as follows:

> Plates 14, 15, and 16 taken together give us indications about the Balinese body image. We have, on the one hand, the fantasy of the inverted body with its head on the pubes; and on the other, the Balinese method of learning through their muscles, the discrepant muscular tensions which are characteristic of their dancing, and the independent movement and posturing of the separate fingers in dance. We have, in fact, a double series of motifs – indications that the body is a single unit as perfectly integrated as any single organ, and contrasting indications that the body is made up of separate parts, each of which is as perfectly integrated as the whole.

This plate illustrates the motif of the perfectly integrated body image, while Plates 18, 19, and 20 illustrate the fantasy that the body is made up of separate parts and may fall to pieces *(beroek)*.

The nine pictures which make up "Plate 17, Balance," are as follows:

Two frames of a small boy learning to stand and walk while holding on to a horizontal bamboo. In the second picture he holds onto his penis in addition to the bar. (Other records not reproduced in this book support the proposition that male toddlers hold onto their penes when balance is precarious.)

One frame of a small girl, with hands holding each other in front of her belly.

One frame of a child nurse stooping to pick up a baby and one of an adolescent girl stooping to pick up an offering.

One frame shows a small boy scratching his knee. He simply stands on the other leg and lifts the knee to within reach of his [152] hand. (Again there is massive support in the data for saying that Balinese movement is extremely economical. They contract just those muscles needed for each action.).

The three remaining frames are of works of art representing witches in different stages of transformation. It seems that to embark upon a horrendous "trip" in the realms of altered consciousness a woman should go out in the night with a small altar, a live chicken, and small offerings *(segehan)* for the chthonic demons. All alone she will then dance with her left foot on the chicken and her right hand on the altar. As she dances she will gradually assume the shape and appearance of the witch *(Rangda)*.

In other words, whether or not the Balinese "know" what they are doing and intend this outcome, they somehow sense and recognize in art that their kinesthetic socialization prepares the individual for altered consciousness – for a temporary escape from the ego-organized world.

The use of dance as an entry into ecstasy and an ego-alien world is ancient and perhaps worldwide, but the Balinese (and perhaps every people) have their particular version of this pathway. Plates 15 and 16 together with 18, 19, and 20 illustrate the matter.

Balance is a partly involuntary and unconscious business, dependent on "spinal reflexes." When provided with appropriate context, these reflexes go into oscillation that is called "clonus," a phenomenon that is familiar to everybody and which is easily produced. (While sitting, place the leg with thigh horizontal and foot supported on the floor. Move the foot inwards towards you so that the heel is off the floor and the ball of the foot supports the weight of the leg. When the weights and angles are correctly adjusted, an oscillation will start in the muscle of the calf with a frequency of about six to eight per second and an amplitude of about half an inch at the knee. This oscillation is called *clonus* in neurophysiology and is a recurrent series of patellar reflexes, generated in a feedback circuit. The effect of each contraction is fed back as a modification of tension to the calf muscle. This change of tension triggers the next patellar reflex.).

The process of clonus involves three propositional or injunctional components: two of these are the usual paired components of any cybernetic oscillation which generate the sequential paradox in, for example, a buzzer circuit. In words: "If the circuit is 'on'; [153] then it shall become 'off.'" And "if it is 'off'; then it shall become 'on.'" But, in addition to these two contradictory components, there is a process that sets values for the parameters of the whole system. The thresholds or other components of the oscillation can be changed by "meta" injunctions that presumably come from the brain. The two contradictory components are immanent in spinal cord and muscle.

The potentially ego-alien nature of such action is basic. Anybody, by ignoring (repressing the perception of) the meta-injunctions that control the parameters, can have the reflexive experience of seeing his or her leg engage in involuntary movement; and this oscillatory trembling can serve the same function as that of involuntary hand movements in the induction of hypnotic trance. The involuntary movement is first a detached object of perception: "I" see my leg move but "I" did not move it.

This detachment of the object proposes then two lines of development: 1) the possibility of "out of body experience," and 2) the possibility of integrating to perceive the body as an autonomous, ego-alien entity. Either the detached "I" or the detached "body" can become the focus of elaboration. Of these paths, it is the second that Balinese follow so that, by a curious inversion, the word *"raga,"* which seems to have the primary meaning of "body," comes to mean "self."

By extension from the experience of clonus, the various perceivable parts of the body become, in fantasy or mystic experience, each separately animated. If the arm or the leg can act of its own accord – (and, indeed, clonus is a completed self-corrective circuit; it is a true aliveness) – then a similar separate aliveness can be expected and can be found in any limb.

The Balinese cemetery is haunted not by whole ghosts but by the ghosts of separate limbs. Headless bodies, separate legs, and unattached arms that jump around and sometimes a scrotum that crawls slowly over the ground – these are the boggles of Balinese fantasy.

From this it is a small step to perceiving the body as a puppet or to imagining such supernaturals as *Bala Serijoet* (plate 20, fig. 4), the "Multiple Soldier" whose every joint – shoulders, elbows, knees, ankles, and so on – is separately animated and provided with an eye.

These fantasies generate or are generated by a paradox, a dialectic [154] between integration and disintegration. Is there a whole? Or is it only parts? Or are the parts combined into a whole? And this paradox of disintegration-integration proposes a whole spectrum of entities, ranging from separated animated limbs to such supernaturals as *Sangiang Tjintjia* or *Betara Tunggal* (plate 20, fig. 6). This is the totally detached, totally integrated, "God of god," *(Dewaning Dewa)*. He is completely integrated, sexless, enclosed within his own effulgence and totally withdrawn.

It is my impression, though I do not recall any Balinese telling me this, that as the woman by occult practices can cause her own transformation into the form of the Witch of witches *(Rangdaning Durga),* so also by occult practices the adept becomes transformed into a supernatural of the *Sangiang Tjintjia* genus.

Plates 16 and 18 illustrate another aspect of the character formation that centers in balance. In both of these plates the kinesthetic integration of the individual is invaded. His or her individuation is violently destroyed to achieve a new integration.

In plate 16, the famous dancer, Mario, teaches a preadolescent boy to dance, forcibly guiding the pupil's hands and body into the correct postures and almost throwing him across the dancing space.

In plate 18, two little girls are put into the trance state in which they will dance. The procedure is a little complicated: two dolls, weighted with bells, are threaded on a string about fifteen feet long which is strung between two vertical bamboo sticks. The sticks are held by two men in such a way that clonus in their biceps will change the tension in the string causing the dolls or *dedari* (angels) to dance up and down, while the weighted dolls provide a feedback promoting the clonus in the men's arms. When the *dedari* are dancing fast, the girl who is to go into trance takes hold of the shaking stick so that she is violently shaken by the man's clonus.

Meanwhile the crowd around is singing songs about *dedari.* The girl's action in holding the stick breaks the rhythm of the clonus and she takes control of the stick beating with its end upon the wooden stand that supports it. She beats out a few bars of the song that the crowd is singing and then falls backward into trance. She is then dressed up by the crowd and will dance as *dedari.*

Curiously enough, a conspicuous element of the dance is the balancing feat of dancing while standing on a man's shoulders (plate 10, fig. 3).

In sum, the business of explanation and the business of [155] socialization turn out to be the same. To make a premise "self-evident" is the simplest way to make action based upon that premise seem "natural." To illustrate this, data from Bali have been adduced.

Plate 16. Visual and Kinaesthetic Learning II (Bateson and Mead 1942)

Plate 17. Balance (Bateson and Mead 1942)

Plate 18. Trance and Beroek I (Bateson and Mead 1942)

Plate 20.　Trance and Beroek Ill (Bateson and Mead 1942)

A large part of Balinese behavior is based upon paradigms of experience which are, for the Balinese, unquestionable. These are the paradigms of balance and of the interaction between the moving human body and the gravitational field in which it must move. This interaction is rooted in the unquestionable on both sides. On the one side are the reflexes of balance of which surely many components are genetically determined and, on the other side, are the universal characteristics of bodily mass and earth's gravity. These are combined to make it "self-evident" that the cemeteries would be haunted by autonomous parts of bodies.

And yet there is no universal cross-cultural imperative that would insist that everywhere in the world these generalities of balance and gravity shall become major cultural premises; or even that the synthesis of gravity and spinal reflex shall take the particular shape that is characteristic for Balinese culture.

Literatur

Bateson, G., and Mead, M. (1942). *Balinese character: A photographic analysis* (Special Publications of the New York Academy of Sciences, 2). New York Academy of Sciences.

Gregory Bateson (1904–1980) war Anthropologe, Biologe, Sozialwissenschaftler, Kybernetiker und Philosoph. Seine vielfältige wissenschaftliche Arbeit war von einem kybernetischen Denken geprägt. Zusammen mit Margaret Mead publizierte er die Studie *Balinese Character: A Photographic Analysis* (New York Academy of Sciences). Zu seinen Hauptwerken gehören *Steps to an Ecology of Mind: Collected Essays in Anthropology, Psychiatry, Evolution, and Epistemology* (1972) und *Mind and Nature: A Necessary Unity* (1987).

„Die zweigriffige Baumsäge". Ein biokybernetisch-medienökologisches Experimentalsystem

Martin Dornberg und Daniel Fetzner

Zusammenfassung

Das im Rahmen psychosomatischer und neurologischer Grundlagenforschung an der Uniklinik Heidelberg entwickelte Experimentalsystem der „zweigriffigen Baumsäge" kann als bio-kybernetisches Experimentalsystem erster Stunde bezeichnet werden. Der Psychosomatiker und Philosoph Martin Dornberg und der Medienkünstler Daniel Fetzner diskutieren in einem Gespräch Kontexte und Folgen der um den Heidelberger Psychosomatiker Viktor v. Weizsäcker in den 1940er und 1950er Jahren durchgeführten medizinischen Experimente – in den Bereichen von Medizin und Psychotherapie einerseits, aber auch in den Technik- und Medienwissenschaften, der Kybernetik und der Medienkunst. Herausgearbeitet werden Querbezüge zu den von den Autoren durchgeführten künstlerisch-philosophischen Forschungen in Form von Installationen, Performances und interaktiven Webdokumentationen.

M. Dornberg (✉)
Philosophisches Seminar und Zentrum für Anthropologie und Gender Studies,
Universität Freiburg, Freiburg, Deutschland
E-Mail: dornberg.freiburg@t-online.de

D. Fetzner
Hochschule Offenburg, Fakultät Medien, Offenburg, Deutschland
E-Mail: daniel.fetzner@hs-offenburg.de

© Springer Fachmedien Wiesbaden GmbH, ein Teil von Springer Nature 2020

123

B. Ochsner et al. (Hrsg.), *Affizierungs- und Teilhabeprozesse zwischen Organismen und Maschinen*, Technikzukünfte, Wissenschaft und Gesellschaft / Futures of Technology, Science and Society,
https://doi.org/10.1007/978-3-658-27164-0_7

Schlüsselwörter

Verkörperung · Künstlerische Forschung · Medienökologie · Transmedialität ·
Zwischenleiblichkeit

Experimente zur interpersonellen Zweierbeziehung, die im Kontext der von
Viktor v. Weizsäcker begründeten Gestaltkreistheorie (Weizsäcker 1973) entstanden sind, haben am Universitätsklinikum Heidelberg eine lange Tradition in
Forschung und Lehre. So entwickelten dort der Neurologe Paul Christian und
die Sozialarbeiterin Renate Haas (1949) das Modell der zweigriffigen Baumsäge zur experimentellen Überprüfung der Merkmale dyadischer Beziehungsstrukturen, die sie als Bipersonalität bezeichneten (Dornberg 2013). Die
Ergebnisse der Untersuchungen waren beschreibend und lieferten unter
anderem die Konzepte der „Selbstverborgenheit im Tun" (Christian und Haas
1949, S. 11) und des „Handgemenges" (ebd., S. 67) und bereicherten auch die
neurologisch-rehabilitationsmedizinische Grundlagenforschung.

Zwei Personen arbeiten an einer zweigriffigen Baumsäge. Ihre Bewegungen
werden von einer Apparatur registriert, und das subjektive Erleben der Beteiligten
wird laufend abgefragt, aber auch die quantitative Leistung wird erfasst: Form,
Richtung, Größe, Dauer der Bewegungen der Sägestange, die von den Partnern
aufgewendeten Kräfte bzw. Arbeit sowie deren jeweilige Selbst- und Fremdwahrnehmung.

Aus diesen Experimenten können eine Fülle von Schlussfolgerungen über
gelingende Interaktionen aufeinander bezogener Menschen und auch über aufeinander bezogene Lebens- und Interaktionsprozesse abgeleitet werden. Sie
zeigen, dass Leistungen (wie das Baumsägen) durch gelingende Abstimmungsprozesse untereinander entstehen: zwischen den beteiligten menschlichen und
nichtmenschlichen/dinglichen Akteuren und durch die Art der Aufgabe. Rückmeldeprozesse finden bei allen Beteiligten gleichzeitig durch den Gesamtprozess, die beteiligten Aktanten (z. B. Holz/Säge/Erkrankungen der Beteiligten)
sowie die realisierten Leistungen statt. Die einzelnen Individuen, ihre Körper
und Aktionen, verschmelzen mit dem Gesamtgeschehen und der Leistung zu
einem neuen „überpersonalen" Ganzen: zu einer Art Gesamtkörper, den man in
Anlehnung an eine Formulierung Klaus Theweleits „[d]ritter Körper" nennen
kann (Theweleit 2007).

Die Experimente mit der zweigriffigen Baumsäge wurden auch mit körperlich erkrankten Patienten durchgeführt. Besonders überraschend waren dabei die Experimente, die das gemeinsame Handeln von einem Gesunden mit einem motorisch gestörten Partner etwa mit extrapyramidaler Bewegungsstörung/ Morbus Parkinson untersuchten:

> „Der gesunde Partner im Sägeversuch setzt nicht um jeden Preis sein bzw. das normale Verhalten durch, sondern opfert spontan die normale Arbeitsform zugunsten einer anderen. Meist übernimmt er spontan einige Glieder des Arbeitsvorgangs und überlässt dem Kranken die einfacheren Glieder. So zieht z. B. der extrapyramidal Bewegungsgestörte [d. h. der Mensch mit Morbus Parkinson, M.D./D.F.] bei einer rhythmisch alternierenden Arbeit das Arbeitsobjekt nur taktmäßig an sich und überlässt dem Gesunden Lenkung und Rückführung oder er übernimmt nur die Abbremsung an den Wendepunkten und überlässt alles andere dem gesunden Partner. Die Arbeitsform wird so weniger nuancenreich und in gewissem Sinne auch primitiver, aber der Arbeitsbezug blieb erhalten." (Christian 1989, S. 265f.)

Die Experimente zum Sägevorgang mit Gesunden und Kranken zeigen, dass sich beide in der Zusammenarbeit so aufeinander einzustellen vermögen, dass im Zusammenspiel die pathologische Funktion bestmöglich ausgeglichen wird und dadurch fast eine normale Leistungsfähigkeit wie bei zwei gesunden Sägepartnern erreicht werden kann: Dabei überbrückt der Gesunde die Störung nicht durch zusätzlichen Arbeitsaufwand, sondern annihiliert sie eher durch Umformung. Diese Erfahrungen wurden vor allem in der Rehabilitation neurologisch Erkrankter, aber auch für die Aus- und Weiterbildung von Medizinstudenten und Ärzten wirksam. Das Modell der zweigriffigen Baumsäge stellt nämlich eine innovative Möglichkeit dar, die Zweierbeziehung als Grundlage ärztlicher Kommunikation und der ärztlichen Tätigkeit systematisch zu reflektieren und die dazu gehörigen Wahrnehmungs- und Interaktionsvorgänge kognitiv und emotional erlebbar zu machen. Durch die zeitgleiche Erhebung von nicht wahrnehmbaren physiologischen Reaktionen und subjektiver Wahrnehmung wird eine Situation geschaffen, in der das Interaktionsgeschehen in besonderer Weise multimodal erfahrbar und komplexe Vorgänge polysystemisch beschreibbar werden. Für die weitgehend naturwissenschaftlich ausgebildeten Studenten und Ärzte wird so ein Kontakt mit ergänzenden qualitativen Methoden in einem Rahmen ermöglicht, der Bedeutung und Nutzen solcher ‚weicher' Daten und die Entstehung interaktioneller und verkörpernder Emergenz im medizinischen Kontext direkt veranschaulicht.

Im folgenden Gespräch sprechen Daniel Fetzner und Martin Dornberg über die Bedeutung der Baumsägeexperimente als biokybernetisches und medienökologisches Experimentalsystem im Kontext ihrer künstlerischen Forschung.[1]

Daniel Fetzner (DF): Mit dem Experimentalsystem der „Baumsäge" verbinden wir sehr unterschiedliche Vorgeschichten. Den konkreten Versuchsaufbau habe ich über Dich 2009 bei unserem Workshop in Furtwangen kennengelernt. Das Pendelexperiment von Christian und Haas (1949) war mir ja bereits über Stefan Riegers *Kybernetische Anthropologie* (2003) bekannt und spielte in meinem Projekt „fogpatch"[2] (2007–2010) zu Max Bense eine maßgebliche Rolle. An dem „Prinzip Baumsäge" interessierte mich bei unserer Zusammenarbeit vor allem die Erweiterung um die Dimension der Translokalität (Fetzner 2009).

Martin Dornberg (MD): Aus meiner Sicht hat dein Bense-Projekt tatsächlich schon diesen Gedanken der Bio-Kybernetik durchexerziert und auf verschiedene Art und Weise entfaltet, mit dem Schauspieler, der an Elektroden angeschlossen ist oder dem IT-Pionier, der alias Bense über die Golden Gate Brücke läuft.[3] Wie bist du eigentlich da darauf gekommen oder wie würdest du dieses Projekt auf die Baumsäge umlegen?

DF: Bense entwickelte 1951 mit seiner „Technischen Existenz" (Bense 1998) eine Utopie der medialen Durchdringung des modernen Menschen mithilfe von computerisierter Technologie. Auf den Text bin ich während meiner Lehrtätigkeit an der Hochschule Furtwangen gestoßen. In der dortigen Betriebs- und Ausbildungslogik steckt dieses Technikversprechen unausgesprochen in allen

---

[1]Unsere Projekte selbst verstehen sich im Sinne Hans-Jörg Rheinbergers als *Experimentalsysteme,* die Beobachtungs- und Handlungssituationen schaffen, um transdisziplinär bestimmte Phänomene wie z. B. das der Zwischenleiblichkeit, der Verkörperung usf. beforschen wollen. Experimentalsysteme überschreiten oft die Grenzen einzelner Disziplinen und beforschen dabei auch sich selbst, ihre eigene Methodik, Prozessualität und Materialität. Experimentalsysteme sind also unterschiedlich dimensionierte, materialisierte Versuchsanordnungen, welche dazu geeignet sind, wissenschaftliche Fragen weiterzutreiben, Fragen und Antworten zu schaffen, sowie wissenschaftliche Theorie und Praxis voranzubringen (Rheinberger 2001). Dabei sind Theorie und Praxis, institutionelle und technische Aktanten und Forschung(sergebnisse) eng voneinander abhängig. Experimentalsysteme dürfen laut Rheinberger nicht zu eng, aber auch nicht zu weit sein und dürfen, ja müssen manchmal „unmögliche" Fragen stellen, um (neue) Antworten hervorzubringen. Die Baumsägeexperimente stellen ein „typisches Experimentalsystem" dar (Rheinberger, persönliche Mitteilung).

[2]http://fogpatch.de. Zugegriffen: 8. Juni 2018.

[3]Unter Beteiligung der Schauspieler Georg Hobmeier und Frank Dietrich.

Ritzen und Poren – ohne dass dabei irgendjemand Bense gelesen hätte.[4] Als Gestalter in Nachbarschaft mit Informatikern war ich konkret immer wieder über Notengebungen mit der absurden Frage nach der Berechenbarkeit bzw. Messbarkeit des Ästhetischen konfrontiert. Und da lag Benses Informationsästhetik als gescheiterte und durchaus komische Ambition der kybernetischen Moderne förmlich auf der Hand.

Als Grenzgänger zwischen den „beiden Kulturen" (Snow 1957) hat Max Bense sich schon zu Kriegszeiten mit technischen Körperphantasien befasst, was mich neugierig machte. Am Institut für Hochfrequenztechnik wollte er sich 1943 in Gestalt eines „Rasterkörpers" von Berlin nach San Francisco beamen, um dort mit den Dingen in Interaktion zu treten. Das machte er dann dreißig Jahre später auf ganz eine andere, reale, physische Weise. Zusammen mit Studierenden in Furtwangen und Kairo haben wir von 2007 bis 2010 interaktive Projekte, Ausstellungen und Symposien organisiert, um Benses „Existenzmitteilung aus San Franzisko" (1970) in Form von biokybernetischen Experimentalsystemen zu materialisieren. Das war ein sehr intensives Wechselspiel zwischen Philosophie und medial-ästhetischer Anwendung, in gewisser Weise mein zweiter Einstieg[5] in die künstlerische Forschung und vor allem der Beginn unserer Zusammenarbeit.

Ein zentraler materialer Aktant in „fogpatch" ist neben dem Nebel die Golden Gate Brücke in San Francisco, über die Bense 1969 zu Fuß gehen muss, weil er den Bus verpasst. Daraufhin bekommt er eine Nierenkolik, die er dann in seiner Existenzmitteilung transmedial faltet. Der Text kann so als eine Art *bodily turn* in Benses Philosophie gelesen werden. Die Bezugnahme zu der schwingenden Brücke und zu seiner eigenen Körperlichkeit als eine Art biokybernetisches Experimentalsystem löst in Benses Denken eine schwere Krise aus. Die existentielle Erfahrung setzt eine Transformation in Gang, die seine kybernetische Sicht der Dinge wendet und den Körper ins Zentrum des Geschehens rückt. Das haben wir 2008 auf der Tagung „Spuren"[6] über die Performance „Seismic Body Signals" gezeigt[7].

---

[4] Mit Ausnahme meines Informatikerkollegen Wolfgang Taube, dem ich hier für viele kritische Anregungen und Gespräche dankbar bin.

[5] Als meine (DF) erste künstlerische Forschung würde ich das Wanderkinoprojekt *lüderitzcargo* in Namibia 1995/1996 bezeichnen, siehe http://cargo.metaspace.de. Zugegriffen: 8. Juni 2018.

[6] http://www.metaspace.de/sub/spuren2008. Zugegriffen: 8. Juni 2018.

[7] http://fogpatch.de. Zugegriffen: 8. Juni 2018.

Ich kann mich noch gut an eines unserer ersten Treffen in Deiner Praxis erinnern. Dort hast du auf einem Whiteboard eine Systemskizze aufgemalt, in der du diese Gefügebildung von Bense/Brücke/Text psychosomatisch, also über Verbindungen von Geist/Text und Dingen/Verkörperungen zu erklären versuchtest. So haben wir uns kennengelernt (Abb. 1).

MD: Was hat Bense aus deiner Sicht an der Biokybernetik interessiert? Ein Spieleinsatz von ihm geht in die Richtung der Berechenbarkeit des Ästhetischen und du sagst, er hat eine gewisse Entwicklung vom Mathematisch-Technischen zum Körperlicheren durchlaufen. Vielleicht ist das auch eine Brücke zur Frage der „künstlerischen Forschung": das Ästhetische, das Affektive und solche Dinge wie ein „dritter Körper" (Dornberg 2014), also etwas das sich zwischen zwei Interaktionspartnern, ÄrztInnen und PatientInnen oder zwischen zwei ImprovisationsmusikerInnen entwickelt, ist das berechenbar? Wie gestaltet sich diese Spannung, jene transmediale Beziehung zwischen Berechenbarkeit und Erfahrung? Wie hat Bense das ursprünglich gedacht und wie hat sich das deiner Sicht nach entwickelt?

DF: Der „dritte Körper" ist bei Bense selbsttherapeutisch über den Text der „Existenzmitteilung aus San Franzisko" entstanden. Körper-Bense und Körper-Brücke begegnen sich als biokybernetisches System – ‚baumsägeartig' – und produzieren einen Textkörper, der im Stil der konkreten Poesie so verfasst ist, dass es ein nicht nur menschengedachter Korpus ist oder vorgibt zu sein. Dort

Abb. 1 Daniel Fetzner und Martin Dornberg, Fotograf: Adrian Schwartz

erleben wir auch eine sehr starke Handlungsmacht von Qualitäten, Ereignissen oder Dingen. Wie der Farbe ‚gelb' zum Beispiel, konkret *maisgelb,* oder den *„Dummen-aus-dem-Bus-Blicken"* (Bense 1970, S. 9).

MD: Oder dem Nierenstein.

DF: Genau, der bringt die „Existenzmitteilung" buchstäblich ins Rollen. Bense macht im materialistischen bzw. materialbezogenen Vorgriff die Dinge und die Attribute der Dinge schon sehr wirkmächtig und er arbeitet bereits 1970 an der Auflösung der Subjekt-Objekt-Dichotomie. Er hat das auch in anderen Arbeiten verfolgt. Nur wenige Monate nach der Existenzmitteilung produzierte er einen Text über das Autofahren.[8] Da geht es ebenso um die Gefügebildung von Mensch und Maschine, die eine poststrukturalistisch gesprochen „Ununterscheidbarkeitszone"[9] eingehen, die sich jedem Kalkül entzieht. Es ist nicht mehr klar, wer fährt oder wer lenkt. Weder die Maschine noch der Mensch sind nunmehr autonom (Fetzner 2018). Dieses *agencement* (Deleuze) oder *meshwork* (Ingold) spielt sich in dem Interplay von Bense mit der Brücke ab, aber auch zwischen dem Auto und dem Menschen während des Fahrens. Zugleich ist die „Naht" (Bense 1998, S. 291) zwischen technischer Existenz und technischem Objekt – heute würde man von Interface sprechen – performativ und verkörpernd gedacht: das Abschreiten der Brücke und das Autofahren.

MD: Eigentlich gibt es zwischen der Berechenbarkeit und dem Rationalismus einerseits und dem Menschlichen andererseits für Bense keine Grenze. Das ist auch sein Affront gegen Beuys gewesen, dass er gesagt hat, Beuys ist viel zu affektiv, viel zu mythisch. Ich glaube, dass man Bense wirklich so verstehen könnte, dass er es sich in dieser Phase immer wieder zur Aufgabe gemacht hat, das Lebendige am Menschen in seiner „technischen Existenz" berechenbar zu machen. Aber berechenbar heißt hier eben nicht ‚abstrakt' in einer reduzierten Art von Mathematik oder in einer einseitigen Art von Kybernetik, sondern berechenbar in einer Art ästhetischer Weise. Wo das Verständnis z. B. einer Lichtschaltung, die natürlich ganz klar berechenbar ist, bis hin zu konkreter Poesie und intensiven menschlichen Erfahrungen z. B. einer Erkrankung oder einer Liebesbeziehung mit immer komplexeren Formen von ‚Berechenbarkeit' korrespondiert. Berechenbarkeit würde dann heißen, dass man in dem Geist oder dem Körper der

---

[8]„Indem es fährt, gewinnt das Auto den Rang eines Ortes, einer Linie, einer Naht gewissermaßen, an der Welt und Bewusstsein beständig zusammenstoßen; man könnte auch sagen: an der Sein und Denken zusammenstoßen." (Bense 1998 Band 4, S. 291).

[9]Zentraler Begriff von Deleuze und Guattari. Vgl. Deleuze und Guattar 1992; Deleuze 2000, 2016.

‚Rechnung' wie beheimatet sein müsste, also darauf bezogen, medial und ganzheitlich.

DF: Der antiaffektive Affekt bei Bense contra Beuys wurzelt in seiner Faschismuskritik. Bense war empfindlich gegen nebulös-mythische Inszenierungen, wie sie Beuys durchaus provozierend und mit anti-modernistischem Kalkül betrieben hat. Natürlich waren beide politisch links und es gab auch viele Überschneidungspunkte der Streithähne, aber in der legendären TV-Diskussion von 1970 hat Bense seine rationale Seite stark gemacht, um einen Standpunkt gegen Beuys einzunehmen. Das war nur wenige Monate nach dem Erlebnis seiner Nierenkolik und man kann diese Diskussion sehr gut als Teil des oben beschriebenen *bodily turn* verstehen. Beuys bringt die mathematische Kybernetik seines Kontrahenten[10] hier kräftig ins Wanken. Du und ich sehen heute beide Ansätze ohne Probleme als biokybernetische an.

MD: Wenn ich unsere Projekte (Dornberg und Fetzner 2017) unter dieser Perspektive anschaue, würde ich da fast eine Art Bense'sche Handschrift sehen. Sie sind zum Teil sehr technisch, aber konzipieren Technik nicht als Selbstzweck, sondern betonen die Mensch-Maschine Interaktion, es sind Projekte technischer Existenz (Bense 1998). Die 360° Videos, die ein Interakteur steuert oder bedient, sei es mit der Brille oder mit der Maus (Fetzner 2017), unsere Skype-Performances oder auch das Bense-Projekt thematisieren durchgehend Hybridisierungen von Mensch und Technik. Wir arbeiten immer viel mit Algorithmen und in unseren Projekten wird zwischen den menschlichen, den dinglichen und den technischen Anteilen keine große Grenze gezogen.

DF: Alles sozusagen in der „Naht" des Interaktionellen. Zusätzlich beinhalten diese Gefügebildungen translokale Momente. In unseren Projekten geht es darum, Räume miteinander in Verbindung zu bringen und die entstandene Relation auch zu verorten. Das Dialogische oder Triadische fand ich als Architekt immer im Hinblick auf konkrete Ortsbezüge spannend. Aber zurück zur Baumsäge: Wo taucht sie eigentlich in deinem Denken auf?

MD: Der Beginn meiner Beschäftigung mit der Baumsäge ist schnell benannt. Sie geht auf meine gute Bekanntschaft zu Thure von Uexküll, einem führenden Psychosomatiker zurück (Uexküll und Wesiack 1998). Einmal kam er zu mir und meinte, eigentlich müsste man bei den Ausbildungskursen für angehende

---

[10]Beide sprechen hier genüsslich von „Gegenerschaft". Siehe Joseph Beuys – Künstler und Gesellschaft. Mitschnitt einer Fernsehdiskussion mit Joseph Beys, Max Bill, Arnold Gehlen und Max Bense. https://www.youtube.com/watch?v=SXPoAaBTPy8. Zugegriffen: 20. März 2018.

PsychotherapeutInnen und PsychosomatikerInnen, eigentlich für jeden Arzt, gemeinsam sägen. Er hat uns mit diesen Baumsäge-Experimenten bekannt gemacht, die in den 1940er, 1950er Jahren in der Neurorehabilitation, in der Neurologie und der Inneren Medizin an der Universitätsklinik in Heidelberg stattgefunden haben (Dornberg 2013). Dort haben Menschen miteinander gesägt und es wurde eine Mathematisierung dieses Geschehens, dieser Leistungsvorgänge angestrebt. Eine naturgetreue Abbildung oder Simulation von Leistung bzw. von Gesundheit und Krankheit oder von Rehabilitation. Das war überaus wichtig, weil es am Ende des Zweiten Weltkriegs und danach viele Kriegsversehrte gab. Die Frage nach der Rehabilitation stand im Raum: Wie können die Leute wieder in den Arbeitsprozess integriert werden, die durch den Krieg Behinderungen erfahren haben. Bei diesen Experimenten haben sie auch Gesunde und Kranke miteinander sägen lassen. Es stellte sich heraus, dass z. B. Parkinson-Kranke, wenn sie mit einem Gesunden zusammen sägen, fast genau dieselbe Leistung erbringen können wie zwei Gesunde. Das heißt, dass man dort einen systemischen umweltbezogenen Ansatz von Gesundheit und Krankheit oder von Rehabilitation entwickelt hat und das auch rechnerisch oder kybernetisch zeigen bzw. darstellen konnte. Die Baumsäge der Arbeitsgruppe in Heidelberg war mit Sensoren verbunden, die diesen Akt des Sägens auch visualisieren konnten. So wurden die Leistung, aber auch kritische Punkte des Sägeprozesses über Diagramme sichtbar gemacht. Damit wurde ein biokybernetisches Feld aufgebaut, das eine Art „Ununterschiedenheitszone" (Deleuze 2016) ermöglichte zwischen der naturwissenschaftlichen mathematischen Gestalt einerseits und der phänomenologischen Gestalt des Sägens, der Erfahrung, der Spürebene andererseits. Das Entstehen und die Dynamik des Gemeinsamen konnten durch den Anschluss an ein technisches System einerseits erforscht werden, und waren andererseits an Befragungen gekoppelt. Die Kranken und die Gesunden wurden befragt, Studierende haben ebenso gesägt und wurden auch befragt: Wie erlebt ihr dieses Experimentalsystem? Durch beide Ebenen, die technisch-mathematische und die erfahrungsbezogene, hat man dieses Gemeinsame, diese Emergenz bzw. gewisse Qualitäten im gemeinsamen Sägen – dass es ‚fluppt', oder ‚wann läuft es besser?' – sichtbar gemacht. So konnte eine objektiviertere Ebene erreicht werden.

DF: Glaubst du, dass diese Art der diagrammatischen Umsetzung und Beschreibung tatsächlich das Phänomen, die Erklärung dieses Phänomens hervorgebracht hat? Oder war dies nicht ein Holzweg, weil man dachte, dass Ingenieure das Ding erklären können? Als wir die Sägeapparatur in Heidelberg gesehen haben, wurde uns ja schnell klar, dass die Sägeerfahrung mit der Maschine im Vergleich zur tatsächlichen Baumsäge bedenklich unterkomplex umgesetzt war, also nur eingeschränkte Freiheitsgrade hatte. Das improvisatorische

Moment, ohne das der normale Sägevorgang gar nicht erst nicht in Gang kommt geschweige denn läuft, wurde bei der Heidelberger Apparatur weitgehend außer Acht gelassen. Die beiden Sägenden werden dort schon in einer ziemlichen Zwangshaltung förmlich *festgestellt,* in einen Apparat eingespannt.

Das Experimentalsystem haben wir ja bereits mehrfach nachgestellt – in interkulturellen Konstellationen mit ägyptischen und deutschen Studierenden mitten im winterlichen Schwarzwald[11] oder mit Michaela Ott und Marie-Luise Angerer im Ratssaal in Konstanz.[12] Alle stellen sich zunächst einmal die Frage: Wer nimmt die Säge zuerst in die Hand, wer bietet sie dem Anderen an, wie setzt man dann gemeinsam an? Findet man zunächst keine Spurrille an dem Baumstamm, setzt man das Ding wieder ab, versucht es schräg, nimmt Blickkontakt auf usw. Alles Improvisation bis hin zu der Frage, wie man zu einem gelungenen Ende kommt. Aber schon der Aushandlungsprozess, der die Säge überhaupt in Position bringt, bleibt bei der Heidelberger Vorrichtung ausgespart. Da steht das Ingenieurs-Paradigma im Vordergrund und das möchte XY-Koordinaten und standardisierte Funktionen erfassen, um den Ablauf in ein Koordinatensystem zu packen. Aber es geht bei diesen mathematischen Übersetzungen bekanntlich viel verloren.

MD: Wir haben uns intensiv mit der Frage des Embodiments und der Frage der Umweltbildungen beschäftigt, also mit diesen berühmten vier E's: Embodiment, Embeddedness, Extended mind, Enactivism (Fingerhut et al. 2013). Gleichzeitig war uns die Frage der medialen Bezüge wichtig, die sich da beobachten lassen. Letztlich ging es darum, wie man dann das, was Verkörperung, Interaktion z. B. von zwei Improvisationsmusikern oder die Interaktion von Zuschauern eines Videofilms mit dem Videofilm ausmacht, theoretisch oder metatheoretisch fassen kann. Die These war, dass die sensorischen Ableitungen und die Diagramme, die der Sägeprozess erzeugt, dass diese die Interaktion zweier Subjekte, deren Geschehnishaftes, das Handlungshafte, das Performative zeigen können. Paradigmatisch steht dafür bei Paul Christian und Viktor von Weizsäcker von der Heidelberger Arbeitsgruppe die Sinuskurve. Der Neurologe und der Internist gelten als Mitbegründer der Psychosomatik und der „Gestaltkreislehre" (Dornberg 2013; Weizsäcker 1973). Sie haben tatsächlich

---

[11]Siehe Experiencing the Two Handed Trim Saw: Intercorporality, Hyperlocality and Migration. http://www.mbodyresearch.de/front_content.php?idcat=63&lang=1. Zugegriffen: 20. März 2018.

[12]Das Ergebnis kann man sich unter http://metaspace.de/tmp/angerer_ott.mp3 anhören. Zugegriffen: 20. März 2018.

in diesem genormten, von den Ingenieuren in eine Zwangshaltung gebrachten System zeigen können oder wollen, dass ein ‚gelungener' Sägeakt sich in Form einer Sinuskurve zeigt, eines klaren Tons im Grunde genommen, einer reinen Schwingung. Das Gelingen von „Funktionen" oder von kybernetischen „Funktionskreisen" klingt auch bei dem Begriff der „biologischen Symphonie" in Jakob von Uexküll's Umweltlehre an (Uexküll 1920). Die Harmonie. Es geht darum, wie z. B. auch bei den Pendelexperimenten, die von Weizsäcker und Christian unternommen haben, die Überlegenheit der menschlichen, biologischen ‚Maschinen' gegenüber den rein technischen zu zeigen. Also, dass eine Maschine ein Seil nicht so ‚schön' zum Schwingen bringen kann, und so funktional wie ein Mensch oder zwei Menschen: Die biologisch-lebendige Sinuskurve des Sägens oder des Pendelns wird letztlich als schöner und auch funktionaler wahrgenommen bzw. performiert als (durch) die rein technischen Apparaturen.

DF: Die körperliche Wende in der Robotik kam erst in den 1980er Jahren. Bereits in den Pendelexperimenten von Christian und von v. Weizsäcker wird die Ununterscheidbarkeit – wo hört die Hand auf, wo fängt das Seil an – betont. Und das ist auch eine morphologische Ununterscheidbarkeit: Denn nicht nur das Seil, sondern auch die Hand hat eine bestimmte Geometrie und verfügt mit ihren Sehnen, Knochen, der Haut und den Muskeln über ganz bestimmte Elastizitäten und physische Eigenschaften. Das hat man in der frühen Robotik über Jahrzehnte hinweg völlig vernachlässigt und erst in den 1980er Jahren – dreißig Jahre nach Viktor v. Weizsäcker – wiederentdeckt. Robotik war immer auch Biokybernetik, zumindest dann, wenn es um Prothesen ging. Ingenieure haben also über Jahrzehnte hinweg in der Robotik diesen KI-Ansatz verfolgt und versucht, mit zentralen Steuerungseinheiten, Sensoren und Aktoren körperbasierte Maschinen zu konstruieren. Erst Rodney Brooks und Rolf Pfeifer haben in den 1980er und 1990er Jahren mit Gummi, mit Federn, mit Holz und hautähnlichen Materialien gearbeitet, die in sich schon eine organische Morphologie und Schwingungseigenschaft einbringen, und die sich vor allem einer detaillierten Berechenbarkeit entziehen und gleichzeitig eine wirklich biologische Komponente mit ins Spiel bringen. Oder besser gesagt eine semibiologische, weil es sich um kein lebendes, aber doch organisches Material handelt. Das hat die Robotik enorm beflügelt. Das Mechanische war in einer Sackgasse und ich habe den Eindruck, die Sackgasse besteht als Gefahr auch bei diesem Heidelberger Instrument.

MD: Nein, ich sehe das anders. In den Heidelberger Experimenten wurde ziemlich klar gezeigt, dass durch die Interaktionen von lebenden Systemen mit anderen lebenden Systemen, also z. B. von zwei Menschen, zumindest momenthaft ein „dritter Körper", eine emergente Leistung ermöglicht wird, die eine neue

Qualität gewinnt, die es vorher nicht gab. Das trifft auch auf unsere Projekte zu (Dornberg und Fetzner 2017; Fetzner und Dornberg 2015): Die Künstler, die über Kontinente hinweg Musik machen und über Skype improvisieren, da entsteht Emergenz: wie sie miteinander agieren und z. B. Musik machen…. Gerade das konnten die Heidelberger Experimente schon zeigen. Was uns aber zunehmend interessierte, ist genau das, was auch in der Robotik quasi zu einem neuen Paradigma wurde, nämlich dass das Lebendige selbst, ja das Fehlerhafte, das Organische, das Biegsame, die Abweichung in der Schwingung, eigentlich kein Fehler ist, der auszuschließen ist, sondern dass dieses Element selbst etwas Neues ermöglicht, was in den Gesamtprozess eingeht, ihn verändert bzw. als genau diesen erst möglich macht.

DF: Dabei handelt es sich um eine Art Quasi-Intelligenz. Bis dato dachte man, man brauche einen Riesenrechner, der sämtliche Sensordaten prozessiert und dann auf die Aktoren, beispielsweise Servomotoren, als Handlungsanweisung überträgt. Also Gleichgewichtszustände, Temperatur- und Feuchtigkeitsstände auslesen, alles, was es so an elektronischen Sensoren gibt, um die gewonnen Daten dann zentral zu prozessieren. So hat die Robotik den menschlichen Organismus über Jahrhunderte hinweg cartesianisch als Apparatur verstanden.[13] Bis man eben erkannt hat, dass in einem bestimmten Material und dessen Eigenschaften bereits eine Art sinnlicher Erfahrung und vielleicht auch Intelligenz schlummert, sodass ich auch nur noch einen Bruchteil an Rechenkapazität brauche. Das wesentliche Verhalten wird über die Beschaffenheit eines Materials und dessen Umwelteinbettungen entschieden. Der Fisch im Wasser, der Vogel in der Luft, die Schnecke auf dem Erdboden über die schleimige Spur, d. h. diese Einbettungen und „Nähte", die sich da ausbilden, haben eine Geschmeidigkeit, eine eigene Funktionalität. Diese müssen dann nicht mehr verstanden, berechnet oder ausgelesen werden. Sie sind vielmehr von selbst wirkmächtig. Wenn man so will, kann man auch das als eine Synthese aus Beuys und Bense verstehen.

MD: Im Beispiel der Baumsäge wäre das alte kybernetische Modell, das auf Berechenbarkeit abzielt, eine Baumsäge ohne schwingendes Sägeblatt, nur als eine starre Verbindung anzusehen. Aber in das schwingende Sägeblatt geht eine jahrhundertelange Tradition im Umgang mit dem Sägen ein, die handwerklich, historisch und sozial ist. Also das, was du Intelligenz nennst, ist da schon verbaut. Das Sägeblatt hat eine historische, eine soziale Morphologie. Das sind die-

---

[13]Diese Tradition kann man zurückverfolgen auf Wolfgang von Kempelen, Ernst Kapp u. v. a.

jenigen kybernetischen Experimentalsysteme, die uns zunehmend interessierten. Der nächste Schritt in unseren Projekten war dann die Auseinandersetzung mit dem „Parasitären", mit dem Parasiten, der Störung.[14] Unsere Projekte haben sich vom Gelingen immer mehr auch zu den Phänomenen der Störung hin entwickelt. Da gab es etwa die improvisierte Performance „Voice via Violin" zwischen dem Violinisten Harald Kimmig und dem Stimmkünstler Jan F. Kurth, bei der es zu einer Störung kam (Fetzner und Dornberg 2015).[15] Die Skype-Verbindung ist abgebrochen und wir hatten alle Angst, dass das ganze Experimentalsystem scheitert. Doch es ist gelungen, die Verbindung wiederherzustellen – vielleicht durch das Vorhandensein eines Dritten Körpers oder von Protention und Retention, wie Husserl sagen würde. Und zwar in einer für die beteiligten Künstler nahezu unmerklichen Form, sodass sie davon gesprochen haben, nie getrennt gewesen zu sein. Das hatte durchaus etwas Magisches. Ich weiß noch, wie wir mit Ludwig Jäger über die Störung philosophiert und überlegt hatten, wie man dieses Phänomen konzeptualisieren kann (vgl. Jäger 2004). Wir haben uns mit moderner Entwicklungspsychologie beschäftigt, in der Störungen und deren Bearbeitung in der Interaktion zwischen Eltern und Kind oder zwischen Therapeut und Patient gar nicht als Fehler gewertet, sondern als das wahrscheinlich wirksamste Moment in der Etablierung von Beziehungen gesehen wird. Störungen sind allgegenwärtig, müssen dauernd bearbeitet werden. Die Fähigkeit zur Reparatur, zur Elastizität, wie du das eben am Material erklärt hast, begründet überhaupt die tiefe Verbindung zwischen Eltern und Kindern oder zwischen Therapeut und Patient. Es steht also gar nicht das Planbare oder ein vorab berechnetes Ergebnis im Vordergrund, als vielmehr der gelingende Umgang mit Störungen und Passungsprozessen.

DF: Bei den Skype-Performances haben wir mit ImprovisationskünstlerInnen gearbeitet, die in der Lage sind, nicht nur mit Fehlern umzugehen, sondern die den Fehler brauchen oder die Abweichung oder das Unerwartete, die Brechung als ästhetisches Moment, um überhaupt das Geschehen am Laufen zu halten und die dann irgendwann in eine Art von Sättigung oder zu einem Ende kommen. Wir haben uns in unseren Projekten aus diesem Grund auch mit dem Begriff der „Zwischenleiblichkeit" des französischen Philosophen Merleau-Ponty (2003, 1986; vgl. Fetzner und Dornberg 2015) beschäftigt und gefragt, wie sich dieses

---

[14]Vgl. unser Projekt „BUZZ – Parasitäre Ökologien" (Dornberg 2017; Dornberg und Fetzner 2017). Siehe http://parasite.metaspace.de. Zugegriffen: 8. Juni 2018.

[15]Vgl. Voice via Violin. http://vvv.metaspace.de. Zugegriffen: 8. Juni 2018.

Phänomen zwischen Skype-Musikern oder verschiedenen Orten hinweg trans-lokal oder medial, beispielsweise musikalisch entwickeln kann. Dann hat sich in die Zwischenleiblichkeit die Fehlfunktion oder der Fehler eingeschlichen. Das wurde über den Begriff des „Parasiten" dann besser konzeptualisierbar und hat zu unserem Forschungsprojekt BUZZ geführt.[16]

MD: Der Begriff der Zwischenleiblichkeit, der vorrangig von Merleau-Ponty entwickelt worden ist, ist ein philosophisches Konzept, ein phänomeno-logisches Konzept, mit dem solche Phänomene untersucht werden. Es geht etwa darum, dass derjenige, der das Seil schwingt, zwischen seiner Hand und dem Seil nicht mehr genau unterscheiden kann. Das Seil wächst sozusagen in die Hand hinein und die Hand in das Seil. Oder das Beispiel von Merleau-Ponty mit dem Spazierstock, der Hand und dem Boden, bei dem die Überwindung der Natur-Geist-Dichotomie problematisiert wird, die im Bodily-Turn Jahr-zehnte später wiederaufgenommen wird. Darüber hinaus haben uns Spannungen interessiert, bei denen ein nicht-identisches Moment hereinkommt. Das Seil beim Spielen mit dem Seil ist doch nicht die Hand und der Stock des Spazier-gängers ist doch nicht der Boden. Wo oder wie wird das spürbar? Wenn der Spaziergänger stolpert, oder wenn er den Stock aus der Hand verliert, oder wenn das Seil losgelassen wird oder wenn die Säge eben nicht mehr berechen-bar ist? Aus diesem Grund haben wir ja beim Workshop in Konstanz die Säge auch an einen Tonabnehmer angeschlossen, um das Unberechenbare der Säge/ des Sägens zu zeigen. Und die akustischen Phänomene korrespondierten zum Teil damit, dass die Säge eine ganz eigene Art von Geräuschgenerator wird. Dadurch sollten Übergangs- und Hybridisierungsphänomene zwischen Mensch-Säge-Holz-Geräusch-Tonabnehmer-Tonabgeber usf. medial dargestellt und erlebbar gemacht werden. Parasitierungsprozesse, Unabgeschlossenes.

DF: Das ist interessant: Du sagst, wir haben die Säge an einen Ton-abnehmer angeschlossen. Ich dachte jetzt eher, der Tonabnehmer wurde an die Säge angeschlossen. Nun kann man sagen, das sei egal, aber das ist es eigent-lich nicht. Der Perspektivwechsel macht einen Unterschied. Der Tonabnehmer ändert durch seine Positionierung an der Säge auch das Sägeverhalten. Dadurch, dass die Beteiligten über diese artifizielle, prozessuale Verzerrung das Sägen (akustisch anders) hören, ändert sich auch ihr Sägevorgang. Damit haben wir das Baumsäge-Modell von Christian verkompliziert, technischer gemacht. Uns interessiert, was Luhmann „Beobachtungen zweiter Ordnung" oder „Kybernetik

---

[16]BUZZ. Parasitic Ecologies. http://parasite.metaspace.de. Zugegriffen: 8. Juni 2018.

zweiter Ordnung" nennt, dass der Beobachter immer in das Beobachten eingeht, natürlich auch in die Medien und die Technik und dass man nie eine artefakt- oder technik- oder beobachtungsfreie Kybernetik, Bio-Kybernetik, Lebensform findet.

Das hat Bense in seiner „Technischen Existenz" sehr überzeugend dargelegt. Benses kybernetisches Referenz-Paradigma war die Heisenberg'sche Unschärferelation, die ja bekanntlich besagt, dass der Beobachter immer in das Beobachtete eingeht. Das kann man aber auch anders denken, nämlich dass die Phänomene von Teilchen und Welle den Beobachter selbst formieren und instruieren und ihn erst zu solchen Beobachtungen zweiter Ordnung befähigen.

Es geht dabei um die Infragestellung des Menschlichen als Paradigma. Darum, in einem posthumanen Beobachtungssystem den Beobachter selber technischer werden zu lassen, ihn zu einem Cyborg zu machen. Aber auch das wird wieder verwoben, weil der Denkfehler gerade wäre, dass dieser Cyborg eben als nicht menschlich gedacht wird. Bei unserem aktuellen Projekt über das Cochlea-Implantat[17] wird genau diese Frage aufgeworfen. Der Denkfehler vieler Cyborg-Anhänger der ersten Generation war ja, dass man durch ein Implantat zu einem Roboter im schlechten Sinne wird.

Aber die Geschichte hat uns gezeigt, dass Roboter inzwischen viel biologischer, viel menschlicher, viel materialhafter, elastischer geworden sind. In ihnen ist immer ein Element von Parasitierung und von Störung enthalten: Material und Technik, Menschliches und Dingliches beeinflussen einander auf vielfältigste Weisen. Der Beobachter und das Beobachtete werden in parasitärer Weise *befallen*. Wir werden vom Material oder auch von anderen Lebewesen, mit denen wir interagieren, fortlaufend beeinflusst, parasitiert. Wir können aber auch lernen. Das hat uns bei unserer Arbeit dann immer mehr in die Richtung des Parasiten oder in Verbindung mit dem Tier gebracht, weil gerade das Mensch-Tier-Verhältnis und das Mensch-Technik-Verhältnis viele Parallelen aufweist. Denn es geht in beiden Fällen um eine wesenhafte existenzielle Auseinandersetzung mit dem ganz Anderen. Bis hin nicht nur zum Tier, sondern auch zu den Pflanzen. Und wenn man Uexküll mit seinem Begriff der Umwelt nimmt, kann man den natürlich beliebig fein auflösen: In jeder Umwelt gibt es viele andere Verflechtungen mit wieder anderen Umwelten und anderen Materialien. Die Umwelt kann ich z. B. in Sauerstoff und nach verschiedenen Materialien hin auflösen, welche alle mit unterschiedlichen Systemen menschlicher, tierischer

---

[17]Innovative Potenziale des Hörens mit dem Cochlea Implantat. http://ipoci.de. Zugegriffen: 8. Juni 2018.

und dinglicher Aktanten verbunden sind. Das ergibt dann den Weg von dem Parasitären und Tierischen in unserem Projekt „BUZZ"[18] zu unserem im Moment letzten Projekt „WASTELAND" (Dornberg und Fetzner 2017),[19] in dem es um Müll geht, um Stoffwechselprodukte, also materielle Prozesse: Metabolismen, die in unseren Körper hinein, und aus dem Körper heraus, in unser Denken hinein, und aus dem Denken heraus wirken. Um Materie in einem weiten Sinn.

MD: Bei der Baumsäge und den darauf bezogenen Projekten haben uns deren materielle, elastische, störungsbezogene Aktanten, die sozusagen die Gelingungsorientierung im Sägen ein bisschen konterkarieren, über den Parasiten zu den Tieren, aber auch zu den Dingen und Materialien gebracht (Dornberg 2017). Und zur „objektorientierten Philosophie" von Graham Harman (2016), gerade bei diesem Müll-Projekt, dem Ding-Projekt. Harmans Realismus ist ja „spekulativ". Man darf das nicht unterschätzen, dass er keinesfalls behauptet, dass Objekte jetzt neuerdings ontologisch Subjekte seien, wie menschliche Wesen. Sondern es ist eine Spekulation, also: „lass uns einfach mal so tun, als ob Alles ein Objekt ist" oder ganz komplexe Objekte sind. Als ein Gedankenexperiment.

DF: Harman geht es nur um einen anderen Einstiegspunkt im Denken. Mit Latour (2008) kann man sagen, dass die Unterscheidung zwischen menschlich und nicht-menschlich durchaus sinnvoll ist, die Subjekt-Objekt-Unterscheidung jedoch nicht. Letztere ist nicht mehr zeitgemäß oder sie ist eine Sackgasse der Moderne.

MD: Meiner Einschätzung nach geht es tatsächlich mehr um das Spekulative und damit auch um das Künstlerische. So wie Harman sagt, möglicherweise ist so eine Säge ein Objekt, genau wie die Menschen oder der Tonabnehmer. Sie hat in ihrer Materialität und Historizität eine ganz ‚bestimmte' Textur, eine ganz ‚bestimmte' Semiotik im guten Sinne, eine ‚bestimmte' Elastizität und dieses Objekt schließt mal mehr, mal weniger an Menschen an, die ebenso ihre Vorerfahrungen mitbringen, die in einem ganz bestimmten System zusammen sägen oder musizieren. Diese Menschen sind in ihrer Textur selber komplexe ‚Objekte'. Das versuchen wir zu reflektieren, wenn wir spekulativ, künstlerisch denken, performieren oder installieren. Was passiert denn da? Und zwar als ein neues (spekulatives) Objekt, als transmediales Experimentalsystem, u. a. als Filme, Installationen und interaktive Dokumentationen und nicht nur als reine Theorie. Als Material.

---

[18]BUZZ. Parasitic Ecologies. http://parasite.metaspace.de. Zugegriffen: 8. Juni 2018.
[19]Siehe WASTELAND. http://waste.metaspace.de. Zugegriffen: 8. Juni 2018.

DF: Wir gehen oft spekulativ vor, wenn wir Systeme aufsetzen oder Projekte angehen, die sowieso schwer planbar sind. Oft können wir gerade einmal im Nachhinein noch rekonstruieren, wie das Eine in das Andere übergeht oder überging. Daher rührt auch unsere Sympathie für die „Nordwest-Passagen"-Metapher bei Michel Serres (1994) als hodologische Suchbewegung, die sich der Komplexität der Welt mit der Bescheidenheit einer Ameise nähert. Oder wie Latour in seiner Ausstellung „Reset Modernity" so schön deutlich gemacht hat: das Globale gibt es gar nicht bzw. nur als verführerische Perspektive einer suggerierten Ganzheit. Das Globale gibt es nur aus der Sicht des Schöpfers oder der Sicht Gottes (Latour 2016). Für uns Menschen kann es das naturgemäß nicht geben, weil wir teilnehmende Beobachter sind und verflochten in unsere nachbarschaftlichen Verhältnisse. Ein Irrtum der Moderne bestand ja genau darin, das Globale wörtlich zu nehmen mit der daraus resultierenden Hybris. Diese Kritik führen wir ja in unserem Projekt DE\GLOBALIZE[20] (2018–2020) auf der Suche nach dem Terrestrischen (Latour 2018) und der sogenannten „Critical Zone"[21] fort.

MD: Das ist mir jetzt noch einmal klargeworden, dass das Experimentalsystem Baumsäge naturgemäß bescheiden sein muss. Da ist ja die Scheide/Entscheidung drin, das ist die Grenze. Und deshalb haben wir dieses Bezugssystem zum Teil überschritten. Aber wie alles Gute im Leben begleitet es einen mal mehr, mal weniger. Diese Projekte werden mich jedenfalls immer begleiten. Also in der Ärzte-Ausbildung, Therapeuten-Ausbildung sägen wir immer noch mit den Auszubildenden, und die ganz neuen Forschungen zur Sprachentwicklung zeigen, dass die Baumsäge als Experimentalsystem geeignet ist, zu zeigen, wie Sprache gebildet wird, oder wie Emotionen reguliert werden, dass das alles interaktive Prozesse sind, die Emergenzen, die „[d]ritte Körper" einerseits schaffen und andererseits brauchen. Die aber natürlich diese sofort auch wieder parasitieren, zersetzen, verändern. Dass ein Element des Gelingens, aber auch ein Element der Störung immer dabei ist.

Immer geht es uns dabei auch um den Bezug zur Medientheorie, dass es immer um das Dazwischenliegende, Mediale geht, um das Vermittelnde und zugleich Verändernde (Dornberg 2013).

Da wären wir wieder beim Objekthaften, Parasitären angekommen. Dass eben jede Improvisation auch ein Ende finden muss und dieses Ende auch die

---

[20]http://deglobalize.com. Zugegriffen: 8. Juni 2018.

[21]https://en.wikipedia.org/wiki/Earth%27s_critical_zone. Zugegriffen: 8. Juni 2018.

Improvisation erst zu dem macht, was sie gewesen sein wird. Eben ein harter Fakt. Jede Wespenkolonie muss irgendwann auch mal absterben oder einen neuen Ort finden und dann nochmal neu ansetzen. Dieses Element, was eben in der reinen Gelingensorientierung oder in der rein biokybernetischen Ordnung der früheren Art, alles ist planbar, der Strom fließt dauernd, so nicht aufgeht. Sondern der Strom fällt auch mal aus oder muss an- und ausgeschaltet werden. Es gibt eben keinen allumfassenden Kreislauf, den großen kybernetischen Kreislauf, wo alle Ströme immer fließen, sondern es gibt eben An und Aus und kleinere Ströme.

DF: In jedem Fall gibt es fortlaufend Spannungsschwankungen, im Digitalen wie im Analogen, nur dass man jetzt mit Schwellenwerten arbeitet. Die Lücken füllen sich mit parasitärem Rauschen.

Literatur

Bense, M. (1998). Technische Existenz. In M. Bense (Hrsg.), *Ausgewählte Schriften* (Bd. 3, S. 122–158). Stuttgart: Springer.

Bense, M. (1970). *Existenzmitteilung aus San Franzisko*. Stuttgart: Hake.

Christian, P. (1989). *Anthropologische Medizin. Theoretische Pathologie und Klinik psychosomatischer Krankheitsbilder*. Heidelberg: Springer.

Christian, P., & Haas, R. (1949). *Wesen und Formen der Bipersonalität*. Enke: Springer.

Deleuze, G. (2000). *Die Falte Leibnitz und der Barock*. Frankfurt a. M.: Suhrkamp.

Deleuze, G. (2016). *Francis Bacon. Logik der Sensation*. München: Fink. (Erstveröffentlichung 1981).

Deleuze, G., & Guattari, F. (1992). *Tausend Plateaus*. Berlin: Merve. (Erstveröffentlichung 1980).

Dornberg, M. (2013). Die zweigriffige Baumsäge. Überlegungen zu Zwischenleiblichkeit, Umweltbezogenheit und Überpersonalität. In T. Breyer (Hrsg.), *Grenzen der Empathie. Philosophische, psychologische und anthropologische Perspektiven* (S. 239–259). Paderborn: Fink.

Dornberg, M. (2014). Dritte Körper. Leib und Bedeutungskonstitution in Psychosomatik und Phänomenologie. In A. Böhler, C. Herzog, & A. Pechriggl (Hrsg.), *Korporale Performanz. Zur bedeutungsgenerierenden Dimension des Leibes* (S. 103–122). Bielefeld: transcript.

Dornberg, M. (2017). Mitgeteilte und parasitäre Emergenz. Zwei Modelle verkörpernder Evolution. In G. Etzelmüller, T. Fuchs, & C. Tewes (Hrsg.), *Verkörperung. Eine neue interdisziplinäre Anthropologie* (S. 281–311). München: De Gruyter.

Dornberg, M., & Fetzner, D. (2017). Experimentelle Taktilität. Zur medienökologischen Erforschung von Zwischenkörpern. In K. Harasser (Hrsg.), *Auf Tuchfühlung Zur Medialität des Taktilen* (S. 39–63). Frankfurt a. M.: Campus Verlag.

Fetzner, D. (2009). *Von der Röhrentechnik des Rasterkörpers zur Existenzmitteilung aus San Franzisko. Medienexploration zum Körpergedächtnis von Max Bense*. Hannover: Telepolis.

Fetzner, D. (2017). Wild topologies in 360°. In A. Miles (Hrsg.), *The material turn and Interactive Documentary*. Zenodo. http://doi.org/10.5281/zenodo.1120448. Zugegriffen: 20. März 2018.

Fetzner, D. (2018). Zur Autonomie in parasitären Verhältnissen. In T. Brey-Mayländer (Hrsg.), *Das Streben nach Autonomie* (S. 81–122). Baden-Baden: Nomos.

Fetzner, D., & Dornberg, M. (Hrsg.). (2015). *Intercorporeal Splits. Künstlerische Forschung zur Medialität von Stimme, Haut, Rhythmus*. Leipzig: Open House.

Fingerhut, J., Hufendiek, R., & Wild, M. (Hrsg.). (2013). *Philosophie der Verkörperung. Grundlagentexte zu einer aktuellen Diskussion*. Berlin: Suhrkamp.

Harman, G. (2016). *Immaterialism, objects and social theory*. Cambridge: Graham Harman.

Jäger, L. (2004). Störung und Transparenz. Skizze zur performativen Logik des Medialen. In S. Krämer (Hrsg.), *Performativität und Medialität* (S. 35–74). München: Fink.

Latour, B. (2008). *Wir sind nie modern gewesen*. Frankfurt a. M.: Suhrkamp. (Erstveröffentlichung 1991).

Latour, B. (2016). *Reset Modernity!* Cambridge: Graham Harman.

Latour, B. (2018). *Das terrestrische Manifest*. Suhrkamp: Frankfurt.

Merleau-Ponty, M. (1986). *Das Sichtbare und das Unsichtbare*. München: Fink. (Erstveröffentlichung 1964).

Merleau-Ponty, M. (2003). *Phänomenologie der Wahrnehmung*. Berlin: De Gruyter. (Erstveröffentlichung 1945).

Rheinberger, H.-J. (2001). *Experimentalsysteme und epistemische Dinge*. Göttingen: Suhrkamp.

Rieger, S. (2003). *Kybernetische Anthropologie*. Frankfurt a. M.: Suhrkamp.

Serres, M. (1994). *Die Nordwest-Passage*. Berlin: Merve.

Snow, C. P. (1957). *The two cultures*. Cambridge: Graham Harman.

Theweleit, K. (2007). *Übertragung, Gegenübertragung, Dritter Körper: Zur Gehirnveränderung durch neue Medien*. Köln: Walther König.

von Uexküll, J. (1920). *Theoretische Biologie*. Berlin: De Gruyter.

von Uexküll, T., & Wesiack, W. (1998). *Theorie der Humanmedizin*. München: Urban & Schwarzenberg.

von Weizsäcker, V. (1973). *Der Gestaltkreis. Theorie der Einheit von Wahrnehmen und Bewegen*. Frankfurt a. M.: Suhrkamp.

Martin Dornberg ist Psychosomatiker und Philosoph. Er leitet das Zentrum für Psychosomatische Medizin und Psychotherapie im Ärztehaus am St. Josefskrankenhaus Freiburg und ist Lehrbeauftragter für Philosophie und für interdisziplinäre Anthropologie an der Albert-Ludwigs-Universität Freiburg. Zu seinen Forschungs- und Tätigkeitsschwerpunkten gehören Psychosomatik, Philosophien der Neuzeit/(Post-)Moderne, Theorien des Körpers und der Medien. Er ist Gründungsmitglied von „mbody. Künstlerische Forschung in Medien, Somatik, Tanz und Philosophie" (2008) und an philosophisch-künstlerischen Projekten u. a. mit Daniel Fetzner und am Theater Freiburg beteiligt. Er ist Co-Autor von „*Intercorporeal Splits. Künstlerische Forschung zur Medialität von Stimme, Haut, Rhythmus* (zus. mit D. Fetzner, 2015)". Zu seinen Publikationen gehören u. a. Mitgeteilte und parasitäre Emergenz. Zwei Modelle verkörpernder Evolution. In: *Verkörperung. Eine neue interdisziplinäre Anthropologie* (hrsg. von G. Etzelmüller, T. Fuchs & C. Tewes, 2017) und Experimentelle Taktilität. Zur medienökologischen Erforschung von Zwischenkörpern (zus. mit D. Fetzner). In *Auf Tuchfühlung. Zur Medialität des Taktilen* (hrsg. von K. Harrasser, 2017).

Daniel Fetzner ist Professor für Künstlerische Forschung an der Hochschule Offenburg und Lehrbeauftragter für Medienethnografie an der Albert-Ludwigs-Universität Freiburg. Als Medienkünstler ist er an zahlreichen Projekten beteiligt und betreibt künstlerische Forschung zur Phänomenologie der Medien in translokalen Räumen. Seine Forschungsschwerpunkte liegen in interaktiven Web-Dokumentationen, Medienökologien, sozialen Insekten und Parasiten sowie der Phänomenologie des Körpers. Er ist Autor von *Von der Röhrentechnik des Rasterkörpers zur Existenzmitteilung aus San Franzisko. Medienexploration zum Körpergedächtnis von Max Bense* (2009) und *Intercorporeal Splits. Künstlerische Forschung zur Medialität von Stimme, Haut, Rhythmus* (zus. mit D. Fetzner, 2015). Aktuelle Veröffentlichungen sind Zur Autonomie in parasitären Verhältnissen. In *Autonomie* (hrsg. von T. Breyländer, 2018) und Wild Topologies in 360°. In *The Material Turn and Interactive Documentary* (hrsg. Von A. Miles, 2017).

Parahumane Konstellationen von Körper und Technik. Aktive Anpassung und tumultöse Partnerschaften

Karin Harrasser

Zusammenfassung

Der Beitrag stellt medizintechnische Praktiken, literarische und kultur-theoretische Reflexionen vor, die es erlauben, transhumanistische Ideen der Überschreitung des Menschen mittels Technik infrage zu stellen. Die Überlegungen widmen sich Praktiken der aktiven, langfristigen, wechselseitigen Anpassung zwischen Körper und Technik, sowie einer nicht-deterministischen Auffassung der Koexistenz von Körpern und Technik. Am Beispiel US-amerikanischer Prothetik und Orthetik des 19. Jahrhunderts und zeitgenössischer, poetisch-theoretischer Darstellungen (Kenny Fries, Donna Haraway) wird eine parahumane (Zoë Sofoulis) Perspektive vorgeschlagen.

Schlüsselwörter

Prothesen · Disability · Parahuman · Körper und Technik

Die fortgesetzte Vermischung von Körpern und Maschinen, wie wir sie derzeit beobachten, läuft nicht schicksalhaft auf eine restlose Vertilgung des

Es handelt sich hier um eine leicht überarbeitete Fassung des Beitrags Harrasser (2016a).

K. Harrasser (✉)
Institut für Bildende Kunst und Kulturwissenschaften, Abteilung Kulturwissenschaft,
Kunstuniversität Linz, Linz, Österreich
E-Mail: karin.harrasser@ufg.at

© Springer Fachmedien Wiesbaden GmbH, ein Teil von Springer Nature 2020   143
B. Ochsner et al. (Hrsg.), *Affizierungs- und Teilhabeprozesse zwischen
Organismen und Maschinen*, Technikzukünfte, Wissenschaft
und Gesellschaft / Futures of Technology, Science and Society,
https://doi.org/10.1007/978-3-658-27164-0_8

Biologischen hinaus, wie es die Transhumanisten projektieren, aber Technik ist ebenso wenig neutral. Mit Bruno Latour gesprochen: Wir delegieren fortlaufend kognitive, physiologische und soziale Prozesse an ganze Netzwerke von Dingen, wir tun das auch schon sehr lange und leben folglich in einem technowissenschaftlich-biologischen Milieu, in dem diese Geschichte eingelagert ist. Nichts präjudiziert jedoch, dass die Technisierung des Körpers einer Linie der Optimierung, Leistungssteigerung und Updatekultur folgen muss. Aktuelle Erzählungen über die Verbindung von Menschen und Maschinen suggerieren das, wenn sie sich ornamental um eine Aufstiegslinie von Reparatur zu Verbesserung, von Therapie zu *enhancement* ranken. Sie sind zudem mit ökonomischen Motiven durchsetzt: Sowohl das Ethos der unternehmerischen Selbstverbesserung als auch Utopien der Wahrnehmungssteigerung und der Vernetzung verbinden sich mit selbsterfüllenden Prophezeiungen einer globalen Wachstumsideologie.

Erzählungen von Vermischungen

Wie kann man Mensch-Technik-Verhältnisse anders angehen? Mir scheint, in Kenny Fries' Buch *The History of My Shoes and the Evolution of Darwin's Theory* (Fries 2007, Teilübersetzung ins Deutsche: Fries 2016) wird sie erahnbar. Kenny Fries wurde – ganz ähnlich wie der inzwischen aus anderen Gründen sehr bekannte, südafrikanische Läufer Oscar Pistorius – mit erheblich deformierten unteren Extremitäten geboren. Während die Eltern von Oscar Pistorius entschieden, die Beine ihres Kindes amputieren zu lassen, um ihm ein möglichst *normales* Aufwachsen zu ermöglichen – ein Kind, das von klein auf mit Prothesen zu gehen lernt, bewegt sich *normaler,* unauffälliger als eines im Rollstuhl; während also die Eltern von Pistorius sich für den radikalen Eingriff und für die technische Lösung entschieden haben, gingen Kenny Fries und seine Familie den langen und mühevollen Weg, mithilfe orthopädischer Operationen die Beine gehfähig zu machen. Auch hierfür kommt viel Technik zum Einsatz: Der OP ist mit seinen multiplen Akteuren eine komplexe Maschine und orthopädische Schuhe sind, wie ich später ausführen werde, ein zentraler Akteur in diesem Mensch-Technik-Ensemble. Fries verbrachte sehr viel Zeit seiner Kindheit im Krankenhaus, mit dem Resultat, dass er sich selbstständig fortbewegen kann, aber *anderskörperlich* blieb. In seinen Erzählungen und Gedichten schreibt er über diese Reise von einem Körper in einen anderen und über viele weitere, die er im Laufe seines Lebens unternommen hat. Insbesondere berichtet er über Reisen und Wanderausflüge, die er alleine oder mit seinem Freund unternommen hat. Was an seinen Erzählungen interessant ist, ist, dass er einen Aspekt von

Darwins Evolutionstheorie betont, der in der Debatte häufig in den Hintergrund tritt, nämlich, dass die Anpassungsprozesse immer auf ein Milieu bezogen sind. Anpassung als Mittel zum Überleben des Stärkeren wurde von Darwin relational und situationsspezifisch konzipiert. Fries nimmt diesen Gedanken auf, wenn er beschreibt, wie er während einer Bergtour seinem Partner überraschend überlegen ist, weil seine orthopädischen Schuhe sich auf einem Klettersteig perfekt als Hilfsgeräte auf Leitern nutzen ließen, während die Leitern über dem steilen Abhang seinen *normalkörperlichen* Freund an den Rand der psychischen und körperlichen Belastung brachten. Ähnlich erging es ihm beim *rafting* im Grand Canyon: In dieser sehr speziellen natürlich-künstlichen Umwelt hatte er einen körperlichen Vorteil, z. B. weil er seine Beine gut im Kanu unterbringt und seine steife Hüfte ihm Stabilität gibt. Kenny Fries widmet sich gleichermaßen präzise wie lakonisch allen Vorgängen rund um die Bewegung auf dem Fluss: dem Ein- und Aussteigen mit Hilfe von improvisierten Rampen, der Logistik zwischen Neoprenanzug, Stock und Schuhen, dem Über-den-Fluss-getragen-werden und den neuen Fertigkeiten, die ihm im Umgang mit Gerät, Fluss und Felsen erwachsen. Die Idee der Angepasstheit oder auch einer Überlegenheit, kippt durch die Einschränkung auf ein bestimmtes Milieu niemals in die Entwertung der weniger Fitten oder in einen Imperativ der Selbstverbesserung: Das *Besser-sein* beschränkt sich selbst, bleibt situativ oder besser: situiert. Es geht stets um eine *bestimmte* Praxis in einem *bestimmten* Milieu, den Genuss und ein Erleben von Teilhabe, auch um die Erfahrung des Könnens. Das Können wird von Fries als ein teilsouveränes Verhältnis zu einer *bestimmten* technisch-biologischen Umwelt beschrieben.

In seinen Erzählungen wird außerdem kenntlich, wie sich Handlungsfähigkeit auf ganz unterschiedliche Akteure verteilt. Manche davon sind menschlich, manche technisch, manche gehören der gewordenen Umwelt an. All diese Agenten wirken aufeinander ein, modifizieren einander und ergeben komplizierte Choreographien. Ohne Pathos kommen die vielen nichtmenschliche Agenten ins Spiel: in lyrischen Beschreibungen von Landschaften etwa, aber auch in slapstickhaften Schilderungen von Materialwiderspenstigkeiten. Das alles andere als reibungsfreie Zusammenspiel von Technik, Körper und sozialen Beziehungen wird in einer Episode thematisiert, die den Ersatz eines Paars orthopädischer Schuhe schildert, die Fries 17 Jahre früher angepasst worden waren und das seither gehegt, gepflegt und laufend modifiziert wurde. Als die Schuhe anfangen zu zerfallen, begegnet der Autor zunächst einer gut geölten sozial- und medizintechnischen Maschine: Er muss eine Verschreibung vorweisen, damit er die neuen Schuhe bekommt; die äußerst kurz ausfällt. Sein Orthopäde schreibt: „Kenny Fries cannot ambulate without orthopedic shoes." (Fries 2007, S. 75)

Mit Fiberglas werden dann Abdrücke von seinen Füßen und Beinen genommen, nach denen die neuen Schuhe nach modernsten Maßgaben gefertigt werden. Sie sind sehr viel leichter, sehen schick aus, passen aber nicht. Nach viel erfolglosem Ausprobieren und Nachjustieren durch den Orthopädietechniker wird ein zweiter Versuch unternommen: Die alten Schuhe werden in die Fabrik mitgeschickt, dort abgegossen und mit dem Fußabdruck abgeglichen. Die neuen Schuhe kommen, passen erneut nicht und werden nach einigen Wochen weiterer, quälender Versuche in der hintersten Ecke des Schranks abgelegt, wo sie auch bleiben. Das Problem der neuen Schuhe ist nicht, dass sie nicht „passen", sie passen exakt, aber sie sind nicht dazu in der Lage, sich, wie ihre Vorgänger, stützend anzuschmiegen. Das neue Material kann nicht, was das alte Leder konnte: aktive, wechselseitige Anpassung.

Aktive Anpassung

Zoë Sofoulis, die mich auf den Begriff „parahuman" (vgl. Sofoulis 2002), gebracht hat, hat ihn ebenfalls von den Schuhen her gedacht. Sie bezieht sich auf das Eintragen von Schuhen, um den Ansatz des „mutual shaping" (ebd., S. 274f.), also der gegenseitigen Formgebung zwischen Technischem und Organischem, zu plausibilisieren. Man kann diese „wechselseitige Formgebung" in verschiedene Richtungen denken: Sofoulis geht es um den nicht-intentionalen, ungeplanten Charakter der Inter- oder Kooperationen und damit um eine praxeologische und dementsprechend „kleine" Auffassung von der Struktur und Prägekraft von Prozessen ohne Subjekt. Sie hatte dabei wahrscheinlich nicht vor Augen, dass Martin Heidegger – zwar in einem ganz anderen Tonfall, der voll Pathos die Ursprünglichkeit bäuerlicher Praktiken beraunt, aber in der Sache der Actor-Network-Theory (ANT) durchaus verwandt – van Goghs berühmtes Schuhgemälde beschrieben hatte:

> „Aus der dunklen Öffnung des ausgetretenen Inwendigen des Schuhzeugs starrt die Mühsal der Arbeitsschritte. In der derbgediegenen Schwere des Schuhzeugs ist aufgestaut die Zähigkeit des langsamen Ganges durch die weithin gestreckten und immer gleichen Furchen des Ackers (…). Auf dem Leder liegt das Feuchte und Satte des Bodens. Unter den Sohlen schiebt sich hin die Einsamkeit des Feldesweges durch den sinkenden Abend. In dem Schuhzeug schwingt der verschwiegene Zuruf der Erde (…) Durch dieses Zeug zieht das klaglose Bangen um die Sicherheit des Brotes, die wortlose Freude des Wiederübstehens der Not, das Beben in der Ankunft der Geburt und das Zittern in der Umdrohung des Todes. Zur *Erde* gehört dieses Zeug und in der *Welt* der Bäuerin ist es behütet." (Heidegger 1972, S. 19)

Der signifikante Unterschied zwischen Heidegger und Sofoulis besteht darin, dass ersterer die Praktiken der bäuerlichen Welt gegen die neuzeitliche Technik, das Gestell, beschwört, während Sofoulis, wie andere VertreterInnen der ANT, aus den kleinen Alltagspraktiken Erkenntnisse über genau diese, also die moderne Technik, zu gewinnen hofft. Dieser gemeinsame Referenzrahmen mag hier aber vor allem daran gemahnen, dass man mit einem Fokus auf die Praxis nicht so ohne weiteres auf der sicheren Seite einer kleinen, einer minoritären Theorie ist.

Betrachtet man den Komplex der aktiven, der wechselseitigen Anpassung in diesem Sinne aus technikhistorischer Sicht, lassen sich weitere Beispiele aus der Prothetik und späteren Kybernetik finden. Das Prinzip einer aktiven Anpassung findet sich z. B. im Text von Oliver Wendell Holmes sr. *The Human Wheel, It's Spokes and Felloes* aus dem Jahre 1863, im Kontext des US-amerikanischen Bürgerkrieges und der sich etablierenden Protheseindustrie sehr prominent ausgedrückt. Das Emblem seines Textes bildet ein stilisiertes Rad, das sich aus Beinen als Speichen und Füßen als Felgen zusammensetzt. In seinen Studien des menschlichen Ganges nimmt der Physiologe und Arzt mit dieser Abbildung auf die Technik der damaligen Schnappschussfotografie („instantenous photography") (Holmes 1863, S. 568) Bezug. Es stammt aus der bereits 12 Jahre nach ihrer Publikation ins Englische übersetzten Abhandlung *Die Mechanik der menschlichen Gehwerkzeuge* der Göttinger Gebrüder Wilhelm und Eduard Weber aus dem Jahre 1836, die dort den menschlichen Gang als Pendelbewegung beschrieben hatten. Dazu kommt das der fotografischen Evidenz geschuldete Wissen über die Abrollbewegung von der Ferse zur Zehenspitze. Muybridges und Mareys visuelle Beweisführung vorwegnehmend erstellt Holmes Zeichnungsserien Gehender, um die verschiedenen Phasen des Gangs darzustellen. Seine Schlussfolgerung ist: „Walking, then, is a perpetual falling with a perpetual self-recovery". Und weiter: „Man is a *wheel*, with two spokes, his legs, and two fragments of a tire, his feet. He *rolls* succesively on each of these fragments from heel to toe." (ebd., S. 471) In Holmes' Text wird dann sukzessive der Unterschied zwischen Organ und Apparat in einem dynamischen Vorgang aufgehoben.

Die Gebrüder Weber hatten in ihrer Studie über Apparate bereits darüber spekuliert, wie von den funktionalen Prinzipien menschlichen Gehens aus Gehmaschinen konstruiert werden könnten. Das Ziel ihrer Studie sei die Formulierung von anwendbaren „Vorschriften zum Bau von Maschinen, welche wie der Mensch von zwei Stützen getragen und durch deren abwechselnde Streckung und Schwingung fortbewegt werden" (Weber und Weber 1836, S. 209). Die Idee von kolossalen „walking machines" (Holmes 1863, S. 568) der Zukunft inspirierte Holmes zwar, initiierten jedoch anderes, nämlich die Werbung für die Schuh- und Prothesenherstellung seiner Zeit. Holmes' Bewunderung für die „unsichtbaren" Prothesen des Ersatzgliederherstellers Benjamin Franklin Palmers aus Philadelphia, der selbst beinamputiert war, hat zwei Fluchtpunkte: die soziale Integration der Prothesenträger und die anatomische Plausibilität der Prothesenkonstruktion (Vgl. Herschbach 1997, Harrasser 2016b). Erstere resultiert in seinem Plädoyer für einen größtmöglichen Naturalismus der Prothese. Während die Konzeption des *human wheel* den menschlichen Gang als funktionale Abfolge begreift und an Prothesen mit nicht-menschlicher Morphologie denken lässt (etwa an spätere Rollstühle), drängt das soziale Argument auf möglichst genaue Nachahmung der natürlichen Morphologie. Mit Blick auf die anatomische Plausibilität von Gehhilfen beschreitet Holmes jedoch das Terrain einer funktional-rückkoppelnden Idee des Körpers. Er eröffnet Regionen des Nachdenkens, die sich nicht mehr auf einen naturgegebenen menschlichen Körper als Ursprung und Ziel von Technik zurückbeziehen lassen, sondern auf das Gebiet nichtmenschlicher Existenz, auf das Gebiet von *vegetable* und *animals* führen. Die sechs beidbeinig amputierten Veteranen (*nullipeds* in Holmes Sprache), die er beim Training beobachtet, würden dank der Prothesen zu *bilignipeds,* zu „hybrids between the animal and the vegetable world" (Holmes 1863, S. 578). Sprachlich und bildlich lässt Holmes in seiner Diskussion der Prothetik den Menschen *wie er ist* hinter sich. Als Patriot des fortschrittsbesessenen 19. Jahrhunderts phantasiert er freilich von einer Verbesserung des U.S.-Menschen, einer Menschenart, die mithilfe technischer Potenz über die „Anthropotechniken" (Sloterdijk 2009) der Alten Welt triumphieren soll: „We profess to make men and women out of human beings better than any of the joint-stock companies called dynasties have done or do it." (Holmes 1863, S. 580)

Als ebenso zukunftsweisend wie die Prothesentechnik erscheint Holmes auch ein bestimmtes Herstellungsverfahren von Schuhen. Holmes' Lobeshymne ist an einen gewissen Dr. Plumer als Befreier der unterdrückten Organe (es geht um deformierte Zehen) adressiert. Er sei der „Garrison of these oppressed members of the body corporeal. He comes to break their chains, to lift their bowed fingers, to strengthen their weakness, to restore them to the dignity of digits" (ebd., S. 589). Im Krieg, den die Füße, mit schlechtem Schuhwerk ausgestattet, gegen die Härte des Asphalts auszufechten hätten, wären die plumerschen Schuhe ein großer Fortschritt. Was Holmes besonders fasziniert, ist, dass die Schuhe von vorneherein mit Blick auf die erforderlichen wechselseitigen Anpassungsprozesse zwischen Schuh und Fuß hergestellt werden: Der Schuhfabrikant lässt sich einen gut eingelaufenen Schuh des Kunden geben, um den neuen entsprechend der Abnutzungsspuren zu formen. Die zukünftige Passung wird mithilfe einer technischen Abnahme der Geschichtlichkeit des Schuhs antizipiert – aktive Mimesis.

Der Passungsvorgang wird durch diese antizipative Zeitstruktur invertiert. Im Probierzimmer des Prothesentechnikers, der „nursery of immature lignipeds" gewinnt Holmes dann ebenfalls den Eindruck, der Anpassungsprozess liefe so ab, „as if the artificial leg were the scholar, rather than the person who wears it" (ebd., S. 577) Im Gesichtskreis der praktischen Arbeit an der Verbesserung von Körpern und im weiten Echoraum des Konzepts der Anpassung von Organismen an ihre Umwelten sind bei Holmes *soziale Passung* und *technische Anpassung* außerdem beinahe deckungsgleich. Gesellschaftlicher Erfolg durch Unauffälligkeit verbindet sich mit einer antizipierenden Passung als Herstellungsprinzip von körpermodifizierenden Artefakten. Beides sind Wegmarken in der Etablierung flexibel-normalistischer Systeme der Selbsteinrichtung, die ab dem ausgehenden 19. Jahrhundert formalisiert und implementiert werden (vgl. Krause 2007; Rieger 2003; Harrasser 2009).

Körpermodifizierende Artefakte antizipieren hier also einen zukünftigen Körper und dessen Bedürfnisse. Die Zukunft des Körpers wird im Prozess der Herstellung des Artefakts aus seiner Vergangenheit heraus modelliert, wobei – und das ist ein Problem – von einer Kontinuität zwischen vergangenen und zukünftigen Bedürfnissen und Bewegungsmustern ausgegangen wird. Dieses Prinzip findet sich bis heute in allen selbst lernenden technischen Systemen, etwa in sogenannten intelligenten, benutzerorientierten Computeranwendungen. Dabei haben die rekursiven Effekte einer antizipierenden Anpassung, also der Umstand, dass durch den technischen Eingriff der Körper grundlegend verändert ist, in der Reflexion zumeist wenig Beachtung gefunden. Das Sich-Einstellen-Können auf zukünftige Erfordernisse mag eine menschliche Grundkompetenz sein, es bleibt jedoch zu fragen, was es bedeutet, wenn Körper mittels technisch-funktionaler Modellierungen für die Zukunft eingerichtet werden. Der hohen Plastizität und Adaptibilität des menschlichen Körpers und seines Verhaltens wird eine technische Modellierung ebenso wenig gerecht werden können wie den je individuellen Rhythmen von Wachstum und Verfall und all jenen unvorhersehbaren Wendungen, die ein Leben auszeichnen. Technisch antizipieren kann man nur Körper, deren zukünftiges Verhalten – wenigstens im Groben – bekannt ist, Körper, die sich innerhalb vorhersehbarer und wahrscheinlicher Zonen von Bedürfnissen bewegen.

Partner im Tumult

Mein zweites Beispiel nimmt hingegen die spinozistische Grundannahme – dass wir nie wissen können, was ein Körper vermag – zum Ausgangspunkt. Das Beispiel stammt aus Donna Haraways Buch *When Species Meet* (Haraway 2008).

In diesem Buch denkt Haraway weniger über die technisch-biologischen Hybridwesen nach, die sie berühmt gemacht haben, als über die Beziehung zwischen Menschen und Tieren. Umso erstaunlicher ist, dass in der Mitte des Buchs ein kleines Kapitel über ihren Vater eingebaut ist, der – um beim Thema zu bleiben – Sportreporter war und sich aufgrund einer tuberkulösen Knocheninfektion Zeit seines Lebens auf Krücken und in Rollstühlen fortbewegte. Haraway stellt zwei Momente in den Vordergrund: erstens das Verhältnis von Erzählung und Welt und die weltschaffende Kraft von Worten und zweitens den Umgang ihres Vaters mit den verschiedenen technischen Hilfsmitteln. In beiden Fällen ginge es darum, so Haraway, „im Spiel zu bleiben" (to stay *in* the game, ebd., S. 175). „Im Spiel bleiben", das heißt, Beziehungen weiterzuspinnen, die körperlich-zeichenhafter Natur sind. Auf diese Art und Weise wird auch eine Biographie hergestellt: Durch die Verknüpfung von *bios* mit *graphe,* von gelebtem Leben und ihrer zeichenförmigen Bearbeitung. Haraway hebt darauf ab, dass die spezielle Biographie ihres Vaters nicht schreibbar ist, ohne seine schreibende Beziehung zum Sport einerseits und zu seinen Krücken und Prothesen andererseits. Diese hätten auch noch in die Bewegungsmuster der nächsten Generation hineingewirkt. Beide ihre Brüder hätten sich den prägnanten Gang ihres Vaters angeeignet, obwohl sie vollkommen gesund waren. „Im Spiel bleiben", das meint auch die Hingabe des Vaters an seinen Beruf, die wiederum ein ganzes Netzwerk an Technologien auf den Plan rief. Selbst nachdem seine Berufstätigkeit beendet war, verfolgte er seine Passion weiter: mithilfe einer aufwändigen Satellitenanlage, durch das Kommentieren der Spiele am Telefon usw. Die Worte, die Haraway für die Rolle der Technik im Leben ihres Vaters findet, betonen den Ermöglichungscharakter von Technik ohne ihr gleich alles zuzutrauen und zuzumuten. Die Subjektivierung des Vaters als professioneller Sportreporter erzählt sich nicht nach dem Muster des „trotzdem": Obwohl er behindert war, wurde er Sportreporter. Im Gegenteil, sie sagt, er habe stets seine „Autonomie-in-Relation" (ebd., S. 164) vorgelebt. Es war eine Autonomie, die sich innerhalb von Verhältnissen und Verbindungen hergestellt hat, die eine Autonomie in Transaktion darstellte. An anderer Stelle bezeichnet sie die *assemblage* aus Mensch und Apparat, die ihr Vater war, als „messmates" (ebd.). Die Neuprägung ist schwer zu übersetzten, aber man könnte sagen: Partner in Unordnung oder Partner in einem Tumult. Obwohl der Technikfeindlichkeit unverdächtig, fällt ein Gerät in Haraways Erzählung aus dem Spiel heraus: Der letzte Rollstuhl ihres Vaters, technisch bei weitem der fortschrittlichste, war kein *messmate* mehr. Nicht, weil mit seinen technischen Details irgendetwas nicht in Ordnung gewesen wäre, sondern weil er zu einem Zeitpunkt „ins Spiel" kam, als dieses für ihren Vater „ausgespielt" war. Es ging nun ums Sterben und dabei war der Rollstuhl kein Partner mehr.

Konsequent sucht Haraway hier nach Begriffen, die ihr erlauben, die Opposition von Humanismus und Posthumanismus zu umgehen oder zu unterlaufen. Denn nicht nur was Technologien können oder wir mit ihnen können, ist von Bedeutung, sondern auch die Art und Weise, wie wir darüber sprechen. Ihre Figuren, egal ob sie Cyborg heißen oder „Mein Vater der Sportreporter" sind so verstanden zuallererst Figuren, die ein Problembewusstsein verkörpern. Ihr Credo ist: Wenn unsere Technokörper eine Erbschaft der modernen Wissenschaften und der kapitalistischen Wertschöpfung sind, gilt es, sich in diese Abstraktion hineinzubegeben und sie von innen zu bearbeiten. Ein Ja zu Technologien muss aber nicht zwingend ein Ja zur Unvermeidbarkeitshypothese oder von *enhancement* und Selbststeigerung sein. Den Technokörper im Modus des Futur II zu begreifen heißt, ihn als einen zu verstehen, von dem wir immer erst hinterher gewusst haben werden, wozu er fähig gewesen sein wird. Es gilt, ihn nicht fahrlässig in die Zukunft seiner Perfektionierung zu projizieren und damit die gegenwärtigen, konkreten Körper dem Druck der andauernden Selbstverbesserung auszuliefern.

Das Verständnis des Körpers im Futur II kommt in die Nähe dessen, was Thomas Macho „inklusiven Humanismus" (Macho 2013) nennt. Es wäre ein Weg, der den Humanismus zuallererst als einen historisch spezifischen bestimmt. Dabei tritt zu Tage, dass der Humanismus auf eine spezifisch abendländische Definition des Menschen aufsetzt, die auf Kants Deutung des Menschen als einen rational entscheidenden, über sich selbst und seinen Körper verfügendem Individuum beruht. In Folge dieser historischen Aufklärungsidee konnten sich Sklaven, Frauen und Anderskörperliche ebenfalls Zugang zu den Rechten für Menschen verschaffen, indem sie ihre Rationalität, Nützlichkeit und Selbstbeherrschung unter Beweis stellten. Mit Macho und Haraway geht es mir darum, die Population der Handelnden und dabei den klassischen Begriff des Humanismus selbst zu erweitern. Er sollte nicht von einer Definition „des Menschen" und des „Mensch-sein" als einer unveränderbaren Qualität ausgehen, sondern vom Humanismus als einem Horizont, in den potenziell vieles und viele eingeschlossen sein können, die gemeinhin nicht als Menschen gelten.

Damit ist eine Arena des Handelns anvisiert, die teilsouveränen Akteuren (die wir letztlich alle sind) Raum gibt. Es ist die Idee einer politischen Arena, in der ungezählten Akteuren Artikulationsfähigkeit zugetraut wird und nicht nur denjenigen, denen Vernunft und Souveränität attestiert wird. Ein zentrales Momentum für die Verwirklichung einer solchen Perspektive ist, den Kreis derer zu erweitern, die gehört werden und Widerspruch äußern können. Haraway verwendet dafür das Wort *responseability,* also die Fähigkeit zur Responsabilität. Grundlegend dafür wäre, allen die Möglichkeit einer Erwiderung bzw. eines Widerspruchs zu geben. Es müssten Vorkehrungen dafür getroffen werden, dass möglichst „alles" sich melden kann. Besser als der Begriff posthuman scheint mir dafür derjenige der *assemblage* zu passen, der in den Blick nimmt, wie, in heterogenen Ensembles und ohne dass dabei vorneweg ein Konsens über Ziele vorliegt, Verfahren, Objekte und Erfahrungen fabriziert werden. Vielleicht wäre, das ist mein letzter Vorschlag, parahuman (Sofoulis 2002) aber eben noch passender, ein Begriff, der weniger an eine friedliche Koexistenz als ein wildes Neben- und Durcheinander von unterschiedlichen Existenzformen denken lässt.

Literatur

Fries, K. (2007). *The history of my shoes and the evolution of Darwin's theory*. Boston: Da Capo Press.

Fries, K. (2016). Die Geschichte meiner Schuhe und die Evolution von Darwins Theorie. In K. Harrasser & S. Roeßiger (Hrsg.), *Parahuman. Neue Perspektiven auf das Leben mit Technik* (S. 130–142). Köln: Böhlau.

Haraway, D. J. (2008). *When species meet*. Minneapolis: University of Minnesota Press.

Harrasser, K. (2009). Passung durch Rückkopplung. Konzepte der Selbstregulierung in der Prothetik des Ersten Weltkriegs. In S. Fischer, E. Maehle & R. Reischuk (Hrsg.), *Informatik 2009: Im Focus das Leben* (S. 788–801). Bonn: GI.

Harrasser, K. (2016a). Parahumane Konstellationen von Körper und Technik. Aktive Mimesis und tumultöse Partnerschaften. FifT Kommunikation. *Zeitschrift für Informatik und Gesellschaft*, 2(33), 40–44.

Harrasser, K. (2016b). *Prothesen. Figuren einer lädierten Moderne*. Berlin: Vorwerk 8.

Heidegger, M. (1972). *Holzwege*. Frankfurt a. M.: Klostermann.

Herschbach, L. (1997). Prosthetic reconstructions: Making industry, re-making the body, modelling the nation. *History Workshop Journal, 44*, 122–157.

Holmes, O. W. (1863). The human wheel, its spokes and felloes. *The Atlantic Monthly, 67*, 567–580.

Krause, M. (2007). Von der normierenden Prüfung zur regulierenden Sicherheitstechnologie. Zum Konzept der Normalisierung in der Machtanalytik Foucaults. In M. Krause & C. Bartz (Hrsg.), *Spektakel der Normalisierung* (S. 53–75). München: Fink.

Macho, T. (2013). Tiere, Menschen, Maschinen. Für einen inklusiven Humanismus. In K. P. Liessmann (Hrsg.), *Tiere. Der Mensch und seine Natur (Philosophicum Lech 16)* (S. 153–173). Wien: Zsolnay.

Rieger, S. (2003). *Kybernetische Anthropologie. Eine Geschichte der Virtualität*. Frankfurt a. M.: Suhrkamp.

Sloterdijk, P. (2009). *Du mußt dein Leben ändern. Über Anthropotechnik*. Frankfurt a. M.: Suhrkamp.

Sofoulis, Z. (2002). Post-, nicht- und parahuman. Ein Beitrag zu einer Theorie soziotechnischer Personalität. In M. L. Angerer, K. Peters & Z. Sofoulis. (Hrsg.), *Future bodies. Zur Visualisierung von Körpern in Science und Fiction* (S. 273–297). Wien: Springer.

Weber, W., & Weber, E. (1836). Mechanik der menschlichen Gehwerkzeuge. *Eine anatomisch-physiologische Untersuchung. Nebst einem Hefte mit 17 Tafeln anatomischer Abbildungen.* Göttingen: Dieterichsche Buchhandlung.

Karin Harrasser ist Professorin für Kulturwissenschaft an der Kunstuniversität Linz. Neben ihren wissenschaftlichen Tätigkeiten war sie an verschiedenen kuratorischen Projekten beteiligt, z. B. an der Neuen Gesellschaft für bildende Kunst e. V. in Berlin, Kampnagel Hamburg und am Tanzquartier Wien. Mit Elisabeth Timm gibt sie die *Zeitschrift für Kulturwissenschaften* heraus. Ihre Forschungsschwerpunkte liegen in Körper-, Selbst- und Medientechniken, Wissen und Evidenz, Prozessen der Verzeitlichung, Theorien des Subjekts/der Objekte sowie Geschlecht und agency. Sie ist Autorin von *Prothesen. Figuren einer lädierten Moderne* (2016), *Körper 2.0. Über die technische Erweiterbarkeit des Menschen* (2013). Als aktuelle Publikationen sind die Sammelbände *Parahuman. Neue Perspektiven auf das Leben mit Technik* (hrsg. zus. mit Susanne Roeßiger, 2016) und *Auf Tuchfühlung. Eine Wissensgeschichte des Tastsinns* (2017) zu nennen. Ihre Übersetzung von Donna J. Haraways letztem Buch erschien unter dem Titel *Unruhig bleiben. Die Verwandtschaft der Arten im Chthuluzän* beim Campus Verlag 2018.

Dividuationsprozesse im bio- und sozio(techno)logischen Bereich

Michaela Ott

Zusammenfassung

In diesem Beitrag wird argumentiert, dass in der Gegenwart epistemologische Annäherungen und Analogien zwischen zeitgenössischen Natur- und Geisteswissenschaften aufgrund erweiterter und disziplinübergreifender Erkenntnisinteressen, technologiegesteuerter Untersuchungen und existenzbedingter Teilhabemöglichkeiten und -zwänge zu beobachten sind. Biologische Disziplinen sehen die Bedeutung von Artbestimmungen schwinden zugunsten ökologisch- und biodiversitätsorientierter Neuaufteilungen des Lebendigen. Sozialwissenschaftliche Untersuchen verweisen auf den Relevanzverlust nationaler oder personaler Identitätsbildungen aufgrund der globalen migrantischen Bewegungen und ihrer vieldirektionalen kulturellen Orientierungen. Angesichts dieser und weiterer epistemologischer Verschiebungen wird hier nahegelegt, den Begriff des Individuums aufzugeben und die Prozesse auf ihre besonderen Teilungs- und Teilhabeverhältnisse, auf ihre Dividuationen hin zu analysieren.

Schlüsselwörter

Teilhabe · Dividuation · Bio- und Soziotechnologie

M. Ott (✉)
Hochschule für Bildende Künste Hamburg, Hamburg, Deutschland
E-Mail: philott@arcor.de

© Springer Fachmedien Wiesbaden GmbH, ein Teil von Springer Nature 2020   155
B. Ochsner et al. (Hrsg.), *Affizierungs- und Teilhabeprozesse zwischen Organismen und Maschinen*, Technikzukünfte, Wissenschaft und Gesellschaft / Futures of Technology, Science and Society,
https://doi.org/10.1007/978-3-658-27164-0_9

In der Gegenwart stechen Annäherungen und Analogien in den erkenntnis-theoretischen Zugriffen der Natur- und Gesellschaftswissenschaften ins Auge: Beide erweisen sich von der Überzeugung getragen, dass isolierende Betrachtungen von Einzelphänomenen aufgrund erweiterter Erkenntnisziele, verfeinerter Beobachtungsinstrumente und des Wissens um die Abhängigkeit der Untersuchungsergebnisse von zeitlichen Rahmungen und von Skalierungen nicht länger erstrebenswert, weil nicht ausreichend erkenntnisträchtig sind. Dazu kommen die aktuellen realpolitischen Verschiebungen, die die Fokussierungs- und Beschreibungsweisen ihrerseits modifizieren. In den beiden Wissen-schaftsfeldern tendieren daher Einzeldisziplinen dazu, die Phänomene als interdependent, mit nicht-zählbaren, oft nicht-artverwandten Anderen verflochten und daher schwerlich als ungeteilte, individuelle Herauslösbare zu bestimmen. Jüngst wurde diese zunehmende Konvergenz auf die Kurzformel gebracht: Genetiker sollten die Zellmutationen analysieren wie ganze Bevölkerungen.

Beide Wissenschaftsbereiche, so meine These, praktizieren damit eine methodisch-visuelle Herangehensweise, die als nahsichtig-verzeitigende Entgrenzung des Beobachtungsfeldes bestimmt werden kann und bis dato ungesehene Objekte bzw. Prozesse zur Ansicht bringt. Diese Verfahren nähern sich unabsichtlich gewissen filmischen Verfahren an. Wie in meiner Schrift *Dividuationen* (Ott 2015) dargelegt, kann eine solche Einstellung mit filmischen Nahaufnahmen gleichgesetzt werden, die, wie in Robert Altmans Spielfilm A Prairie Home Companion (deutscher Verleihtitel The Last Radioshow) von 2006 nicht nur die Kadrierung des Blickwinkels beweglich halten und damit die Kontingenz der Rahmung thematisieren, sondern eine größtmögliche Mannig-faltigkeit in der einzelnen Einstellung zulassen respektive inszenieren. Tableau-artig ornamental und mit so vielen Objekten bestückt, dass der Überblick verloren gehen kann, suggerieren sie, dass der Off-Raum sich in alle Richtungen ähnlich vielfältig fortsetzt und mit dem Präsentierten ungeahnte weitere Verbindungen unterhält.

Um es in philosophischen Termini zu sagen: Hier wird eine Ontologie unend-licher Fülle von Seiendem angeboten, die die menschlichen AkteurInnen als nur bedingt relevante TeilhaberInnen an einem unübersichtlich reichhaltigen, von Querverstrebungen lebenden Ensemble erscheinen lässt. Was sich ereignet, hat mehr mit passiv-aktiven Verflechtungen und seltsamen Konstellationen als mit Interventionen menschlicher Einzelner zu tun.

Die Natur- und Gesellschaftswissenschaften der Gegenwart scheinen nun gerade darin vergleichbar zu werden, dass sie verstärkt nicht-zentral-perspektivische Nahsichten praktizieren und das in ihnen sich präsentierende

Gewimmel zu berücksichtigen suchen, bevor sie möglicherweise auf Einzelnes scharf stellen und auch dieses noch einmal in seiner zeitlichen Entfaltung untersuchen. Bruno Latour spricht bekanntlich von „verfilzten" Gegenständen, deren „Entfaltung durcheinander"[1] begrifflich neu zu fassen sei. Denn die Tatsache, dass taxonomisch bis dato Unterschiedenes unter Berücksichtigung vitaler Prozesse als nicht voneinander abtrennbar erkannt wird, bringt umstürzlerische Einsichten zu unterschiedener Ununterscheidbarkeit mit sich. Wie Latour seinerseits unterstreicht, wird in den herkömmlichen Verfahren, die entsprechend der Fragestellung hinsichtlich Einstellungsgröße und Zeitgebung unterschiedene Schnitte im epistemischen Feld vornehmen und interessengeleitete Zuordnungen und Unterteilungen praktizieren, auch erkennbar, dass die Herauslösung von sogenannten Individuen nur um den Preis gewaltsamer Abtrennung und schwer rechtfertigbarer Privilegierung von Bestimmtem möglich wird.

Daher bekennen sich heute die einen wie die anderen Wissenschaften, sei es unter dem Vorzeichen der Biodiversität, von molekulargenetischer Forschung oder sich globalisierender Weltgesellschaft, immer häufiger zu einer methodischen Eingelassenheit in ein Feld von Heterogenesen, die sie methodisch nicht nur zu beobachten und zu beschreiben, sondern zu befördern trachten, wie insbesondere in der Mikrobiologie beobachtbar. Indem sie die von ihnen vorgenommenen zeitlichen Schnitte und die künstlichen Isolationen der Gegenstände selbst thematisieren, lassen sie Begriffe wie das Ungeteilte, das Individuelle,

---

[1]Die hiesige Überlegung steht der politischen Ökologie Bruno Latours nahe, die ihrerseits einen zugleich entgrenzten und mikroskopischen Blickwinkel zu praktizieren sucht und die „Perplexität" des zeitgenössischen Weltwerdens angesichts der unter Umständen kaum merklichen Wechselwirkungen zwischen menschlichen und nicht-menschlichen „Sprechern" betont. Diese Perplexität, diese „Entfaltung durcheinander", wird von einem Erkenntnisinteresse her in Augenschein genommen, das „die riskanten Verwicklungen vervielfachen" (Latour 2010, S. 42), ein „anderes Sortierungsprinzip" der Erkenntnisgegenstände und überhaupt andere Objekte bieten möchte: „Im Unterschied zu ihren Vorgängern haben sie keine festen Umrisse, keine klar definierten Wesenheiten und weisen keine scharfe Trennlinie auf zwischen hartem Kern und Umgebung. Daher wirken sie wie zerzauste Wesen, die Rhizome und Netzwerke formen. [...] Wissenschaftliche, technische und industrielle Produktion bildet von Anfang an einen integralen Bestandteil ihrer Definition. [...] Sie weisen zahlreiche Verknüpfungen, Tentakeln, Pseudopodien auf, durch die sie auf tausenderlei Weise mit Wesen verbunden sind, die genauso wenig gesichert sind wie sie selbst und die folglich *kein anderes, vom ersten unabhängiges Universum bilden.*" (Ebd., S. 39).

obsolet werden, ohne diesen Vorgang freilich ausdrücklich zu reflektieren. Wie ich daher an verschiedenen Problembeschreibungen zeigen möchte, verabschieden sie die alten Termini de facto und ersetzen sie durch solche der Teilhabe, der (Selbst)Unter- und Vielfachaufteilung. Sie sind, wenn auch häufig nur implizit, dabei, Entindividuierungsvorgänge zu bestimmen, die letztlich auch die disziplinären Grenzziehungen infrage stellen.

Ich werde im Folgenden Beispiele für derartige methodische Verschiebungen im bio- und sozio-(techno)logischen Bereich anführen und die Frage erörtern, inwiefern tatsächlich von erkenntnistheoretischen Analogien oder gar Konvergenzen zwischen verschiedenen Disziplinen gesprochen werden kann. Denn selbstverständlich sind die Skalen der Untersuchungsgegenstände verschieden, operieren die Biowissenschaften nicht nur mit anthropomorphen Gegenstandsbereichen und damit auf gänzlich anderen epistemischen Ebenen als die Gesellschaftswissenschaften. Und doch sind explizite Annäherungen schon darin zu erkennen, dass eine sich für die Globalisierungsvorgänge interessierende Soziologie zu der Masse der MigrantInnen auch biotische Stoffe und mittransportierte Umwelten zählt, während sich die Biowissenschaften mit schwer spezifizierbaren Multitudes befassen und beide sowohl epistemologisch wie technologisch mit gesellschaftlichen Interessen verbunden sind.

Zur Bestimmung der neu ausgemachten oder umrissenen Komposite aus gewählten und nicht-gewählten Teilhaben, der vieldirektional teilhabenden und zeitlich prozessierten Kohärenzen schlage ich den Begriff der Dividuation vor. Er bezeichnet ambivalente, nicht rundweg zu affirmierende Größen der (Selbst-)Unterteilung und (Zwangs-)Teilhabe, die je nach Kontextbildung und Wertsetzung positiv oder negativ einzuschätzen sind. Sehr unterschiedliche Dividuationsprozesse können auf den verschiedenen Ebenen der bio- und sozio(techno)logischen Beschreibung ausgemacht werden; charakteristisch für sie ist, dass sie an die Stelle dessen treten, was früher als Ungeteiltes, Individuelles bestimmt und von „Anderem" abgegrenzt worden ist. Auch menschliche Einzelne sind heute verschärft als Dividuationen zu verstehen, insofern sie auf verschiedenen Ebenen an Anderem partizipieren, das bei Gefahr des Lebens nicht von ihnen abtrennbar und daher schwerlich überhaupt als Anderes zu bezeichnen ist. In diesem Sinn haben wir es auf der bio- wie sozio(techno)logischen Ebene mit Neubestimmungen des Verhältnisses von „eigenen" und „fremden" Anteilen zu tun, mit zeitlich gedehnten Prozessen, die vermeintliche Ungeteiltheiten schon aufgrund ihrer Metamorphose infrage stellen, und mit immer dividuelleren Gefügen, die je nach Rahmung auch Zunahmen an Nicht-Teilhabe bedeuten können.

Bio(techno)logische Dividuationen

Heute werden im bio(techno)logischen Bereich, bedingt durch die verbesserten mikroskopischen Einblicke und auch zeitlich erweiterte Rahmungen, biodiverse Ensembles nicht nur in Umwelten, sondern auch im sogenannten menschlichen „Mikrobiom" und Genom ausfindig gemacht. Daher wird die Formulierung eines allgemeinen Relativitätsprinzips[2] gefordert, das die Beobachtungen von Verflechtungen bis Verwachsungen zwischen „Artfremdem" durch Aufweis der gewählten epistemischen Ebene zu relativieren bzw. zu anderen in Beziehung zu setzen in der Lage ist. Bekanntlich wird der menschliche Körper in der Mikrobiologie heute als komplexes biosoziales Netzwerk mit Billionen molekularer Mitbewohner bestimmt: In seinen etwa 10 Billionen Zellen mit zehnmal so vielen Bakterien wurden in jüngeren Forschungen über 3,3 Mio. unterschiedlicher Gene von über 1000 Bakterienarten isoliert – „also 150-mal so viele Erbfaktoren, wie wir eigene besitzen" (Ackermann 2012, S. 28). Angesichts dieser dichten Kohabitations- und Verwachsungsverhältnisse erscheint es unsinnig, die nichtmenschlichen Zellen als „Fremdlinge" (ebd., S. 27) zu bezeichnen; diese Lebensgemeinschaft wird heute als Mikrobiom gefasst.

Damit einher geht die allgemeine Ablösung phänotypisch interessierter Forschungsansätze durch genotypische Untersuchungen, die an die Stelle von Kriterien visueller Ähnlichkeit solche einer komplexen Kausalität treten lassen. Da unter dem Rasterelektronenmikroskop die für typisch erachteten morphologischen Merkmale verschwimmen, wird die Artgrenze heute nicht mehr visuell nach Form und Aussehen, sondern nach kompliziert zu eruierenden zeitlichen Faktoren wie Fortpflanzung und sexuellem Austausch bestimmt. Diese biologisch genannte Artdefinition leitet die Art aus ihrer konstanten Relation und Interaktion mit bestimmten Anderen her, die dadurch artverwandt werden: In Abhängigkeit von einem gemeinsamen Genpool wird diese „breeding population" von wiederum Anderen unterschieden und diese Population als Individuum isoliert (Sober 1993, S. 153). Da der sexuelle Austausch aber sehr unterschiedlich intensiv, von zeitlichen oder geographischen Intervallen abhängig erfolgen

---

[2]Dirk Baecker spricht davon, dass die Semantik der Globalisierung in ihrer kritischen Variante zu ihrem Relativitätsprinzip nicht mehr die Kultur, sondern die „Welt" hat; an die Stelle der Cusanus'schen Formel der „Einheit in Vielheit" würde als zeitgenössisch adäquater Ausdruck „die Tautologie der Differenz der Vielheit" treten. (Baecker 2007, S. 224f.)

kann, wird die Grenze der individuierten Population immer schwerer angebbar. Manche Arten bilden unterscheidbare Morphe aus, die sich in bestimmten Regionen aber erneut hybridisieren. Durch eine derartige Hybridisierung kann dann eine dritte Population entstehen, von der, wenn der Genfluss auf Dauer unterbrochen bleibt, als *neuer* Art gesprochen wird. Da die Angabe des zeitlichen Speziationsereignisses häufig unmöglich ist, behilft man sich mit der Konstruktion epistemologischer *Übergangsfelder:* In einem solchen Übergangsfeld können dann verwandte Populationen geographisch getrennter Allospezies (z. B. amerikanischer Bison/eurasiatischer Wisent) oder geographisch in Kontakt stehender, sich aber nicht vermischender Semispezies (z. B. Nebelkrähe/ Rabenkrähe) im Hinblick auf identische und abweichende Merkmale verglichen werden. Aufgrund dieser vielfältigen Schwierigkeiten wird zunehmend eingeräumt, dass der Artbegriff von technologiebedingten Konstruktionen und Einschnitten, von Erkenntnispräferenzen und spezifischen Untersuchungsmethoden abhängig ist.

Aber auch die genetische Analyse verkompliziert das Problem, da ihre differenzielle Tiefeneinsicht unter Umständen Arten- oder Populationsunterscheidungen nahelegt, wo noch Genfluss und Austausch bestehen und es zu Hybridbildungen kommt. Je nach Beobachtungsschwerpunkt können dann Unterschiede im Auftreten neuer phänotypischer Formen, in der dauerhaften Unterbrechung oder Verlagerung des Genflusses oder in genetischen Abweichungen von Teilpopulationen ausgemacht werden: „Species are not hard-edged entities but exist on a spectrum, with some species distinct and others blurred by recent isolation, horizontal gene transfer and hybridization" (Agapow 2005, S. 67).

Gegen die biologische Herleitung der Art aus sexuellem Austausch meldet sich zudem der Einwand, dass hier Arten der ungeschlechtlichen Parthenogenese keine Berücksichtigung finden. Artenklassifikationen im Bereich der Pflanzen seien schon deshalb nahezu unmöglich, weil mindestens die Hälfte aller Pflanzen Hybride sind. Wenn aber hybride Populationen keine Arten sind, was sind sie dann? Unter der Fortpflanzungsrücksicht wird in jedem Fall immer fragwürdiger, wie Populationen und Arten als Individuen bezeichnet werden können, zumal ihre Geschichte nicht durchgängig von höherhierarchischen Gruppen, etwa von Kolonien, abgrenzbar ist (Gould 2002).

Problematisiert wird auch die Grenzziehung auf der vertikalen Achse der Zeit und damit der Abstammungslinie, da Arten ja Evolutions- und Selektionseinheiten darstellen und ihre Identität oder Differenz erneut sehr unterschiedlich gedeutet werden kann. So gelangt die phylogenetische Analyse (Wägele 2000) aufgrund ihrer Beachtung des evolutionären Wandels häufig zu anderen und weniger inklusiven Gruppen als die biologische Artdefinition. Denn die

Rekonstruktion von phylogenetischen Stammbäumen lässt zwangsläufig stärkere Variationen der Einzelnen oder der Arten voneinander hervortreten als das biologische Artkonzept. Dazu kommt, dass eine Art, die über Abstammungslinien, Evolutionstendenzen und eine zeitabhängige Identität bestimmt wird, zeitlich und räumlich schwer eingrenzbar ist (Wiesemüller et al. 2002, S. 49). Andererseits wird der phylogenetischen Systematik vorgeworfen, in ihrer Artbestimmung vor allem die Aufspaltungsabfolge und damit die zeitbedingte Differenzbildung, und zu wenig die Anagenese, die langsame Evolution von Veränderungen und damit das Gleichbleibende, zu berücksichtigen.

Die neuere Prozessmorphologie wiederum, die die Evolution morphologischer Veränderungen einer Art in den Blick nimmt, sieht sich gezwungen, ihren Homologiebegriff zu problematisieren: Da sich die mutierenden Organismen aus sich verschieden verändernden morphologischen Komponenten zusammensetzen und mithin dividuelle Entwicklungen offenbaren, wird heute zu ihrer Beschreibung der Begriff partieller Homologie verwandt. Dieser erfasst dann die evolutionär gleichbleibenden Merkmale und damit die Konstanz der Art. Da gewisse Organismen aber nur bis zu 60 % homolog bleiben, wird für ihre „Mosaik-Evolution" ein transformationaler Homologiebegriff vorgeschlagen. An der epistemologischen Konstruktion solcher „Mosaiktiere" wird dann wiederum kritisiert, dass sie den Organismus nicht als komplexen zeitlichen Transformationsprozess, sondern als bloßes „Agglomerat unverbundener Merkmale" versteht (Janich und Weingarten 1999, S. 185).

Zeitgenössische Methoden der Molekulargenetik haben das Problem der Artabgrenzung noch einmal verschärft. Wie Paul-Michael Agapow ausführt, arbeitet die molekulare Systematisierung auf einem anderen Erkenntnislevel, insofern ihre Methoden auf anderen zeitlichen, materiellen und epistemischen Ebenen greifen und Populationen viel feiner bestimmen. Durch die molekulare Feinanalyse wird, so der interessante Befund, die Anzahl der unterschiedenen Arten im Schnitt um bis zu 48 % erhöht! Die Genanalyse verdeutlicht, dass weit mehr Überschneidungen, Abspaltungen, Variationen und Hybridbildungen vorliegen als phänotypisch erkennbar. Sie deckt Polymorphismen auf, die für die Prozessmorphologie nicht sichtbar sind; andererseits können geographisch getrennte oder polymorphe Erscheinungen als artverwandt ausgemacht werden. Allerdings sieht sich die molekulare Artbestimmung häufig mit großen Variationsbreiten einer Spezies und mit deren Auffächerung zu einer multiplen Morphospezies konfrontiert. Denn manche Populationen setzen sich aus verschiedenen Phylospezies zu höchst dividuellen Formationen zusammen, während kürzlich getrennte Arten ihren miteinander geteilten Polymorphismus einbüßen können. Agapow gelangt daher zu der Schlussfolgerung: „There are many different ways of being a species and many different ways of maintaining species identity. Every species concept is correct, for a given local value of correctness." (Agapow 2005, S. 67) Er kritisiert sowohl die Konstruktion von Stammlinien als visualisierte Hypothesen wie überhaupt die biologische Orientierung an der Artenklassifikation, weil dabei zahllose hybride Populationen übersehen würden. Die Komplexität ökologischer Gefüge mit ihren Interdependenzverhältnissen bliebe aufgrund der Überbewertung einzelner Arten unterbelichtet; insgesamt werde ein zu statischer und an fixen Größen orientierter Forschungsansatz privilegiert. Agapows Kritik zielt damit ins Herz des biologischen Naturschutzes, der für den Erhalt makroskopisch wahrnehmbarer Arten zu Ungunsten anderer, dem menschlichen Auge nicht zugänglicher Arten kämpft. Agapow spricht sich im Gegensatz dazu für die Beachtung des ökologischen Zusammenspiels und der Biodiversität aus und lenkt die Aufmerksamkeit auf „überspezifische" Gruppen, da sie mit vielen Arten koexistieren und koevoluieren. Entscheidend erscheint ihm die Beförderung von Arealen mit Artenvielfalt und mit Potenzen zu deren Vervielfältigung – und Dividuation. Denn da das meiste Leben mikrostrukturell ist, gelte es den Fokus zu verschieben und die Mikroorganismen und ihre unübersichtlichen Verflechtungszusammenhänge in die Biodiversitätsdiskussion zu integrieren.

Mit diesem epistemologischen Schwenk hin zur Beachtung möglichst komplexer Affizierungs- und Durchdringungsvorgänge zwischen Organismen aller Größenordnungen wird nun auch der Begriff der Adaptation weg vom Einzelorganismus hin zu dessen Zusammenspiel mit anderen verschoben: „Adaptedness is a property-in-an environment, not an environment-independent or intrinsic property." (Brandon 1990, S. 46) An die Stelle des Umweltbegriffs tritt jener des Biotops, in dem es um Arten des Ineinanders von Entwicklungsverläufen in begrenzten Beobachtungsarealen geht. Ein selektives Biotop ist eines, dessen Elemente einen differenziellen Beitrag zur Entwicklung der nächsten Generation leisten. Robert Brandon verweist auch darauf, dass sich kulturelle Einflüsse in Erbinformationen eintragen und als deren Verstärker agieren können: Kulturelle Übertragung kann neue Übertragungspattern ausbilden und die evolutionäre Dynamik einer Spezies verändern, weshalb er von Koevolution von Organismen und der sich wandelnden biotopischen Umgebung spricht.

Ein immer bedeutsamer werdender Aspekt der Verwischung von Artengrenzen ergibt sich heute aus den verschiedenen Weisen technologisch ermöglichter Genmanipulation. Jeremy Rifkin (1987, S. 65) hebt insbesondere auf Experimente ab, in denen das Gen des menschlichen Wachstumshormons dauerhaft in die Erbanlage von Schweinen und Rindern eingepflanzt wird, auf dass die Tiere größer werden, schneller wachsen, produktiver sind. Bekanntlich besteht seit kurzem in

England das Recht, in den Gencode des Menschen einzugreifen und diesen nach Gesundheits- oder Fortpflanzungsrücksichten umzubauen.

Im Bereich der Molekularbiologie hat aber auch die Aufschlüsselung des *Human Genome* klar gemacht, dass es äußerst schwierig ist, von bestimmten Geninformationen auf zu erwartende Eigenschaften des Einzelorganismus zu schließen. Bei der Ausprägung phänotypischer Merkmale handelt es sich nämlich um einen nicht linear-kausalen, sondern differenziellen Prozess von Wechselwirkungen und Rückkoppelungen zwischen DNS, RNS, Proteinen und Zellplasma. Nicht nur die DNS, sondern die komplizierte Struktur der Zellmaschine, die aus Proteinen besteht, ist für die genetische Kodierung und die zeitabhängige Konstituierung des Einzelwesens ausschlaggebend. Ihre komplizierte Entfaltung bringt es mit sich, dass von Biodiversität auch auf der genetischen Ebene gesprochen wird. Leben beschreibt Lewontin et al. (1988) in diesem Sinn als hochkomplexe Netzwerkstruktur, die über zeitliche Verschaltung funktionale Anforderungen an die Elemente ergehen lässt. Er hebt ausdrücklich hervor, dass die zeitliche Relationierung der Komponenten eine wichtigere Rolle bei der Aktualisierung des Gencodes spielt als dessen materielle Zusammensetzung. Da die genetische Kodierung eine heterochrone Aktualisierung darstellt, wird sie als Vorgang der Biodiversifizierung bestimmt. Sogenannte „Transposons" (Kim 2001, S. 190) befördern genetische Dividuationen, insofern sie sich als mobile Elemente innerhalb des Genoms verlagern, Schnitte vornehmen, Neukombinationen in die Wege leiten und damit jede Idee von Ungeteiltheit und Eindeutigkeit konterkarieren. Sie schneiden Informationen aus der DNS heraus, bauen sie an anderer Stelle wieder ein und erwirken so die „Flexibilisierung der Konfiguration des Genoms" (Lewontin et al. 1988, S. 193). Differenzielle Teilhabe-Konjunktionen und -disjunktionen scheinen hier möglich zu werden.

Neuerdings tritt die Synthetische Biologie an, diese Dividuationsarbeit zu übernehmen bzw. vollständig zu ersetzen: Nicht nur baut sie biologische Systeme nach, um die Forschung, so ihr ausdrückliches Ziel, von natürlichen Schranken zu emanzipieren (Walz 2011, S. 251ff.). Im Gegensatz zum copy-and-paste-Verfahren der Genartikulation will sie biologische Systeme von Grund auf neu entwickeln. Seit den geglückten Experimenten von Craig Venter rühmt sie sich, molekulare Strukturen konstruieren und komplette Genomsequenzen chemisch synthetisieren zu können, „die wir mit ‚natürlichen' Formen kombinieren oder als de novo-Organismen etablieren und damit Leben von Anfang an technisch produzieren." (Dabrock et al. 2011, S. 11) Die Synthetische Biologie transferiert einzelne Gene oder kleine Gencluster von einem Organismus in einen anderen – bereits existierenden – Organismus oder lässt einzelne Gene „mutieren". Und noch weitergehend streben Synthetische Biologen danach, „durch einen mehr oder weniger tiefgreifenden Umbau *(Re-engineering)* bestehender Lebensformen oder aber durch eine radikale Neukonstruktion *(Redesign)* künstlicher Zellen" (Bölker 2011, S. 27) völlig neue Systeme zu entwickeln. Das im Labor hergestellte Genom wird in Zellen eines existierenden Bakteriums eingebracht, dessen DNA zuvor entfernt worden ist. Bis dato unbekannte Dividuationsweisen, die sich aus der Verschmelzung von künstlich generierten Genomsequenzen, „geleerten" Bakterienzellen und deren autopoietischem Zusammenwirken ergeben, werden solchermaßen produziert. Wie die Biologen selbst sagen, liegt hier eine unbekannte biotechnologische Entität vor: „Bemerkenswert an diesem Versuch [ist] vor allem, dass die auf diese Weise erzeugten Zellen weder in einer physischen noch einer historischen Verbindung zu anderen Individuen der gleichen Art stehen." (S. 31)

Die Dividuationsphantasien gehen aber noch weiter: Nachdem „biologische Funktionselemente katalogisiert" (ebd., S. 35) worden sind, werden diese Elemente auf vielfältige Weise zusammengesetzt und dank synthetischer kurzer DNA-Sequenzen als Zwischenstücke auf eine standardisierte Weise miteinander verbunden. Diese einfachen und zusammengesetzten biologischen „Funktionsmodule" fungieren als Teile eines sich ständig vergrößernden Baukastensystems, die, weil standardisiert und modularisiert, als „Biobricks" bezeichnet werden. Mit dividuellen Methoden, die an die Verfahren der Regulatorgene und Transkriptionsfaktoren im menschlichen Genom erinnern, kann die Synthetische Biologie heute in der Natur nicht vorkommende biologische Strukturen schaffen, die exakt die Eigenschaften tragen, die sie sich wünscht.

Allerdings räumt sie ein, dass damit ForscherInnen noch immer nicht zu einem „homo creator", sondern allenfalls zu einem „homo plagiator" (Walz 2011, S. 267) geworden sind. Sein Plagiat versteht er durchaus als Umsetzung des biblischen Auftrags im Sinne der „Teilnahme (cooperatio) des Menschen an der Schöpfung" und als „creatio continua" (ebd., S. 268): als aktive Teilhabe an der Weiterschöpfung des Weltwerdens. Dank seiner Weitwinkelperspektive weist er die „Ansprüche des individuellen Lebens" gegenüber den „kollektiven Erhaltungsstrukturen der biologischen Reproduktion" (S. 270) ausdrücklich zurück. Andererseits sucht die Synthetische Biologie gerade dem Schicksal, dass „jedes Individuum von Anfang an dem Tod geweiht" ist, mit Technologien der „Überschreitung der natürlichen Sphäre" zu begegnen. Ja, ihr Plagiat bewegt sich doch auf eine wirkliche Creatio zu, insofern sie beabsichtigt, „mit der Ablösung von dem auf Kohlenstoffverbindungen beruhenden biologischem Leben eine neue, auf digitaler Basis gegründete Existenzweise zu schaffen, die den in der natürlichen Matrix für jedes Individuum vorprogrammierten Tod überwinden könnte." (S. 273) Mit diesem Ziel lässt die Synthetische Biologie drastisch deutlich werden, dass es in den zeitgenössischen Biowissenschaften schon länger nicht mehr um das Individuum als ungeteilte und endliche Größe natürlicher Prozesse, sondern um die Katalysierung quasi-lebendiger Prozesse fortgesetzter Dividuation und Neukombination geht.

Petra Gehring widmet sich aus ähnlichem Erkenntnisinteresse der Stammzellenforschung, da ihr hier eine Stufe definitiver Entindividuierung erreicht zu sein scheint. Denn mit der Gewinnung embryonaler Stammzellen aus jeder erdenklichen Zelle ist die Stammzellenforschung zur Exzellenzdisziplin in Sachen biotechnologischer Dividuation avanciert. Mit den Stammzellen ist sie nun in der Lage, eine Art „Reinkultur" dividueller Materialität bereitzustellen, die

> „dem Ideal einer universal zirkulationsförmigen menschlichen Rohsubstanz entspricht: Einen entindividuierten Lebensstoff, der den Einzelnen mehr wie ein Strom durchläuft, als dass er dessen Körper ausmachen würde oder substantiell mit diesem Körper oder auch nur mit seinem Alter identisch wäre." (Gehring 2006, S. 25)

Dieses technologisch ermöglichte „Kontinuum von Leben", so Gehrings warnende Analyse, untergräbt nicht nur die Körpergrenze zwischen mir und meinem Gegenüber, sondern auch zwischen mir und der biologischen Gattung; der Status des einzelnen Körpers ist von der Physis der Population nicht mehr klar unterscheidbar.

> „Die alte Grundidee des intakten Individuums [...] scheint im Schwinden begriffen. Stattdessen richtet sich eine Ökonomie der zirkulierenden lebendigen Bio-Materialien ein, die dem Menschen nicht nur verabreicht werden, sondern auch aus dem Menschenkörper gewonnen oder in Menschenkörpern produziert worden sind. Neue ‚allgemeine' Stoffe mit biochemischem, immunologischem oder genetischem Profil – das Blut-Serum, der Antikörper, die T-Zelle, die DNA, der Zellkern – werden dabei in Wert gesetzt." (Ebd., S. 25)

Tendenzen der Entindividuierung erkennt Gehring ebenso in den biotechnologischen Maßnahmen zur Veränderung der Keimzellbahn wie in der Substitution kranker Gewebe und Organe durch gezüchtetes Gewebe wie auch in der Manipulation des Gencodes: Allesamt seien sie den individuellen Tod abzuschaffen bestrebt. Pointiert benennt sie den Fluchtpunkt dieser Forschungs- und Herstellungsverfahren einer ‚liberalen' Eugenik: „Züchtungspolitik gilt nicht mehr ‚jemandem'. Es entfällt die Person." (Ebd., S. 175) Diese wird auf ein „Gewebestück des Kollektivs" (S. 200), auf die Ausprägung einer „Global-Materie" reduziert. Hirnforscher, die mit dem Gehirn, dieser komplexen ‚nicht-linearen' Welt der vielfach vernetzten Nervenzellen wie Kosmologen die gesamte Welt in der Hand zu halten glauben, visieren die Möglichkeit der Züchtung künstlicher neuronaler Netzwerke an; diese sollen alternde Hirnregionen ersetzen und mit den noch vorhandenen interagieren. Die Bewertungen dieser bio-sozio-technologischen Dividuationsprozesse fallen gleichwohl höchst unterschiedlich aus. Ein UNESCO-Bericht warnt ausdrücklich vor dieser Alterierung des menschlichen Systems: „Die Anstrengungen, die die Menschheit unternimmt, um sich zu verändern, wie und wann sie will, könnten in eine Situation münden, in der es nicht mehr möglich ist, vom Menschen zu sprechen" (Cueva 2010, S. 94ff.).

Sozio(techno)logische Dividuationen

Im sozio(techno)logischen Bereich nehmen entindividuierende Beschreibungsweisen unter dem Vorzeichen transnationaler Migrationsbewegungen von Menschen, Waren, biotischen Stoffen und Umwelten zu, die hervorzubringen tendieren, was heute versuchshalber unter dem Terminus „Weltgesellschaft" gefasst wird. Die Weltgesellschaft – ein Terminus, den der Soziologe Ulrich Beck (1997) vom universalistisch gedachten „Weltsystem" abgrenzt – scheint eine der Biodiversität vergleichbare, affirmiert entgrenzte und bewegliche Rahmenbildung zu bieten, insofern sie als aus nicht-zählbaren Teilhaben erwachsendes, Nationen und Kulturen übergreifendes, sich sprachlich immer dichter verflechtendes, Egalität beförderndes Austausch- und Aushandlungsgeschehen von menschlichen und nicht-menschlichen TeilhaberInnen begriffen wird. In ihrer Konturierung als von der Summe und Qualität der Teilhaben abhängige Form der Sozialität bleibt zunächst unberücksichtigt, inwiefern sie außerkommunikativen Bedingungen, technologischen Vorgaben, privatwirtschaftlichen Kontrollen, staatlichen Machteinwirkungen und anderem mehr untersteht. Ulrich Beck versteht die Zusammenführung unterschiedlichster Institutionen und personaler Initiativen unter Inklusion möglichst umfassender weiterer Teilhabender zu einer beweglichen, sich fortgesetzt neu formierenden und nicht-identitären Weltgesellschaft als irreversible Entwicklung, da keine Identitätsbildung auf der Ebene des Nationalstaats oder eines Individualverständnisses mehr möglich sei:

> „Wir leben längst in einer Weltgesellschaft und damit sind zwei Grundsachverhalte gemeint: zum einen die Gesamtheit nicht-nationalstaatlich politisch organisierter Sozial- und Machtbeziehungen, zum anderen die Erfahrung, über Grenzen hinweg zu leben und zu handeln. Die Einheit von Staat, Gesellschaft und Individuum, welche die Erste Moderne unterstellt, löst sich auf. Weltgesellschaft

meint nicht Weltstaatsgesellschaft oder Weltwirtschaftsgesellschaft, sondern eine nicht-staatliche Gesellschaft, d.h. einen Aggregatszustand von Gesellschaft, für den territorialstaatliche Ordnungsgarantien, aber auch die Regeln öffentlich legitimierter Politik ihre Verbindlichkeit verlieren." (Ebd., S. 174)

Die Weltgesellschaft erscheint damit als dividuelles Gefüge aus Einzel- und Gruppeninitiativen, transnationalen Bewegungen, querkulturellen technologischen Verflechtungen und grenzüberschreitenden Machtbeziehungen.

So seien etwa NGOs neue AkteurInnen der Weltgesellschaft: Als in geteiltem Interesse Verbundene, oft nicht an demselben Ort Lebende, möglicherweise in unterschiedlichen Sprachen kommunizierende und verschiedene kulturelle Hintergründe miteinspeisende Personen entscheiden sie gemeinsam über ihre Teilhabeweisen, teilen ihre Einsatzbereitschaft, Kompetenz und Handlungsweisen unter sich auf, verdichten sich selbstreflexiv-affektiv zu einem unabhängigen Handlungs- und Entscheidungszentrum, das gemeinsame Risiken eingeht und mithin weder ungeteilt noch unterteilbar ist. Als sprechend-handelnde Dividuationen greifen die Personen in die Entscheidung von Staaten ein und bilden in ihren transversalen Netzoperationen neue Sozialitäten aus.

In einem späten Text nimmt Beck von dieser optimistischen Sichtweise allerdings Abschied und fordert von der Soziologie einen verschärft „kosmopolitischen Blick" (Beck 2010, S. 26), der eine „aktive transformative, transnationale Politik der Rahmung verfolgen" soll. Er soll vor allem auf die Negativfolgen politischer Entscheidungen fokussieren, die über nationalstaatliche Grenzen hinweg Wirkung entfalten, wenn etwa Risiken räumlich oder zeitlich, in die Zukunft ungeborener Generationen exportiert werden: „Das gilt für den Export von Folter wie für den Export von Müll." (ebd., S. 28) Beck skizziert hier politisch-ökonomische Ungleichteilhaben, deren Verantwortliche nicht die Leidtragenden ihrer Entscheidungen sind, sondern die Aktiv- und Passiv-Anteile der Prozesse an verschiedene Staaten, Landstriche oder gar Kontinente verteilen. Er spricht hier von „passiver Transnationalisierung" (S. 32), die bedeutet, dass gewisse Passivgesellschaften „aufgrund der knappen Ressource des Schweigens, die sie als ihre Reichtümer anbieten, am schlimmsten (vom Weltgesellschaftswerden) betroffen (sind): Es herrscht ein verhängnisvoller Magnetismus zwischen Armut, sozialer Verwundbarkeit, Korruption und Gefahrenakkumulation" (S. 28). Die gewünschten egalitären Teilhabeprozesse mutieren zu harten Aufteilungsprozessen, in denen „die Akkumulation von Lebenschancen" instrumentalisiert, „zu einer Schlüsselvariable sozialer Ungleichheit in der globalisierten Welt" (S. 31) werden. Die MigrantInnen werden in diesem Rahmen erkennbar als „Artisten der Grenze", die in ihrer ökonomisch-politisch-kulturellen

Vielfachorientierung längst nicht mehr individuell zu nennen sind: „In diesen an grenzüberschreitenden Möglichkeiten geprüften Lebensformen überschneiden und durchdringen sich verschiedene nationalstaatliche Räume sozialer Ungleichheit." (S. 32)

Etienne Balibar nennt seinerseits die sich transnationalisierende Sozialität eine „multiform conflictual fabric of society": Dieser vielförmig-konfliktuelle Gesellschaftsstoff erwachse aus „Konfliktubiquität" und unbegrenzter Konfliktstreuung wie aus globalstrategischer Arbeitsverteilung. So verteile sie in „subcontracting line teams" (Balibar 2005, S. 115) Produktions-, Distributions- und Konsumtionsprozesse über Kontinente hinweg. Und noch einmal verschärft bringt Gary Gereffi die ökonomisch-arbeitstechnischen Teilhabeverhältnisse auf die zynische Formel: „[G]lobal sourcing, global pricing, global costing: global village – global pillage" (Gereffi 2001, S. 41). Dieses kritisierte „global sourcing, pricing, costing" will er nicht nur auf Rohstoffe und Halbfertigwaren, sondern auf Arbeitskräfte jeglichen Niveaus bezogen wissen, die je nach Arbeitskräftebedarf multinationaler Großunternehmen räumlich verschoben, gemäß internationaler Preisabsprachen und je nach Produktionsstandort bezahlt und überausgebeutet werden. Die transnationale Arbeitsmigration nennen Stephen Castles und Mark Miller daher berechtigterweise eine „transnational revolution" (Castles und Miller 1993, S. 7), da sie heute alle Gesellschaften affiziert und die alte Unterscheidung zwischen migranten-aussendenden und migranten-empfangenden Staaten erodieren lässt. Außerdem nimmt die Migration nicht nur quantitativ zu, sondern differenziert sich ihrerseits in Arbeits- und Flüchtlingsmigration aus. Da die massenhafte Migration Verschiebungen in den sozialen, ökonomischen und symbolischen Strukturen mit sich bringt, fordert John Urry schließlich, den Blick auf das „Soziale der Gesellschaft" zu ersetzen durch die Betrachtung dividuierender sozialer Prozesse, des „Sozialen als Mobilität" (Urry 2001, S. 2)[3]. Denn auch die Warenproduktion habe längst die Individualität einer Firmenhandschrift eingebüßt, weshalb er in Bezug auf die Warenketten von einem „kaleidoskopischen Fragmentierungsprozess" (ebd.) spricht.

Neuerdings sprechen auch nicht-westliche TheoretikerInnen in diesem umfassender werdenden Weltgesellschaftswerden mit. Achille Mbembe radikalisiert dabei das europäische Konzept des Kosmopolitanismus in Richtung eines „Afropolitanismus", der nun provokativ eine „Schwarze Vernunft" (Mbembe 2015) als das verbindende und allgemeine Vermögen in den

---

[3]Zitat übersetzt von M.O.

Vordergrund rückt. An dieser Schwarzen Vernunft sollen all jene teilhaben, die, nicht mehr rassisch und über ihre Hautfarbe markiert, eher negativ über eine gewisse Nicht-Teilhabe ausgewiesen sind: Unter der „conditio nigra" finden sich nämlich all jene versammelt, die an den globalen ökonomischen und symbolischen Wertschöpfungsprozessen nur bedingt teilhaben und von daher zu den nicht-zählbar vielen Marginalisierten des Weltwerdens gehören. Aber schon, weil sie sich aus Überlebensgründen kulturell vieldirektional verorten und unter Umständen affektive Verbindungen über Kontinente hinweg aufrechterhalten müssen, zudem sich zwangsweise überausbeutenden Jobangeboten unterwerfen müssen, geben sie zugespitzte dividuierte Existenzweisen ab. Mbembe möchte in diesen ihren ausgeschlossenen und zugleich vermehrt teilhabenden Kompositexistenzen, in ihren erzwungenen Migrationen und ununterbrochen neu justierten Vermögen das Paradigma des zeitgenössischen Weltwerdens der menschlichen Einzelnen erkennen, weshalb er ein ästhetisch-ethisches Programm der Umorientierung in Richtung zu affirmierender Dividuationsprozesse ausgibt:

> „Das Bewusstsein des Ineinandergreifens von Hier und Woanders, die Präsenz des Woanders im Hier und umgekehrt, diese Relativierung der Wurzeln und ursprünglichen Zugehörigkeiten und diese Art, das Fremde, die Fremden und das Weitentfernte in voller Kenntnis der Sachlage zu begrüßen, diese Fähigkeit, sich im Gesicht des Fremden wiederzuerkennen und die Spuren des Weitentfernten im Nahen wertzuschätzen [...]: Diese kulturelle, historische und ästhetische Sensibilität ist mit dem Ausdruck ‚Afropolitanismus‘ gemeint." (Ebd., S. 285)

Das hier angebotene Konzept des Afropolitanismus sucht damit auf einer makrostrukturellen und sozialen Ebene als unhintergehbares (Selbst-)Verständnis von menschlichen Einzelnen und Gesellschaften anzubieten, was in der Biologie, in ihren Unterdisziplinen und auf einer mikrostrukturellen Ebene als zeitgenössisch nunmehr unumgängliche Erkenntnis eines Ineinanders, der Verflechtung und Verwachsung von nach gängigen Taxonomien als different Klassifiziertem und unter vitalen Rücksichten dennoch Zusammengehörigem und Untrennbarem theoretisiert worden ist.

Unterschiedliche Arten freiwilliger und unfreiwilliger Teilhaben, die eine eindeutige Abgrenzung des Eigenen von Anderem verunmöglichen, treten heute sowohl im bio- wie sozio(techno)logischen und kompositkulturellen Feld in den Vordergrund. Analoge Entgrenzungen des Untersuchungsfeldes in den Natur- und Gesellschaftswissenschaften ergeben sich, wie gezeigt, aufgrund der zeitgenössisch entgrenzten Erkenntnisinteressen, der Beachtung von Netzwerk-, Interferenz- und Vereinnahmungsstrukturen, aber auch dank der verfeinerten technologischen Untersuchungsverfahren, ihrer mikroskopischen und zeitreflexiven Naheinstellungen, der Berücksichtigung disziplinübergreifender Faktoren und Fragestellungen. Die Grenzen selbst, Zwischenbereiche und Übergangsfelder kommen damit verstärkt ins Spiel, offerieren uns ausgefranste Objekte und Artisten der Grenze, wobei letztere deutlich werden lassen, dass sich ihre prekären Existenzweisen zumeist aus ökonomischen und symbolischen Nichtteilhaben ergeben und keineswegs freiwillig gewählte sind. Von daher muss selbstverständlich mitberücksichtigt werden, dass die Arten der Teilhabe nach wie vor imperialen, ökonomischen, technologischen und wissensgesellschaftlichen Kerbungen und symbolischen Gefällen zwischen dem globalen Norden und Süden unterstehen und daher gezielte politische Umschichtungen und Egalisierungen der Teilhaben, auch Unterbrechungen und subversive Umnutzungen zu erfinden sind.

Aus den einen und anderen Gründen plädiere ich noch einmal dafür, an die Stelle des Begriffs des Individuums jenen der Dividuation zu setzen, wobei die damit akzentuierten Teilhaben und Aufteilungen der vormals als ungeteilt begriffenen Entitäten keine harten Schnitte, keine Divisionen, sondern qualitativ verschiedene Arten der Beteiligung und ästhetischen oder kulturellen Unterteiltheit anzeigen, die sich zudem überlagern und interferieren können. Dieselbe Person praktiziert entsprechend ihres symbolischen und finanziellen Vermögens verschiedene Teilhaben zur selben Zeit, ist inkludiert in unterschiedliche bio- und sozio(techno)logische Schnittmengen, wählt mehr oder weniger bewusst ihre Teilhabearten und -quanten aus und schichtet sie zeitabhängig um. Sie weiß sich in Dividuationsvorgänge gestellt, die sie nicht beeinflussen, allenfalls modifizieren und herabmindern kann. Aufgrund ihrer Vieldirektionalität und Vielschichtigkeit sind Dividuationen auch nicht mit Kollektiven zu verwechseln, obwohl sie Vielheiten, aber nur bewegliche und kaum konturierte, keine auf Dauer gestellten, ideell vereinigten und visuell synthetisierbaren ergeben und sich zu Condividuationen zusammenschließen können, im Sinne einer selbstgewählten Teilhabepolitik.

Literatur

Ackermann, J. (2012). Tausend Billionen Freunde. *Spektrum der Wissenschaft, 11*, 27–33.
Agapow, P. M. (2005). Species: Demarcation and diversity. In A. Purvis, J. L. Gittlema, & T. Brooks (Hrsg.), *Phylogeny and conservation* (S. 57–75). Cambridge: Cambridge University Press.
Baecker, D. (2007). *Studien zur nächsten Gesellschaft*. Frankfurt a. M.: Suhrkamp.
Balibar, E. (2005). From class struggle to classless struggle? In E. Balibar & I. Wallerstein (Hrsg.), *Race, nation, class: Ambiguous identities* (S. 153–185). London: Verso.

Beck, U. (1997). *Was ist Globalisierung? Irrtümer des Globalismus – Antworten auf Globalisierung*. Frankfurt a. M.: Suhrkamp.

Beck, U. (2010). Risikogesellschaft und die Transnationalisierung sozialer Ungleichheiten. In U. Beck & A. Poferl (Hrsg.), *Große Armut, großer Reichtum. Zur Transnationalisierung sozialer Ungleichheit* (S. 19–40). Berlin: Suhrkamp.

Bölker, M. (2011). Revolution der Biologie? In A. Dabrock, et al. (Hrsg.), *Was ist Leben – im Zeitalter seiner technischen Machbarkeit? Beiträge zur Ethik der Synthetischen Biologie* (S. 27–42). Freiburg, München: Alber Verlag.

Brandon, R. (1990). *Adaptation and environment*. Princeton: Princeton University Press.

Castles, S., & Miller, M. J. (1993). *The age of migration: International population movements in the modern world*. London: Palgrave Macmillan.

Cueva, M. (2010). Die Magie der kleinen Teilchen. *Le Monde Diplomatique: Nano. Gen. Tech: Wie wollen wir leben?* vom 08.10.

Dabrock, P., et al. (Hrsg.). (2011). *Was ist Leben – Im Zeitalter seiner technischen Machbarkeit?* Freiburg: Alber Verlag.

Gehring, P. (2006). *Was ist Biomacht? Vom zweifelhaften Wert des Lebens*. Frankfurt a. M.: Campus.

Gereffi, G. (2001). Beyond the producer-driven/buyer-driven dichotomy: The evolution of global value chains in the internet era. *IDS Bulletin 32: 3rd July*, 30–41.

Gould, S. J. (2002). *The structure of evolutionary theory*. Cambride: MIT Press.

Janich, P., & Weingarten, M. (Hrsg.). (1999). *Wissenschaftstheorie der Biologie. Methodische Wissenschaftstheorie und die Begründung der Wissenschaften*. München: Fink Verlag.

Kim, J. T., et al. (2001). Biodiversitätsmessung bei Pflanzen anhand molekularer Daten. Ein Beitrag zur wissenschaftlichen Definition von Biodiversität. In P. Janich, et al. (Hrsg.), *Biodiversität. Wissenschaftliche Grundlagen und gesetzliche Relevanz* (S. 181–234). Berlin: Springer.

Latour, B. (2010). *Das Parlament der Dinge*. Frankfurt a. M.: Suhrkamp (Erstveröffentlichung 1999).

Lewontin, R. C., et al. (1988). *Die Gene sind es nicht: Biologie, Ideologie u. Menschliche Natur*. Weinheim: Psychologie-Verl.-Union.

Mbembe, A. (2015). *Kritik der Schwarzen Vernunft*. Berlin: Suhrkamp Verlag (Erstveröffentlichung 2013).

Ott, M. (2015). *Dividuationen. Theorien der Teilhabe*. Berlin: b_books Verlag.

Rifkin, J. (1987). *Kritik der reinen Unvernunft. Pamphlet eines Ketzers*. Hamburg: Rowohlt Verlag. (Erstveröffentlichung 1985).

Sober, E. (1993). *Philosophy of biology*. Oxford: Oxford University Press.

Urry, J. (2001). *Sociology beyond societies. Mobilities for the 21st century*. London: Routledge.

Wägele, J. W. (2000). *Grundlagen der Phylogenetischen Systematik*. München: Pfeil Verlag.

Walz, N. (2011). Die leidende Natur. In P. Dabrock, et al. (Hrsg.), *Was ist Leben – im Zeitalter seiner technischen Machbarkeit?* (S. 251–276). Freiburg: Alber Verlag.

Wiesemüller, B., et al. (2002). *Phylogenetische Systematik*. Berlin: Springer.

Michaela Ott ist Professorin für Ästhetische Theorien an der Hochschule für bildende Künste Hamburg. Ihre Forschungsschwerpunkte liegen in der poststrukturalistischen Philosophie, Ästhetik und Politik, Ästhetik des Films, Theorien des Raums, Theorien der Affekte und Affizierungen sowie Fragen des Kunst-Wissens. Sie ist Autorin von *Deleuze – zur Einführung* (2005), *Affizierung. Zu einer ästhetisch-epistemischen Figur* (2010) und *Dividuation. Theorien der Teilhabe/Dividuations. Theories of Participation* (2015/2018). Zu ihren Publikationen gehören weiterhin die Bände *Timing of affect. Epistemologies of affection* (hrsg. zus. mit M.-L. Angerer & B. Bösel, 2014) und *Re*: Ästhetiken der Wiederholung* (hrsg. zus. mit H. Loreck, 2014).

Intensive Milieus – komplexe, relationale und offene Kopplungen

Marie-Luise Angerer

Zusammenfassung

Die medientechnischen Entwicklungen am Übergang ins 21. Jahrhundert zeichnen sich durch eine Intensivierung aus, die darin besteht, dass einstmals getrennte Entitäten als radikal offene Systeme begriffen werden (können). Menschliche und animalische Körper, technische und ‚natürliche' Umwelten sind über Prozesse des organischen Empfindens und algorithmischer Sensoriken in komplexer Weise verbunden: Signale werden in Daten transponiert, diese wiederum als Information zwischen den Körpern und ihren Umwelten ausgetauscht, um aus diesen politische, ökonomische und soziale Schlussfolgerungen abzuleiten. Donna Haraways Gefährten, Lynn Margulis' Parasiten, Myra Hirds Mikro-Ontologie – sie alle verweisen auf Prozesse der Ansteckung, Infiltrierung und vielfachen Wirkmächtigkeit, die nicht nur ein Denken in Relationen einfordern, sondern vielmehr ein Denken als Relation.

Schlüsselwörter

Milieu · Affektive Nachahmung · (technische) Empfindung · Digitales Begehren · Komplexe Kopplungen

M.-L. Angerer (✉)
Medienwissenschaft, Universität Potsdam, Potsdam, Deutschland
E-Mail: angerer@uni-potsdam.de

© Springer Fachmedien Wiesbaden GmbH, ein Teil von Springer Nature 2020   173
B. Ochsner et al. (Hrsg.), *Affizierungs- und Teilhabeprozesse zwischen Organismen und Maschinen*, Technikzukünfte, Wissenschaft und Gesellschaft / Futures of Technology, Science and Society,
https://doi.org/10.1007/978-3-658-27164-0_10

Donna Haraway hat in den frühen 1980er Jahren den Menschen zwischen Tier und Maschine positioniert und in ihrem *Manifest für Cyborgs* (1995) erklärt, dass in Zeiten von porös werdenden Grenzziehungen zwischen natürlichen und artifiziellen Organismen Hybride aufzutauchen beginnen: halb Tier und Mensch, halb Maschine und Mensch – Mischwesen, Cyborgs. Doch Hybride sind weder Zukunftsfiguren noch Prototypen für Science-Fiction-Filme und Computerspiele, sondern vor allem Verweise auf das Hier und Jetzt. Und dieses zeigt heute deutlich, dass Gemeinsamkeiten, graduelle Unterschiede und Relationen zwischen Menschen und anderen (Lebewesen und Nicht-Lebewesen) wichtiger geworden sind, wodurch diese zu einer Spezies unter „significant others" (Haraway 2016) werden. Damit rückt auch der Körper in seiner Vernetzung in den Vordergrund, der heute nicht mehr länger als autopoietisches, nur Energie austauschendes System verstanden wird, sondern als Informationen verarbeitender, als „biomediated-body" (Clough 2010, S. 2), konzipiert wird.

Mit Beginn des 21. Jahrhunderts werden die Beziehungen zwischen Körpern, Um- und Binnenwelten informationstechnologisch verschaltet. Körperdaten kommunizieren mit Umweltdaten, neuronale Signale steuern Körper- und Wohntemperatur und die *kleinen Schwestern* (wie Siri und andere von Rosalind Picard (2010), der Begründerin des *affective computing,* bezeichnet werden, um die Angst vor Big Data kleinzureden) organisieren zunehmend alltägliche Abläufe. Derzeit wird mit hohem Druck daran gearbeitet, diese digitalen Hilfen als *neue Andere* dem Menschen zur Seite zu stellen, als umsichtig planende und gefühlvoll agierende *non-humans,* die den Menschen nun auch dort überbieten oder ersetzen sollen, wo er sich von den Maschinen immer (noch) unterschied: Affekt und Emotion galten bis Ende des 20. Jahrhunderts als diejenige menschliche Dimension, die weder berechenbar noch restlos auszuklammern war. Heute greifen die Algorithmen wie beispielsweise des *affective computing* längst ein, um Mensch und Maschine affektiv, das heißt psycho-kybernetisch, zu verbinden. Dies ist nicht das Ende des Menschen – seine körperlich-mentale Überwindung, was zum Programm des Transhumanismus zählt –, aber es bedeutet sicherlich eine radikale Verschiebung des Humanen aus dem jahrhundertealten fiktiven Zentrum des Humanismus, sodass Menschen mit non-, para- oder posthumanen Anderen neue intensive Milieus organisieren werden (müssen). Milieus, die nicht mehr ausschließlich soziale oder politische Verbünde meinen, sondern sich über komplexe Kopplungen herstellen, immer wieder verschieben und rekonfigurieren.

Mediale Beziehungsgefüge: Prozess und Relation

Georges Canguilhem hat die Geschichte des Milieubegriffs nachgezeichnet und beschrieben, wie dieser in der zweiten Hälfte des 18. Jahrhunderts von der Mechanik in die Biologie wechselt, um dort das Fluide, das Medium, in dem Leben entsteht und sich entwickelt, zu bezeichnen. Das Milieu ist das, was zwei Körper verbindet, „es ist ihre Mitte [milieu]; und da es all diese Körper durchdringt, befinden sie sich inmitten [au milieu de] des Fluidums" (Canguilhem 2009b, S. 235). Dem 19. Jahrhundert schreibt Canguilhem das Verdienst zu, zum mechanischen Erbe des Begriffs immer wieder zurückgekehrt zu sein, was er eindrücklich am Beispiel von Auguste Comte und dessen *Philosophie positive* (1983) demonstriert. Danach wird der lebende Organismus von seinem Milieu und dessen Variablen (wie Luft, Wasser, Licht) beeinflusst, während umgekehrt sein Einfluss vernachlässigbar ist. Nur dem Menschen gesteht Comte zu, aktiv in sein Milieu einzugreifen. (Vgl. Canguilhem 2009b, S. 240)

Anfang des 20. Jahrhunderts begann sich diese letztlich immer noch mechanistische Sicht jedoch zu wandeln. Johann Jakob von Uexküll stellte seine Umweltlehre vor, worin er neben dem Menschen die Tiere mit ihren je eigenen Wirklichkeiten stark macht. Die Grundaussage seines Ansatzes lautet: Die spezifische Ausstattung eines Organismus bewirkt seine je eigene Umwelt, wie diese von ihm wahrgenommen wird, und wie er umgekehrt in diese eingreift. Gleichzeitig wird jeder Organismus von seiner Umwelt auf je eigene Weise genährt und erhalten. (Vgl. Uexküll 1921) Prominent findet sich diese Sehweise später in den Arbeiten von Gilles Deleuze und Félix Guattari wieder, wo diese vor der Folie von Uexküll die Arbeit an den „melodischen Komplexen" (Deleuze und Guattari 2000, S. 219) zwischen Natur und Kultur beschrieben haben. Ein Zeitgenosse von Uexküll, Alfred N. Whitehead, veröffentlichte zehn Jahre nach dessen *Theoretischer Biologie* (Uexküll 1973) die Grundlage seiner Prozessphilosophie unter dem Titel *Process and Reality. An Essay in Cosmology* (Whitehead 1987). Darin formuliert er die Grundlagen einer relationalen Kosmologie, in der er auf eine prinzipielle Unterscheidung von Natur und Kultur verzichtet und auch den Menschen nicht vordergründig in dieser verortet. Vielmehr führt er eine radikale Verbindung von Natur und Subjektivität vor, die keinen Apriori-Anspruch mehr erhebt. Whitehead spricht vom Superjekt, worunter er die Subjektivierungsform versteht, die aus einem vielfältigen Prozessgefüge hervorgeht. Mit dem Begriff der *prehension,* der für die Aneignung und Abstrahierung als basalem Modus von Wahrnehmung steht, macht Whitehead ein *blindes Fühlen* stark, das ohne Bewusstsein agiert. (Vgl. Whitehead 1987, S. 294ff.) Haraway hat diesen Begriff in ihrem *Manifest für Gefährten* (2016) aufgegriffen, um ihn dort mit „erfassen, zugreifen" (ebd., S. 12) zu übersetzen. *Prehension* kann in diesem Sinne als ein Zusammenwachsen von Beziehungen verstanden werden, bei dem alles und jedes in einem gegenseitigen Erfassen entsteht, es also weder Subjekt noch Objekt davor geben kann.

Es ist daher gut nachvollziehbar, weshalb gerade auch Lynn Margulis mit ihrer Endosymbiontentheorie auf offene Ohren bei Haraway stoßen konnte. Die Evolutionsbiologin hat seit den 1960er Jahren ihre Theorie gemeinsam mit ihrem Sohn entwickelt. (Vgl. Margulis und Sagan 1995) Diese Theorie geht von der Annahme aus, dass im Laufe der Entwicklung des Lebens die Zelle eines einzelligen Lebewesens durch die eines anderen Einzellers absorbiert und zum Bestandteil eines komplexer werdenden Lebewesens wird. Entsprechend gehen auch die Bestandteile menschlicher Zellen auf diese ursprünglichen Einzeller zurück. Das Paar aus Wirt und Parasit funktioniert dabei über den Mechanismus der Ansteckung. Individuen, d. h. alle Organismen, die größer als Bakterien sind (Tiere, Pflanzen, Pilze etc.), stellen in dieser Perspektive symbiotische Systeme dar, wobei Individuen als eng miteinander verflochtene, integrierte Mikrobengemeinschaften betrachtet werden. Für Margulis ist es daher weniger eine Frage der zufälligen Mutationen, wodurch neue Arten entstehen, sondern vielmehr die Tatsache der Anhäufung bakterieller Symbionten, wodurch die meisten Arten entstanden sind. (Vgl. Margulis 1981) Auch der Physiker Freeman Dyson bezieht sich in seinem unter dem Titel *Origins of Life* (1999) publizierten Beitrag zur Evolutionsdebatte auf Margulis und spricht dort von „obligatory parasites". (Ebd., S. 10) Dies auch mit Blick auf die Unterscheidung von Software und Hardware: „Hardware processes information; software embodies information." (Dyson 1999, S. 7) Diese Unterscheidung entspräche exakt den Entwicklungsprozessen in einer lebenden Zelle: „[H]ardware is mainly protein and software is mainly nucleic acid." (Ebd.) Dabei sei jedoch, so Dyson, eine interessante Schieflage auszumachen: Hardware kann nämlich ohne Software nur solange existieren, wie sie am Leben erhalten wird, also Nahrung erhält (Dyson spricht in diesem Zusammenhang von „numbers to crunch", S. 7). Software ohne Hardware hingegen würde notwendigerweise zum „obligatorischen Parasiten": Sie muss sich zum Überleben Hardware ausborgen und überlebt nur mit einem kooperativen Wirt.

Parasitäre Techno-Sensation

Michel Serres hat Anfang der 1980er Jahre das Parasitäre in den wissenschafts-theoretischen Diskurs eingeführt und es gleichsam als Denkmodell vorgestellt: „Der Parasit produziert kleine Oszillationen des Systems, kleine Abweichungen: Parastasen oder Umstände." (Serres 1987, S. 296) „Der Parasit führt uns", schreibt Serres weiter,

> „in die Nähe der einfachsten und allgemeinsten Agenten der Veränderung von Systemen. Er bringt die infinitesimalen Abweichungen zum Fluktuieren. Er immunisiert oder blockiert sie, er zwingt sie zur Anpassung oder tötet sie, er selegiert und vernichtet sie. [...] Das ist so, weil der Parasit uns in die Nähe der subtilen Gleichgewichte lebender Systeme, ihrer energetischen Gleichgewichte, bringt. Er ist deren Fluktuation, deren Erschütterung, Probe, Verschiebung. Ist er das Element der Metamorphose? Ich meine mit diesem altmodischen Wort die transformierende Bewegung des Lebens selbst. Diese Bewegung beginnt bei der Phage und ich meine sie noch in der Geschichte des Menschen zu erblicken." (Ebd., S. 294f.)

Als Phagen oder Bakteriophagen werden Virengruppen benannt, die auf Wirts-zellen spezialisiert sind, die Serres vor dem Hintergrund seines homöostatischen Ansatzes als die einfachste Form einführt: Für Serres sind Parasiten ganz allgemein thermische Erreger, die den Gleichgewichtszustand eines Systems verändern, notwendigerweise verändern, um das Leben als solches in Bewegung zu setzen. Hier kann nochmals auf den Begriff des Milieus verwiesen werden, wie ihn Canguilhem für das 19. Jahrhundert mit Blick auf Auguste Comte und den Energieaustausch des thermodynamischen Körpers beschrieben hat. Demnach versorgt das Milieu den Körper-Organismus, während dieser wiederum seine Umgebung nur bedingt beeinflusst. Ausschließlich der Mensch greift aktiv ein. Wie die Soziologin Patricia Clough hierzu in ihrem Aufsatz „The affective turn" (2010) ausgeführt hat, ist dieses Modell am Ende des 20. Jahrhunderts endgültig durch das Modell eines „biomediated body" abgelöst worden. Während der organische, thermische Körper im Austausch mit seiner Umwelt steht, um Energie zu tanken, um sich dadurch als autopoietisches System aufrechtzuerhalten, wird der „biomediated body" als ein offenes System, das Energie zu Information wandelt, die für sein Überleben in einer *MediaNature* zuständig ist, gefasst. Die informationstechnische Rekonfiguration von Materie wird dabei von zwei Seiten aus betrieben: einmal von der Molekularbiologie und zum anderen mithilfe neuer technischer Visualisierungsmöglichkeiten des menschlichen Körpers.

Durch die digitalen Visualisierungstechnologien sowie 3D Scans wird der Körper auf neue Weise einsehbar. Dieses sichtbare, austauschbare, dehnbare, beliebig morphologisch wechselbare Bild des Körpers korrespondiert dabei mit einem molekularen Selbst(-bild). Lisa Blackman hat diese Entwicklungen in *Immaterial Bodies* zusammengefasst und dort ausgeführt, dass auch die Biomedizin längst aufgegeben habe, den Körper als singuläre Entität zu begreifen, sondern stattdessen „the proliferation and emergence of technologies and practices which enable the enhancement, alteration and even invention of new bodies" (Blackman 2012, S. 7) verfolgt. Diese Verschiebungen werden unser Verständnis von Köperbildern nachhaltig und gravierend beinflussen, denn „these technologies enable the body to travel beyond the boundary of the skin recast as mobile information to be altered, engineered, and transformed within laboratory and computational settings." (Ebd.) In diesem Zusammenhang verweist sie auch auf den Soziologen Nikolas Rose, der in seinen Arbeiten die Entwicklung eines derartig mobilen Lebensbegriffs nachgezeichnet hat, der mit dem Bild des Körpers als einer geschlossenen Figuration längst nicht mehr kompatibel ist.

In meinem Buch *Vom Begehren nach dem Affekt* (Angerer 2007) habe ich die Substitution des psychoanalytisch aufgeladenen Begriffs des Begehrens durch den des Affekts in Theorie und Praxis (wie etwa in der Kunst) untersucht und dort die These aufgestellt, dass diese Ersetzung weitreichende Implikationen für das Denken des Humanen und darüber hinaus ganz allgemein eines In-der-Welt-Seins hat. Als ein Beispiel habe ich mich dort auf *Abstract Sex. Philosophy, Biotechnology and the Mutations of Desire* der Philosophin Luciana Parisi bezogen, die dort einen Begriff des Begehrens einführt, der nicht mehr länger als psychische Dimension konzipiert ist, sondern als eine Kraft vorgestellt wird, die in ihrer vorläufig letzten Entwicklungsstufe als nanotechnisches Begehren bestimmt wird (Parisi 2004). Parisi fasst Begehren grundsätzlich als Energie, womit dieses Phänomen zu einer Kraft wird, das so etwas wie eine affektive Ansteckung vorantreibt. Den Begriff der Ansteckung hat sie in ihrem Aufsatz *Technoecologies of Sensation* weiter entwickelt und ihn über eine „extension of feeling" (Parisi 2009, S. 188) in eine technisch aufgerüstete Umwelt übertragen. Begehren wird über diese Transposition zum einen zu einer Lebenskraft (vergleichbar dem *conatus* von Spinoza) und zum anderen zu einem allgemeinen Empfindungsvermögen, wie es sich durchaus in die Tradition des Sensualismus einreihen lässt, auf den heute u. a. bei der Wiederentdeckung von Denis Diderot referiert wird. So schlägt Isabelle Stengers etwa vor, sich für die philosophische Reflexion über informations- und biotechnische Konvergenzentwicklungen auf Diderot zu beziehen. Denn dieser könnte zum einen vor dem Hintergrund aktueller Fragen in der aktuellen Biotechnologie im Hinblick auf ein allgemeines der technischen

Natur übertragenes *sensing* in direkter Ableitung eines monistischen Naturalismus gelesen werden. Zum anderen liest Stengers Diderot als jemanden, der keine Glaubenssätze – weder von epistemologischer noch ontologischer Seite – über alles stülpt, wenn er dazu auffordert, die Praxis ernst zu nehmen und genau hinzuschauen, was, wo und wie passiert und vor allem auf das Wörtchen „nur" zu achten, so etwa darauf, was mit diesem Adverb eliminiert werde. Denn wie Stengers betont, diene es laut Diderot häufig dazu, eine künstliche Trennung zwischen Praxis und Theorie oder von Aberglaube und Magie zu ziehen. (Vgl. Stengers 2011, S. 373) Empfindung wird in Diderots sensualistischer Erkenntnistheorie als grundlegende Fähigkeit gefasst, die nur graduelle Unterschiede – von der leblosen Materie über ein passives zu einem aktiven Empfindungsvermögen – aufweist. In *D'Alemberts Traum* aus dem Jahre 1769 unterhält sich Diderot mit D'Alembert, dem Mediziner Bourdeu und Mademoiselle de Lespinasse über die klassische Frage, was denn der Unterschied zwischen einem Menschen, einem Tier, einer Marmorstatue und einem Klavier ausmache. In der berühmten Passage heißt es:

> „Wir sind doch Instrumente mit Empfindungsvermögen und Gedächtnis. Unsere Sinne sind soundso viele Tasten, die von der uns umgebenden Natur angeschlagen werden und sich oft auch von selbst anschlagen. Das ist meines Erachtens alles, was in einem Klavier vorgeht, das so eingerichtet ist wie Sie und ich. Es findet ein Eindruck statt, der seine Ursache innerhalb oder außerhalb des Instruments hat, und es folgt eine Empfindung, die von diesem Eindruck herrührt." (Diderot 2013, S. 87)

Lässt sich dieser Vergleich zwischen Mensch und Maschine von Diderot nun aber auch auf das übertragen, was Luciana Parisi als „Technosensation" definiert hat? Parisi beschreibt dort nämlich, wie nicht-technische Agenten – also Bakterien, Viren und Zellen – aufeinander reagieren und sich durch chemische Kommunikation,[1] Biofilm und Sporenbildung austauschen und Informationen übertragen. Ganz ähnlich bestimmt die Umweltwissenschaftlerin Myra Hird diesen Austausch in ihrem mikro-ontologischen Ansatz: „Bacterial communities [...] perform collective sensing, distributed information processing, and gene-regulation of individual bacteria by the group." (Hird 2009, S. 42) Sie hat sich hierfür von Haraway den Begriff der *companion species* ausgeliehen und

---

[1] Die Eigenschaft von Einzellern, mittels chemischer Signalübertragung bestimmte Gene zu aktivieren, wird in der evolutionsbiologischen Forschung mit dem Begriff des *quorum sensing* bezeichnet. (Vgl. Lee und Wu 2013, S. 339ff.)

überträgt diesen auf das Konzept einer *co-evolution* und einem *co-enactment* zwischen *non-species*. Damit kann sie beschreiben, wie Körper auf zellulärer Ebene sowohl genetisch als auch morphologisch intra-aktiv agieren. Der Begriff der Intra-aktion wurde von Karen Barad anstelle des Begriffs der Interaktion eingeführt, um in Anlehnung an Nils Bohrs Quantentheorie zu betonen, dass nicht zwei Pole miteinander in Beziehung treten, sondern erst die Relationalität beide als Pole emergieren lässt. (Vgl. Barad 2007) Hirds Mikro-Ontologie verfolgt im Unterschied zu Barads erkenntnistheoretischem Entwurf einen radikal asymmetrischen Ansatz, nach dem die Biosphäre den Menschen zum Überleben nicht benötigt, der Mensch jedoch diese sehr wohl braucht. Hier kehrt sie auch das Machtverhältnis zwischen Parasit und Wirt um: Bei Hird ist der Mensch der Parasit und der Wirt die Biosphäre. Die innerhalb und außerhalb des menschlichen Körpers stattfindenden Eigenaktivitäten benötigen ganz offensichtlich kein sich seiner bewusstes Subjekt, sondern agieren vielmehr unterhalb dessen Wahrnehmungsschwelle.

Parisi überträgt dieses Modell des Bakteriellen nun auf techno-sensorielle Modelle, die Umwelt- und Körperdaten miteinander verschalten. Doch nicht nur das bakterielle Eigenleben bildet ein basales Element für Parisis Techno-ökologie. Sie greift vielmehr auch den Begriff der *prehension* von Alfred North Whitehead auf, um ein affektives Denken zu konzipieren: „Including the non-reversible and yet dynamic conditions of the being of the sensible and of the intelligible" (Parisi 2014, S. 164). Mithilfe dieses Begriffs, betont sie, werde es möglich, mathematische Berechnung und informationsverarbeitende Prozesse bei Menschen und anderen als offene und reversible Regelsysteme zu begreifen,

> „not only because they are responsive to the physical environment which they seek to simulate, but more importantly because their discrete operations become infected and changed by informational randomness. The apparent opposition between affect and computation is here dissolved to reveal that dynamic automation is central to the capitalization of intelligible functions." (Ebd., S. 184)

Medientechnologien werden in dieser Sichtweise zu „Erfassungsmaschinen *[prehensive machines]* des Unartikulierbaren und Unrepräsentierbaren" (Parisi und Hörl 2013, S. 39), wodurch sich jede Bewegung von technischen und lebendigen Organismen auf allen Ebenen verschalten lässt. Spätestens hier wird klar, dass der Zusatz des Affektiven der Joker ist, der es ermöglichen soll, zwischen viszeralen, biologischen, kognitiven und technischen Prozessen zu jonglieren. Aus Daten werden „affektive Daten" (ebd.), da diese durch ihre Eigenbewegungen affiziert – im Sinne einer Infektion oder Ansteckung – werden.

So kommt der Sprung zur Empfindung zustande. Eine „Technoökologie der Empfindung" (Parisi und Hörl 2013, S. 40) bedeutet bei Parisi, dass Energie in Information transformiert wird. Was aber passiert zwischen einem technischen Sensor und einem empfindenden Wesen, ob Tier oder Mensch?

Die voranschreitende medientechnische Infra(re-)strukturierung von Umwelt, Städten, Häusern, Autos und Körpern stellt uns vor die Herausforderung, sowohl die technische als auch die organische Seite als relational und prozessual neu zu denken und damit das Empfindungsvermögen, welches lange dem Menschen vorbehalten zu sein schien, auch auf Nicht-Organisches, d. h. auch auf das Technische ausdehnen zu müssen. Hierfür bietet sich nicht nur das graduell abgestufte Empfindungsvermögen von Diderot an, sondern auch ein Begriff von Intensität, wie er bei Whitehead und nachfolgend von Deleuze und Guattari mit Blick auf Empfindung verhandelt wurde.

Intensität und Empfindungsvermögen

Intensität ist einer der zentralen Begriffe der Philosophie von Gilles Deleuze in *Differenz und Wiederholung* (1992) und spielt als Konzept des Intensiv-Werdens in dem gemeinsam mit Félix Guattari verfassten *Tausend Plateaus* (1992) erneut eine große Rolle. Für Deleuze und Guattari ist Intensität eine dem Werden eingeschriebene Größe und damit eine sinnliche Erfahrungsgröße, ohne die geistige Entwicklung für sie überhaupt nicht vorstellbar ist.

> „Vom Intensiven zum Denken – stets ist es eine Intensität, durch die uns das Denken zustößt. Das Privileg der Sinnlichkeit als Ursprung erscheint darin, daß das, was zur Empfindung nötigt, und das, was nur empfunden werden kann, in der Begegnung ein und dasselbe sind.[...] Denn das Intensive, die Differenz in der Intensität, ist zugleich das Objekt der Begegnung und das Objekt, zu der die Begegnung die Sinnlichkeit emporhebt." (Deleuze 1992, S. 188)

Das Eigentliche der Intensität liegt also darin, „daß sie durch eine Differenz gebildet wird, die selbst auf andere Differenzen verweist." (Ebd., S. 155) In *Tausend Plateaus* beschreiben Deleuze und Guattari Serien und Strukturen, die gleichzeitig vorhanden sind, sich stets ändern, wechseln, verbinden, austauschen und Intensitäten neu aufteilen. Hier rekurrieren sie nicht zufällig auf Spinoza und dessen Konzeption von Körpern, die sich über Ruhe und Bewegung, über Geschwindigkeit und Langsamkeit bestimmt werden. Hierbei tauchen auch die Affekte als „Arten des Werdens" (Deleuze und Guttari 1992, S. 349) auf, die als Breitengrade eines Körpers beschrieben werden: „*Der Breitengrad besteht aus intensiven Teilen, die zu einer Fähigkeit gehören, so wie der Längengrad aus extensiven Teilen besteht, die zu einer Beziehung gehören.*" (S. 349f., Hervorh. im Orig.) Das heißt, dass die Affekte diese Übergänge bewohnen und das Intervall, den Sprung, den Augenblick bewachen. Sie sind die Hüter des „Sich-Nie-Schließens", wie man dies zusammenfassend nennen könnte. Was sich hier zwischen Breiten- und Längengraden auf dem Plateau des Sinnlichen ereignet, ist bei Whitehead nun einer dichten Textur der Realität geschuldet, die zwischen Subjekt und Objekt pendelt, um auszuhandeln, „wie die Ordnung in den objektiven Daten für Intensität in der subjektiven Erfüllung sorgt" (Whitehead 1987, S. 175). Für Whitehead ist Intensität eine Frage des Überlebens. Um dieses zu organisieren, muss die Natur nämlich Gesellschaften hervorbringen, „die mit einer hohen ‚Komplexität' ‚strukturiert', gleichzeitig aber auch ‚unspezialisiert' sind." (Ebd., S. 197) Das heißt, die Frage nach Intensität ist eine nach der „geordneten Komplexität der Kontraste" (S. 195f.). Mit dieser Bestimmung kann nun jedoch wieder an Diderots graduell abgestuftes Empfindungsvermögen angeknüpft werden, zumal auch Whitehead selbst die graduelle Komplexität und Strukturierung von anorganischen zu organischen Gesellschaften durchdekliniert. (Vgl., S. 189ff.)

Doch nicht nur die graduelle Abstufung von anorganisch und organisch spielt eine gewichtige Rolle dafür, was heute eine Abstufung zwischen sensorieller Technologie und organischem Fühlen bedeuten könnte. Auch die Unterscheidung von einem physischen und einem konzeptuellen Fühlen ist für den Kontext medientechnologischer Vernetzungen von Interesse. In einer äußert anschaulichen Passage beschreibt Whitehead, wie wir Menschen, als „dauerhafte Objekte mit personaler Ordnung" (ebd., S. 301), unser Leben, unsere Umgebung und unsere Existenz erfahren. Halbwach, schlafend, träumend, erinnernd, sich auf Gefühle – „ein Strom von Leidenschaft" (ebd.) – konzentrierend, blendet der Mensch dabei alles andere aus. Das, was in unser Bewusstsein tritt, seien daher nicht die „grundlegenden Tatsachen", sondern vielmehr die „abgeleiteten Modifikationen, die im Prozeß entstehen" (S. 303). Missachte man diese basale Unterscheidung, so Whitehead, hätte dies „fatale Konsequenzen für die richtige Analyse eines Erfahrungsereignisses" (ebd.). Die primitivste Form der Erfahrung sei emotional, ein „blindes Gefühl" (ebd.). Auf höherer Entwicklungsstufe sei diese Erfahrung sodann „Sympathie, das heißt, Empfinden des Empfindens *in* einem anderen und konform *mit* einem anderen" (S. 304). Whitehead spricht in Bezug auf das primitive Fühlen von „Vektor-Empfindungen" und „Emotionsschwingungen" (ebd.), die für die Kontrastbildungen mitverantwortlich seien. Hier tauchen also wieder die Kontraste auf, die für die Intensität zuständig sind, die mit Gefühlen, so wie wir sie zu bezeichnen gewohnt sind, nicht viel gemein hat. Whitehead ist hier sehr klar: Das Gefühl in der menschlichen wie auch tierischen Erfahrung ist nach ihm keine bloße Emotion, sondern immer schon „interpretiertes, integriertes und in höhere Kategorien des Empfindens umgewandeltes Gefühl" (S. 305). Dennoch, und dies könnte für ein Denken des biotechnischen bzw. des biomedialen Beziehungsgefüges oder intensiver Milieus hilfreich sein, sind die „emotionalen strebenden Elemente in unserer bewußten Erfahrung gerade diejenigen, welche den grundlegenden Elementen aller physischen Erfahrung am ähnlichsten sind" (ebd.).

Die Breiten- und Längengrade, auf die Deleuze und Guattari in Referenz auf Spinoza rekurrieren, tauchen bei Whitehead als „Dimension der Enge und der Weite" (ebd., S. 310) auf. Die Dimension der Enge ist dabei jene der „Intensitäten der individuellen Gefühle", während die der Weite aus den höheren Komplexitätsstufen hervorgeht. Der „Ozean des Empfindens" (ebd.), der das „Genießen der Komplexität des Universums" erlaubt, ist der Dimension der Weite geschuldet und die „emotionalen Tiefen auf den unteren Ebenen haben ihre Grenzen" (ebd.). Bewusstsein wird von Whitehead dabei als „ergänzendes Empfinden" (S. 309) bezeichnet, das einem „begrifflichen Empfinden" (ebd.), in dem Kontraste zugelassen oder abgewiesen werden, nicht notwendigerweise innewohnt.

Was hier – trotz der Kürze – klar werden sollte, ist zweierlei: zum einen die untergeordnete Rolle dessen, was als Bewusstsein eingeführt wird, zum anderen ein Intensitäts- und Empfindungsbegriff, der nicht das Gegenteil von diesem Bewusstsein ist, sondern dieses auf unterschiedlichen Komplexitätsstufen durchläuft. Intensität als Kontrast bzw. Differenz führt zur nachfolgenden Frage nach dem Verhältnis von Begegnungen von Menschen und Dingen und deren Intensität.

Affektive Nachahmung

George Canguilhem hat in seiner Vorlesung 1946/1947 *Maschine und Organismus* vom „Biologisch-Werden" der Technik gesprochen und dort abschließend darauf hingewiesen, dass es seit wenigen Jahren am Massachusetts Institute of Technology unter der Bezeichnung *Bionics* Versuche gibt, biologische Strukturen zu erforschen, die in der Technologie als Modelle verwendet werden können. „Die Bionik ist die hochgelehrte Kunst der Information," schrieb er, „die bei der lebendigen Natur in die Lehre geht." (Canguilhem 2009a, S. 231) Heute geht die Nanotechnologie bei der Natur in die Schule, um dort abzuschauen, was diese immer schon konnte. In seinem Nachwort zu Gabriel Tardes *Monadologie und Soziologie* (2009) betont

Michael Schillmeier daher nicht ganz zufällig, dass sich dessen Monadologie heute geradezu anbiete, die Nanoforschung zu begreifen. Denn Tardes Monaden seien nicht fensterlos wie diejenigen von Leibniz, sondern performativ und offen, d. h. sie differieren und sind gleichzeitig in ihrer Überzeugung und ihrem Begehren einander ähnlich. (Vgl. Schillmeier 2009, S. 109) Diese Offenheit erinnert an jenen „biomediated body", der nach Patricia Clough offen für seine Umgebung sei, diese aufnehme und an sie Informationen abgebe. Dieses wiedererwachte Interesse an Tardes Nachahmungskonzeption, das von Bruno Latour stark unterstützt wird, erklärt sich aus der Hoffnung, mit dieser Hilfe menschliche und animalische Gesellschaftsmechanismen auf maschinische übertragen zu können.

Tarde spricht selbst von einem „Bedürfnis nach Gesellschaft", das die Atome wie die Menschen, die Bäume wie die Sterne gleichermaßen hätten. (Vgl. Tarde 2009, S. 25ff.) Es ließe sich daher, so Tarde, eine „Tendenz der Monaden, sich zusammenzuschließen" (ebd., S. 60) feststellen. Dies erfolge über die Bewegung der Nachahmung, die sowohl auf Mikro- als auf Makroebene geschehe. Deleuze und Guattari haben diese Nachahmung als „Strömung" bezeichnet, die durch Überzeugung und Begehren bewegt werde.

> „[W]as ist Tarde zufolge eine Strömung? Eine Überzeugung oder ein Begehren (die beiden Aspekte jedes Gefüges), eine Strömung besteht immer aus Überzeugungen und Begehren. Überzeugungen und Begehren sind Grundlage jeder Gesellschaft, weil sie Strömungen sind, die als solche ‚quantifiziert' werden können, wahrhaftige gesellschaftliche Quantitäten, während Empfindungen qualitativ und Vorstellungen schlichte Resultanten sind. Die infinitesimale Nachahmung, die winzig kleinen Gegensätze und die geringsten Erfindungen sind so etwas wie Strömungsquanten, die eine Verbreitung, Binarisierung oder Vereinigung von Überzeugungen und Begehren anzeigen." (Deleuze und Guattari 1992, S. 298f.)

Bewegung und Empfindung bilden die basalen Pfeiler bei Tarde, die er in Überzeugung und Begehren übersetzt. Die Monade ist bei Tarde die kleinste Einheit, eine verknüpfte Differenz, die sich eine Umgebung schafft. Über Nachahmung sowohl auf Mikro- als auch Makroebene entstehen große und kleine Gesellschaften. Durchaus vergleichbar dem eingangs beschriebenen Wirt-Parasiten-Modell von Margulis, bei dem sich jede Neuerung über Ansammlungen vollzieht, die ihre frühere Stufe mit in die nächste tragen. Nach jahrelanger Ablehnung des Begriffs der Nachahmung innerhalb der Kulturwissenschaften und der Präferierung des psychoanalytisch aufgeladenen Begriffs der Identifikation, lässt sich heute eine erneute Hinwendung zur Nachahmung – durchaus im Tardeschen Sinne – feststellen.

Dies erfolgt möglicherweise auch deshalb, weil der Begriff, wie er von Tarde in die Diskussion eingeführt wurde, mit einer Begehrensbewegung aufgeladen ist, die sich in mehrfacher Hinsicht mit aktuellen medientechnischen Entwicklungen trifft. Die Tardesche „Soziologie des Begehrens" oder auch „Affekt-Soziologie" sei deshalb für die gegenwärtige Theorie-Diskussion so wichtig, wie Christian Borch und Urs Stäheli betonen, weil sie das Begehren nicht auf eine „psycho-analytische Leidensgeschichte der Identifikation" (2009, S. 11) reduziere, sondern den Gedanken der „mimetischen Wiederholung" ernst nehme und auf-zeige, wie Nachahmung durch die Kräfte des Begehrens und der Überzeugung vorangetrieben oder gebremst werde.

In der Evolutionstheorie von Margulis funktioniert das Paar aus Wirt und Parasit über Ansteckung, die auf allen Ebenen – der biologischen und physikalischen sowie der kulturellen und digitalen Ebene – passiert, wie dies Parisi in *Abstract Sex* aufgezeigt hat. Nachdem in diesem Modell die Fort-pflanzung auf der digitalen Stufe durch Klonen organisiert wird, entfaltet sich Sexualität in dieser Konzeption als offenes und formbares Muster, das sich durch ein energetisches Begehren zu immer neuen Formen verbindet *(recombinant desire)*. Parisi spricht in diesem Zusammenhang von „atomaren Geschlechtern", die sich in das „anorganische Nanodesign einer ganzen Biosphäre" (Parisi 2008, S. 73) einordnen. Nanotechnologie brauche Sexualität insbesondere, so Parisi,

> „als ein Aktionsfeld, auf dem Begehrensmengen umgebildet werden. Die Nano-gestaltung der Materie zwingt die biotischen Eigenschaften der Sexualität, sich neuen onto-evolutionären Auswirkungen zu stellen: Die atomare Neugestaltung von Materie greift in die geistigen, affektiven, gesellschaftlichen, technischen, ethischen und kulturellen Affinitäten des Begehrens ein." (Ebd., S. 80)

Kann man heute Gabriel Tardes Monadenlehre und ihren Psychomorphismus in einem Medienmorphismus wieder auferstehen sehen, der sich über affektive Nachahmung organisiert? Der Medienmorphismus würde alle Momente ver-sammeln, die in den vorangegangenen Abschnitten noch isoliert betrachtet worden sind: Umwelt, Empfindungsvermögen, Intensität, Affekt, Begehren als Energie. Wir können also fragen, weshalb diese Momente sich in einem ‚intensiven Milieu' heute zu bündeln scheinen? Nicht etwa, weil eine Wieder-kehr der Gefühle zu beobachten ist, auch nicht, weil die Denkfigur der Intensi-tät (Kleinschmidt 2004) sich heute wieder besonderer Aufmerksamkeit erfreut, sondern vielmehr muss dieses Interesse in seiner intrinsischen Ver-bindung mit medientechnischen Entwicklungen gesehen werden, die neue Kopplungen von Menschen, Tieren und anderen vorantreiben und installieren.

Das geschieht bereits zum einen über *Social Media* und Sensortechnologien, die die Infrastrukturen von Städten, Wohnungen, Arbeit und Freizeit zunehmend reorganisieren, und wird zum anderen durch Netze gezogen, deren Knotenpunkte eine Neuverteilung von Affizierungsstrategien bewerkstelligen. Neue Situationen des *intimate sensing* und neue Affekt-Politiken operieren vielfach gemeinsam – unsichtbar und unter die Haut gehend – und bereiten auf diese Weise Dispositive vor, die als intensive Milieus beschrieben werden können.

Intimate Sensing und intensive Begegnung

In seiner Beschreibung von Ozeanographen und TiefseetaucherInnen und ihrem spezifischen Verhältnis zu neu eingesetzten *remote operated vehicles* (ROV) hat Stefan Helmreich das Verhältnis von TaucherInnen, Meer und Computertechnologien als eines von „intimate sensing" (Helmreich 2009, S. 130) bezeichnet. *Remote sensing* werde als intim erfahren, da die Technologien nicht als Entfremdung von der Natur erlebt würden, sondern als „pleasurable, technological immersion in it – an experience felt as at once immediate and hypermediated" (ebd., S. 142). Alle, die TaucherInnen, die Schiffscrew, die TechnikerInnen sind mit ROV in großen Tiefen zugange und machen auf diese Weise aus dem Meer ein mediales Ereignis. Als Mitglied der Forschungscrew fasst Helmreich sein Erlebnis am Ende mit einem Hinweis auf Sherry Turkles *Second Self* (2005) zusammen. Während diese dort argumentiert hat, Menschen würden ihren Computer als zweites Selbst, als einen Spiegel begreifen bzw. erfahren, sei dies heute sicherlich nicht mehr der Fall. Vielmehr würden die Menschen Computerkonstellationen, in denen sie selbst ein Teil sind, als „an array of selves" erfahren, „that moves along a number line from the zero point of self-identification to the multiple identities of distributed, prosthetic subjectivity" (Helmreich 2009, S. 150).

Eine andere Form von *intimate sensing, das zwar nicht als solches bezeichnet wird, in meinen Augen aber durchaus unter diese Rubrik fallen könnte, sind sogenannte Biohybridroboter, die in menschliche Körper geschleust werden, um dort als Frühwarnsystem für Krebserkrankungen und Herzattacken zu agieren oder heilende Prozesse in Gang zu setzen. Dabei werden Nanopartikel in den Blutkreislauf geschickt, um dort ihre Daten an Sensoren zu übermitteln. Auch wenn diese Nanoroboter noch nicht wirklich einsatzfähig sind, wird an derartigen neuen Wirt-Parasit-Körperformationen mit hohem Einsatz geforscht. (Vgl. Breuer 2015)

Lassen sich diese Beschreibungen des Ozeans als Medienereignis und des Körpers als bio-medialer Schauplatz auf gesellschaftspolitische Verhältnisse übertragen, um dort ähnliche intime Kopplungen ausmachen zu können, ohne auf die allzu prominente Figur des Surfers in Deleuzes *Postskriptum über die Kontrollgesellschaften* (1993) verweisen zu müssen? Deleuze hat die Kontrollgesellschaft bekanntlich als Wellenereignis begriffen und betont, dass sich anzupassen und mit zu bewegen nicht nur großes Geschick erfordere, sondern auch eine Bewegungsvielfältigkeit ohne absehbares Ende, also ein andauerndes Sich-Bewegen, Sich-Anpassen bedeuten würde. Neue techno-soziale Formationen wurden seitdem nicht zufällig unter dem Gesichtspunkt der Modulation beschreibbar. Auch der sogenannte „Arabische Frühling" ist vor allem mit Hinweis auf den medientechnischen Einsatz als „Smartphone-Revolution" beschrieben worden. Smartphones haben seit ihrem ersten Erscheinen vor zehn Jahren singuläre und kollektive Verhaltensweisen dramatisch verändert. Menschen sind permanent über soziale Medien vernetzt und öffnen freiwillig den Zugriff auf ihre Daten. Soziale Medien und neue Massenversammlungen sind längst zu neuen Untersuchungsfeldern der Medienwissenschaft geworden, um die Reorganisation der klassischen Massenmedien und ihre neuen Figurationen zu untersuchen. (Vgl. Baxmann et al. 2014) Was tritt an die Stelle von Radio und TV-organisierten Medienereignissen, wenn diese sich dezentral und ungleichzeitig, jedoch immer und überall ereignen? Diese neuen sozialen/kollektiven Gewebe fordern – wie hier auf verschiedenen Ebenen gezeigt wurde – eine Absage an die Vorstellung politischer AkteurInnen vor dem Ereignis. Vielmehr kann das Feld des Politischen erneut mit Rekurs auf Spinoza – mithilfe von Louis Althusser – als ein radikal *zufälliges* und darüber hinaus auch als ein *intensives* Terrain vorgestellt werden. (Vgl. Angerer 2017)

In seinem Essay *Der Unterstrom des Materialismus der Begegnung* (2010) beginnt Althusser über den Regen nachzudenken. Malebranches Frage aufgreifend, warum der Regen auch ins Meer fällt, wenn dort doch schon genug Wasser vorhanden ist – der Regen also dem Meer nichts mehr hinzufügt –, fragt Althusser nach dem Regen, der in der Philosophiegeschichte stets ignoriert worden sei, und entfaltet einen „*Materialismus*' *des Regens, der Abweichung, der Begegnung, und des Greifens* [la prise] (gesucht: ein Wort, das diesen Materialismus in seiner Ausprägung bestimmt)" (Althusser 2010, S. 21, Hervorh. im Orig.). Um diese verdrängte Tradition eines Denkens der Materie in der Philosophiegeschichte aufzuzeigen, fordert Althusser weiter sich denken zu trauen, nämlich die „Tatsache der Unterwerfung der Notwendigkeit unter die Kontingenz und der Tatsache der Formen, die den Effekten der Begegnung ‚Gestalt verleihen'." (ebd., S. 23) Das heißt, die Atome von Lukrez als Regen und die unendlichen Attribute bei Spinoza ebenfalls als Regen zu verstehen. All dies verweise, wie Althusser eindringlich anmerkt, auf einen verdrängten Materialismus, den es wieder zu aktivieren gelte. Jedoch nicht im Sinne einer affirmativen Relationalität, die alles und jedes in ein heilversprechendes Gesamtgefüge zu überführen trachtet, wie ich hier anmerken möchte, sondern eines Materialismus, der die Kontingenz ins Zentrum rückt, das Zufällige der Begegnung und die Notwendigkeit des Greifens und Ergriffen-Werdens. Haraway hatte mit Blick auf diese *prehensions,* wie weiter oben bereits zitiert, gemeint, die Welt sei als ein Knoten in Bewegung zu begreifen. (Vgl. Haraway 2016, S. 13) Die Welt als ein Knoten in Bewegung, der auf einem „es gibt" (Althusser 2010, S. 24) beruht. Gegen jeden Zweck, gegen jede Totalität gerichtet, erfasst dieser unterirdische Strom der Begegnung die Noch-Nicht-Subjekte, um diese in sich aufzunehmen und sie in eine Form und unter ein Gesetz zu bringen. Doch auch dieses ist nicht vor-gegeben, sondern Element einer aleatorischen Reihe.

Literatur

Althusser, L. (2010). Der Unterstrom des Materialismus der Begegnung. In L. Althusser (Hrsg.), *Materialismus der Begegnung. Späte Schriften* (S. 21–66). Zürich: diaphanes. (Erstveröffentlichung 1994).

Angerer, M.-L. (2007). *Vom Begehren nach dem Affekt.* Zürich: diaphanes.

Angerer, M.-L. (2017). *Affektökologie: Intensive Milieus und zufällige Begegnungen.* Lüneburg: meson press.

Barad, K. (2007). *Meeting the universe halfway: Quantum physics and the entanglement of matter and meaning.* Durham: Duke University Press.

Baxmann, I., Beyes, T., & Pias, C. (Hrsg.). (2014). *Soziale Medien – Neue Massen.* Zürich: diaphanes.

Blackman, L. (2012). *Immaterial bodies. Affect, embodiment, mediation.* Los Angeles: Sage.

Borch, C., & Stäheli, U. (Hrsg.). (2009). *Soziologie der Nachahmung und des Begehrens: Materialien zu Gabriel Tarde.* Suhrkamp: Frankfurt a. M.

Breuer, H. (2015). Mini-Maschinen im Leib. *Süddeutsche Zeitung* vom 16.10.

Canguilhem, G. (2009a). Maschine und Organismus. In G. Canguilhem (Hrsg.), *Die Erkenntnis des Lebens* (S. 183–232). Berlin: August-Verlag. (Erstveröffentlichung 1965).

Canguilhem, G. (2009b). Das Lebendige und sein Milieu. In G. Canguilhem (Hrsg.), *Die Erkenntnis des Lebens* (S. 233–279). Berlin: August-Verlag. (Erstveröffentlichung 1965).

Clough, P. T. (2010). The affective turn: Political economy, biomedia, and bodies. In M. Gregg & G. J. Seigworth (Hrsg.), *The affect theory reader* (S. 206–228). Durham NC: Duke University Press.

Comte, A. (1983). *Die Soziologie: Die positive Philosophie im Auszug*. Stuttgart: Kröner. (Erstveröffentlichung 1974).

Deleuze, G. (1992). *Differenz und Wiederholung*. München: Fink. (Erstveröffentlichung 1968).

Deleuze, G. (1993). Postskriptum über die Kontrollgesellschaften. In G. Deleuze (Hrsg.), *Unterhandlungen 1972–1990* (S. 254–262). Frankfurt a. M.: Suhrkamp. (Erstveröffentlichung 1990).

Deleuze, G., & Guattari, F. (1992). *Tausend Plateaus: Kapitalismus und Schizophrenie*. Berlin: Merve. (Erstveröffentlichung 1980).

Deleuze, G., & Guattari, F. (2000). *Was ist Philosophie*. Frankfurt a. M.: Suhrkamp.

Diderot, D. (2013). D'Alemberts Traum. In D. Diderot (Hrsg.), *Philosophische Schriften* (S. 78–154). Berlin: Suhrkamp. (Erstveröffentlichung 1769).

Dyson, F. (1999). *Origins of life*. Cambridge: Cambridge University Press.

Haraway, D. J. (1995). Ein Manifest für Cyborgs. In D. J. Haraway (Hrsg.), *Die Neuerfindung der Natur. Primaten, Cyborgs und Frauen* (S. 33–72). Frankfurt a. M.: Campus. (Erstveröffentlichung 1984).

Haraway, D. J. (2016). *Das Manifest für Gefährten. Wenn Spezies sich begegnen – Hunde, Menschen und signifikante Andersartigkeit*. Berlin: Merve. (Erstveröffentlichung 2003).

Helmreich, S. (2009). Intimate sensing. In S. Turkle (Hrsg.), *Simulation and its discontents* (S. 129–150). Cambridge: MIT Press.

Hird, M. J. (2009). *The origins of sociable life: Evolution after science studies*. Basingstoke: Palgrave Macmillan.

Kleinschmidt, E. (2004). *Die Entdeckung der Intensität. Geschichte einer Denkfigur im 18. Jahrhundert*. Göttingen: Wallstein Verlag.

Lee, J., & Wu, J. (2013). A cell-cell communication signal integrates quorum sensing and stress response. *Nature Chemical Biology, 9*, 339–343.

Margulis, L. (1981). *Symbiosis in cell evolution: Life and its environment on the early earth*. San Francisco: Freeman.

Margulis, L., & Sagan, D. (1995). *What is life? The eternal enigma*. London: LDN.

Parisi, L. (2004). *Abstract sex: Philosophy, biotechnology and the mutations of desire*. London: Continuum.

Parisi, L. (2008). Die Nanogestaltung des Begehrens. In M.-L. Angerer & C. König (Hrsg.), *Gender goes Life: Die Lebenswissenschaften als Herausforderung für die Gender Studies* (S. 63–93). Bielefeld: transcript.

Parisi, L. (2009). Technoecologies of sensation. In B. Herzogenrath (Hrsg.), *Deleuze/ Guattari & Ecology* (S. 182–199). Basingstoke: Palgrave Macmillan.

Parisi, L. (2014). Digital automation and affect. In M.-L. Angerer, B. Bösel, & M. Ott (Hrsg.), *Timing of affect: Epistemologies, aesthetics, politics* (S. 161–177). Berlin: Diaphanes.

Parisi, L., & Hörl, E. (2013). Was heißt Medienästhetik? Ein Gespräch über algorithmische Ästhetik, automatisches Denken und die postkybernetische Logik der Komputation. *Zeitschrift für Medienwissenschaft: Medienästhetik, 8*, 35–51.

Picard, R. (2010). Affective computing: From laughter to IEEE. *IEEE Transactions on Affective Computing, 1*, 11–17.

Schillmeier, M. (2009). Jenseits der Kritik des Sozialen: Gabriel Tardes Neo-Monadologie. In G. Tarde (Hrsg.), *Monadologie und Soziologie* (S. 109–153). Frankfurt a. M.: Suhrkamp.

Serres, M. (1987). *Der Parasit.* Frankfurt a. M.: Suhrkamp. (Erstveröffentlichung 1980).

Stengers, I. (2011). Wondering about materialism. In L. Bryant, N. Srnicek, & G. Harman (Hrsg.), *Speculative turn: Continental materialism and realism* (S. 368–380). Melbourne: re.press.

Tarde, G. (2009). *Monadologie und Soziologie.* Frankfurt a. M.: Suhrkamp. (Erstveröffentlichung 1893).

Turkle, S. (2005). *The second self: Computers and the human spirit.* New York: Simon and Schuster. (Erstveröffentlichung 1984).

von Uexküll, J. (1921). *Umwelt und Innenwelt der Tiere.* Berlin: Verlag von Julius Springer. (Erstveröffentlichung 1909).

von Uexküll, J. (1973). *Theoretische Biologie.* Frankfurt a. M.: Suhrkamp. (Erstveröffentlichung 1920).

Whitehead, A. N. (1987). *Prozeß und Realität: Entwurf einer Kosmologie.* Frankfurt a. M.: Suhrkamp. (Erstveröffentlichung 1929).

Marie-Luise Angerer ist Professorin für Medientheorie/Medienwissenschaft am Institut für Künste und Medien im Studiengang Europäische Medienwissenschaft der Universität Potsdam. Ihre Forschungsschwerpunkte sind medientechnische Infrastrukturen, affektives Nichtbewusstsein, mediale Intensitäten und affektives Dispositiv. Zu ihren wichtigsten Publikationen gehören *Affektökologie. Intensive Milieus und zufällige Begegnungen* (2017, engl.: *Ecology of Affect. Intensive milieus and contingent encounters*, 2017) und *Desire after affect* (2014, dt.: *Vom Begehren nach dem Affekt*, 2007). Sie ist Mitherausgeberin von *Timing of affect. Epistemologies, aesthetics, politics* (hrsg. zus. mit B. Bösel & M. Ott, 2014).

Zwischen Animismus und Animation – Krieg und (Virtual) Reality bei Harun Farocki

Christoph Brunner

> *„Die Grenze zwischen Krieg und Zivilleben hat sich verwischt."*
>
> (Ehmann und Farocki 2011 , S. 23)
>
> *„Das erste Opfer des Krieges ist das Konzept der Realität."*
>
> (Virilio 1989, S. 59)
>
> *„Animation generates a relation prior to life and death, which implies a virtual animic unity in the making."*
>
> (Lamarre 2018a, S. 295)

Zusammenfassung

Animation und computergenerierte Animationstechnologien halten allgegenwärtig Einzug in die medial-sinnlichen Umwelten unserer Gegenwart. Dies gilt insbesondere für Animationstechnologien, die zu militärischen Simulationszwecken entwickelt und verwendet werden und sich in ihrer Ästhetik kaum von Computerspielen und Filmanimationen unterscheiden. In Anlehnung an Harun Farockis vierteilige Videoinstallation *Ernste Spiele I-IV/Serious Games I-IV* sollen die ästhetischen und politischen Dimensionen der Animation in der modernen Kriegsführung untersucht werden. Entgegen klassischer Medientheorien der Simulation und Virtualität wird Animation

C. Brunner (✉)
Institut für Philosophie und Kunstwissenschaft,
Leuphana Universität Lüneburg, Lüneburg, Deutschland
E-Mail: christoph.brunner@leuphana.de

© Springer Fachmedien Wiesbaden GmbH, ein Teil von Springer Nature 2020   191
B. Ochsner et al. (Hrsg.), *Affizierungs- und Teilhabeprozesse zwischen Organismen und Maschinen,* Technikzukünfte, Wissenschaft und Gesellschaft / Futures of Technology, Science and Society,
https://doi.org/10.1007/978-3-658-27164-0_11

als kulturelles Paradigma und in Verbindung mit einem generellen Animismus, sprich der Bewegtheit von Materie, in seiner ethisch-ästhetischen Relevanz befragt.

Schlüsselwörter

Animation · Animismus · Animationsbild · Simulation · Harun Farocki · Trugbild · Simulacrum

Vorbemerkung

Dieser Beitrag befasst sich mit Animationstechnologien in der modernen Kriegsführung. Insbesondere geht es um die Verknüpfungen von Computeranimationen, Wahrnehmung und Zeitlichkeit in den medialen Umwelten gegenwärtiger Erfahrungszusammenhänge. Mit dem Begriff der Animation wird ein allgegenwärtiges kulturelles Paradigma erkundet, das vorherrschende Verständnisse von Simulation und Virtualität in medienwissenschaftlichen Diskursen zu Computeranimation und Kriegsführung kritisch befragt. Anhand der Arbeiten Harun Farockis und mithilfe drei unterschiedlicher Beispiele zu Beginn soll das Verhältnis von Animation und Animiertheit auf ihre affektiv-politischen, d. h. zeitlichen Dimensionen befragt werden. Hierfür sind sowohl neuere Theorien zu Animation im medialen Sinne als auch deren Dialog mit einem erstarkten künstlerischen Interesse am Begriff des Animismus relevant. Neue Lesarten des Animismus befragen nicht nur die aufklärerische Trennung von Subjekt und Objekt, sondern verweisen auch auf eine grundlegende Animation, sprich eine generelle Bewegung, als konstitutive operationale Ebene von Erfahrung. Animation, so der Anspruch, soll hier als eine Kritik des Simulationsbegriffs entwickelt werden, wodurch sich zugleich eine Kritik der philosophischen Moderne und ihrer Kolonisierung andeuten lässt.

Die verschwommene Linie der Animation – drei Szenen

Erste Szene: In einem Artikel der Tageszeitung (taz) vom 19./20. August 2017 beschreibt die anonymisierte Autorin (hier S. Siegmund), wie sie als COB („Civilian on the Battlefield") an einer Kriegssimulation der U.S. Army auf dem 160 Quadratkilometer großen US-Militärgelände des Truppenübungsplatzes

Hohenfels in der Oberpfalz teilgenommen hat. Es war eine Anzeige der Firma Optronic auf Facebook, die die Journalistin dazu veranlasste, sich als Statistin für die „Simulation" einer Kriegsübung anzumelden, bei der vermeintliche NATO-Streitkräfte an der deutsch-tschechischen Grenze von einer „östlichen Macht" angegriffen würden (Siegmund 2017, S. 20). Für die Übung wurden StatistInnen gesucht, die neben Englisch auch Russisch, Polnisch oder Tschechisch sprachen. In der Simulation heißt der Feind „Skolkan", was in der Profilbeschreibung schnell an Russland erinnert. Die Aufgaben der StatistInnen sind unterschiedlich und werden mit bestimmten Rollen versehen. Erfahrene TeilnehmerInnen erhalten Schlüsselrollen: BürgermeisterIn, Arzt/Ärztin, PolizistIn, MigrationsbeauftragteR und Twitterer. Das Ganze wird als ein ‚Spiel' dargestellt. Auf vier Vorbereitungstage folgen neun Kriegstage. Handys und Computer müssen zu Beginn des 15-tägigen Aufenthalts abgegeben werden (ebd.). Die StatistInnen erhalten ein Tragegeschirr mit Infrarotsensoren (genannt M.I.L.E.S.), das bei einem Schuss aus den Waffen der Militärs per Signallaut anzeigt, ob man verwundet oder getötet wurde. „Alltag" und „Authentizität" sind die Begriffe, die in der Stellenanzeige häufiger fallen.[1]

Zweite Szene: Eine Split-Screen-Videoinstallation des Filmemachers Harun Farocki mit dem Titel *Immersion* (2009, 20 Min., Loop) zeigt einen zivilen Therapeuten, der einen Kriegsveteranen mit mehrfachen Irakaufenthalten spielt, mit VR-Headset und die computergenerierten Bilder des Headsets. Es entsteht eine parallele Wahrnehmung der computergenerierten Animation, die im Headset zu sehen ist und der Therapeutin, die den Probanden zum ‚Weitermachen' animiert. Die Installation problematisiert die sogenannte Virtual Reality Exposure Therapy (VRET), die zur Behandlung von posttraumatischen Stressstörungen (post-traumatic stress disorder – PTSD) angewendet wird und auf Grafiken des Computerspiels *Virtual Iraq* basiert, das für Militärzwecke entwickelt wurde.[2]

---

[1]Siehe hierzu die Webseite von Optronic: http://www.us-statisten.de/en/about.html. Zugegriffen: 12. Juni 2018.

[2]*Virtual Iraq* wurde 2005 im Rahmen des vom U.S. Militär stark subventionierten Institute for Creative Technologies an der University of Southern California gemeinsam mit Pandemic Studios entwickelt und seitdem in mehr als 60 Orten für die Therapie von Kriegstraumata angewendet. Es handelt sich hierbei um eine Adaption des vorher entwickelten Computerspiels *Full Spectrum Warrior.* Siehe: http://ict.usc.edu/prototypes/pts/. Zugegriffen: 23. Juni 2018. Interessanterweise existiert weder auf Englisch noch in irgendeiner anderen Sprache ein Wikipedia-Eintrag zu *Virtual Iraq.*

In der Videoinstallation sieht man im Wechsel den ‚Veteranen' und eine zivile Therapeutin.[3] Gemeinsam durchlaufen sie eine Szene, in der zwei Soldaten in einem dicht besiedelten urbanen Gebiet im Irak Plakate der Taliban abreißen sollen. Als sie sich aus pragmatischen Gründen aufteilen, fällt einer der beiden einem Hinterhalt zum Opfer, während der andere zu ihm rennt und nur noch vereinzelte körperliche Überreste vorfindet. Die Therapeutin fragt den Soldaten, was er gesehen habe und er antwortet:

> „Soldier: ‚When I went around the corner, I heard this explosion. I thought to myself: Shit! No! I immediately turned around to look for Jones, but couldn't see him anywhere. Damn! I immediately ran to the other side … I can't see him anymore … I ran over to see what had happened. There was smoke everywhere…'
> Therapist: ‚You're doing great! What did you see there?'
> Soldier: ‚When I arrived, I saw … that there was nothing left above his knees'
> [Harun Farocki:] At this point he broke down. In the following session he repeatedly asked to stop, insisting that he couldn't bear it any more. The therapist insisted on continuing. He hesitated, stuttered and got caught up several times in self-reproach and attempts to explain what he was thinking back then. His acting was so convincing that friends of mine, to whom I explained our film (*Immersion*, 2009), nevertheless believed that they were watching someone recounting a real experience. The press officer who had given us permission also thought that it was real." (Farocki 2010, S. 241)

Immersion gehört zur vierteiligen Videoinstallation *Ernste Spiele|Serious Games I–IV* (2009–2010), in denen Farocki den Besuch der U.S. Militärbasis Fort Lewis in der Nähe Seattles und das von zivilen TherapeutInnen durchgeführte Training für Militärs zur Anwendung von *Virtual Iraq* dokumentiert. Die drei weiteren Videos nähern sich *Immersion* aus anderen Perspektiven an und basieren ebenfalls auf Animationstechnologien computergenerierter Spielwelten. *Watson ist hin* (2010, 8 Min., Loop), auch ein Split-Screen, zeigt junge Soldaten, die an Laptops vorbereitende Militärübungen für ihren Einsatz im Irak auf dem Bildschirm durchlaufen, während der Übungsleiter in einem anderen Raum die Computeranimationen auf den Bildschirmen immer wieder mithilfe neuer Elemente (von der Cola Dose bis zum Sprengsatz) modifiziert. In *Drei tot* (2010, 8 min., Loop) sieht man eine simulierte Übung in einer aus Frachtcontainern

---

[3]Da es sich um Videoaufnahmen einer Vorführübung für U.S. Army-Angehörige handelt, sind auch ArmeetherapeutInnen neben den zivilen TherapeutInnen anwesend. Farocki verweist in seinen Anmerkungen darauf, dass die MilitärtherapeutInnen an ihre Uniformen zu erkennen sind.

zusammengebauten Stadt, in der über 300 StatistInnen irakische und afghanische BürgerInnen darstellen sollen und in der ein paar Dutzend *marines* patrouillieren. Für Farocki wirkt dieses Szenario in seiner bausteinartigen Konstruktion wie eine Computer-Animation.[4] Der letzte Split-Screen *Eine Sonne ohne Schatten* (2010, 8 Min., Loop) ist eine Art Metareflektion der Anwendung von Computeranimation in der modernen Kriegsführung mit dem Verweis, dass es die gleichen computeranimierten Bilder sind, die sowohl zur Kriegsvorbereitung als auch der nachgehenden Traumatherapie dienen – bis auf einen Unterschied: die Therapieversion ist etwas billiger, ihr fehlen die Schatten.[5] Gemeinsam bilden die Teile der Installation ein Spiel von audio-visuellen Synchronisierungen und asynchronen Wahrnehmungssituationen, die alle getragen werden von unterschiedlichen Animationsmodi, wie sie weiter unten erläutert werden.

Dritte Szene: 2016 startete die deutsche Bundeswehr eine zwölf Millionen Euro teure Werbekampagne, u. a. mit Fokus auf Technikberufe innerhalb der Bundeswehr. Alle bundesweit verteilten Plakate enthalten computergenerierte Grafiken, teilweise als Hintergrund, teilweise als Umrahmungen von Textblöcken. Zudem sind die Plakate mit SoldatInnen in Aktion besonders auffällig mit Filtern bearbeitet worden und zeichnen sich durch eine variierende Kontrastierung von Vorder- und Hintergrund sowie durch schwammige Konturen aus, wie man sie aus Animationen von Computerspielen kennt. Die Trennlinie zwischen ‚echten' SoldatInnen im Einsatz und Computerspielgrafiken wird in dieser Bildsprache diffus. Es entsteht der Eindruck einer permanenten Animation von Körpern und Menschen durch die computerspielgrafischen Visualisierungen. Sowohl die Bildelemente wie ihre Farbgebung und die Übergänge zwischen geometrischen Schaltkreisgrafiken mit technischen Objekten und menschlichen AkteurInnen lassen auf eine Verknüpfung technischer, menschlicher und umweltlicher Elemente schließen. Es entsteht eine Art vollumfänglich animierter und animierender Situation, die ein agiles und modernes Arbeitsumfeld der Bundeswehr suggerieren soll.

Mit den drei beschriebenen Szenen soll die zunehmende Verbindung von Animationstechnologien, gegenwärtigen Formen der Kriegsführung und mediengestützten Wahrnehmungsdispositiven verdeutlicht werden. Animation, so die

---

[4]Siehe hierzu die Beschreibung auf der Webseite Farockis: https://www.harunfarocki.de/de/installationen/2010er/2010/ernste-spiele-ii-drei-tot.html. Zugegriffen: 23. Juni 2018.

[5]Siehe hierzu die Beschreibung auf der Webseite Farockis: https://www.harunfarocki.de/de/installationen/2010er/2010/ernste-spiele-iv-eine-sonne-ohne-schatten.html. Zugegriffen: 5. Oktober 2018.

grundlegende These, ist nicht mehr nur an Medientechnologien und Computergrafiken und deren sinnliche Mobilisierungspotenziale gebunden, sondern wird
zu einem kulturellen Paradigma unserer Gegenwart. Im Folgenden möchte ich
erste Überlegungen zu einer generellen Theorie der Animation darlegen und
somit die Verknüpfungen von Wahrnehmung, Bewegung und Aktion im Kontext
medial-sinnlicher Dispositive als Politiken des Affekts hervorheben.

Dass die Anwendung von Computerspielen und -animation in der
strategischen Kriegsführung keine Neuheit ist, zeigt sich nicht nur an den
digitalen Plattformen, Apps und Spielen, die die Bundeswehr mit dem Zweck der
Werbung möglicher RekrutInnen zur freien Verfügung stellt. Für die US-Armee
sind Computerspiele und Onlineplattformen eine der zentralen Instrumente
zur Rekrutierung insbesondere junger Menschen. Schon seit 2002 veröffent-
licht die U.S.-Armee, *America's Army,* ein teambasiertes Shooter-Game, das
nicht zu Trainings-, sondern ausschließlich zu Propaganda- und Rekrutierungszwecken auf Basis des *Unreal Engines* entwickelt wurde.[6] Die Verbindungen
von Computerspiel und Militärpraxis gehen bis in die Frühzeit der Spielent-
wicklung, namentlich *Spacewar!* aus dem Jahr 1961, zurück (Huntemann 2009).
Orit Halpern verweist auf die frühe und vom U.S.-Militär finanzierte Anwendung
von Virtual Reality oder Video-Immersionstechnologien der „Aspen Movie
Map" (1978) (2015, S. 56). Weltweit investierte und investiert das Militär in
die Entwicklung von Videospielen zu Trainings- und Rekrutierungszwecken
(z. B. das britische *Start Thinking Soldier* von 2009 oder *Glorious Revolution*
der chinesischen Befreiungsarmee aus 2011), während militärisches Gerät
mit Elementen aus der Spieleindustrie gamifiziert werden (z. B. PlayStation
Controller in den britischen Challenger 2 Panzern).[7] Vorläufer dieser computergenerierten Animationstechniken sind die audio-visuellen Medien, die mithilfe
der Chronophotographie Etiennes-Jules Marey, der filmgestützten militärischen
Luftaufklärung und später dem Radio und Kino von der Front im Dienste des
Militärs eine Logistik der Wahrnehmung und Bewegung etablieren, wie Paul
Virilio dargelegt hat ([1984] 1989, S. 18, 30, 42).

In den drei skizzierten Szenen spielen Formen des Spielens und ihrer
Zusammenführung mit ‚realen' und computer- oder simulationsbasierten Welten

---

[6]Für *America's Army,* siehe: https://www.americasarmy.com/. Zugegriffen: 03. November
2017. Für *Unreal Engine,* siehe: https://www.unrealengine.com/en-US/what-is-unreal-
engine-4. Zugegriffen: 03. November 2017.

[7]Siehe hierzu Rayner (2012).

eine zentrale Rolle. Dreh- und Angelpunkt meiner folgenden Analyse soll die Kraft der Animation sein. Dabei geht es nicht um ihre Reduktion auf computergenerierte Simulationsoperationen, sondern vielmehr um die Frage nach der Animation als konstitutive Ebene der Wahrnehmung, deren vielschichtige Orchestrierung auf eine Politik des Ästhetischen und ihren Sinnesregimen verweist (Rancière 2013). Mit dem Begriff der „Aufteilung des Sinnlichen" beschreibt Rancière gegenwärtige Formen der Normierung und Disziplinierung von Wahrnehmung. Danach befinden wir uns in einem Kampf um das Wahrnehmungsvermögen, das die diskursiven Ordnungen Michel Foucaults ergänzt hat. Sinnesregime und die Aufteilung des Sinnlichen sind eng mit den medialen Umwelten digitaler Alltagskulturen verbunden. Mit Blick auf das Kino schreibt Virilio bereits 1984: „Anders gesagt, geht es im Krieg weniger darum, *materielle –* territoriale, ökonomische – Eroberungen zu machen als vielmehr darum, sich der *immateriellen* Felder der Wahrnehmung zu bemächtigen." (1989, S. 13) Diese Logistik der Wahrnehmung ist jedoch seitens der Wahrnehmenden alles andere als passiv. Viel eher fußt Virilios Kinoanalyse ebenso wie die Arbeiten Thomas Lamarres zur Animation auf der Grundannahme, es sei Bewegung, die das Feld der Wahrnehmung konstitutiere. Es handelt sich damit um eine Animation, die sich ebenso in dem „technischen Ensemble" (Lamarre 2009, S. xxxiii) wie der kinematographischen Bewegung von Kamera, Licht und Körper wiederfinden lässt (Virilio 1989, S. 33).[8] Alle drei Beispiele und im Besonderen die Arbeit Farockis verweisen auf verschiedene Modalitäten von Krieg und Animation entlang eines spezifischen Bewegungsbegriffs, den es weiter zu betrachten gilt: Erstens, die umfassende Einlassung von Animationstechnologien in das Feld der Wahrnehmung, die insbesondere Computerspiele zu einem probaten Rekrutierungs-, Trainings- und Therapievehikel kriegerischer Aktivitäten machen.[9] Zweitens, die Verknüpfung technologischer Operationslogiken, die sich, wenn sie auf der Ebene technischer Animation betrachtet werden, immanent mit Logistiken der Wahrnehmung verbinden. Und drittens verweist die grundlegende Gegebenheit der Animation auf einen Animismusbegriff, der sich hier deutlich von der anthropologisch-kolonialen Verwendung abgrenzen lässt und eher eine „animating

---

[8]Eine ähnliche Fokussierung auf die Potentialität der Bewegung findet sich auch bei den italienischen Futuristen. Diese beschränkt sich aber zumeist auf eine Faszination für den Rausch der Akzeleration, sprich die Geschwindigkeit im Sinne der Beschleunigung.

[9]Thomas Lamarre verweist darauf, dass im Film Animation von „echt" gefilmten Szenen unter dem Einfluss digitaler Technologien nicht mehr zu unterscheiden ist. (2018a, S. 289).

agency" als ontologisches Primat der Bewegung und verbindende Kraft der Wahrnehmung hervorhebt (Lamarre 2018a, S. 285).

In Farockis Arbeit und den Plakaten der Bundeswehr werden vektorbasierte Grafiken zur Verknüpfung von Räumen, Bewegung, Körpern und Erfahrungen, sprich ihre Infrastrukturen auf sinnlicher ebenso wie materieller Ebene hervorgehoben, aber auch ihre medialen Plattformen (Lamarre 2018b, S. 206) und Medienökologien (Fuller 2005) treten hervor. Die mit Computerspielen in Verbindung gebrachten grafischen Elemente in der Bundeswehrwerbung rekurrieren auf die kulturellen Praktiken des Computerspielens, wie sie zumeist auf häuslichen oder auf persönlichen tragbaren Geräten gespielt werden. Dabei findet eine sinnliche Aktivierung habituierter medialer Gebrauchsweisen statt, die durch eine Logistik der Wahrnehmung in die kulturellen Produktions- und Konsumtionsweisen eingelassen ist.[10] Die gezielte Aktivierung der alltäglich habitualisierten Wahrnehmungszusammenhänge von Krieg, seinen medialen Darstellungen, aber auch vom Kriegspielen verbinden sich zu einer unbewusst-affektiven Ebene, die Richard Grusin im Sinne einer „premediation" gekennzeichnet hat (Grusin 2010, S. 48). Es handelt sich hierbei weniger um einen dem Bewusstsein vorhergehenden Prozess, sondern viel eher um eine immanente Konstitutionsebene von Krieg als Aspekt alltäglicher Wahrnehmung und ihren Infrastrukturen.[11] Zugleich ist wichtig zu bemerken, dass Grusins Argumentation einer Art von technologischem Determinismus folgt, der in den Arbeiten Farockis durch einen assemblagenhaften Charakter der weichen Montage und dem operationalen Bild zurückgenommen wird. Dementsprechend schreiben Ehmann und Farocki auch: „Besser also, Vorhandenes montieren, als eine Deutung zu versuchen. Es gilt, Elemente oder Fragmente der Wahrnehmung in wechselnde Beziehungen zu

---

[10]Zum Verhältnis von Produktion und Konsumtion in Massenmedien ließe sich Alexander Kluges und Oskar Negts *Öffentlichkeit und Erfahrung* (1972) heranziehen. Ebenso verweist Lamarre (2018b, S. 13) auf das Verhältnis von Produktion, Distribution und Konsumtion in Gilles Deleuzes und Félix Guattaris Werk „Anti-Ödipus" (1977).

[11]Hierzu schreibt Grusin: „In fact it is precisely the proliferation of competing and often contradictory future scenarios that enables premediation to prevent the experience of a traumatic future by generating and maintaining a low level of anxiety as a kind of affective prophylactic" (2010, S. 46). Ebenso führt er die öffentliche Wirkung der Bilder von Folter an Gefangenen durch U.S. SoldatInnen im Armeegefängnis Abu Ghraib in ihrer affektiven Wirkung auf die Verwendung gewöhnlicher Digitalkameras, wie sie für Urlaubsschnappschüsse verwendet werden, zurück (ebd., S. 82). Die habitualisierten Formen der Bildproduktion und Konsumtion verlaufen hier entlang der unbewussten Wahrnehmungsinfrastrukturen des alltäglichen Umgangs mit Digitalkameras und ihren Bildern.

setzen" (2011, S. 24). Mit dem Fokus auf die Elemente und Fragmente der Wahrnehmung wird deutlich, dass Wahrnehmung weder im Subjekt noch im Objekt noch dazwischen im Sinne einer Interaktion zu verankern ist. Wahrnehmung entsteht als ein konstruktivistischer Prozess, der sich mit und durch technische, sinnliche und auf Bewegung basierende Assemblagen konstituiert – und damit als eine „Ökologie der Relation", deren innere Bewegung oder Resonanz eine animativ-animistische ist (Brunner 2014).[12]

Serious Games verweist auf das Ineinandergreifen militärischer Anwendung von computergrafisch gestützten Animationstechnologien zur Vorbereitung oder Rekonstruktion von Kriegs- und Konfliktereignissen, wobei hier insbesondere die Controller (Keyboard, Maus, Joystick, VR-Headset) an heimische technische Geräte erinnern. Die Simulation einer Kriegsübung mit StatistInnen (Civilians on the Battlefield) bringt diese bildliche Saturiertheit von Computeranimation und kriegsforcierenden Ausdrucksformen des Spiels in ein spezifisches raumzeitliches Gefüge, in dem Rollen angenommen und gespielt werden. Alle drei Beispiele teilen eine gewisse Form der Animation. Hierbei handelt es sich weniger um eine Animation im technologischen Sinne digitaler Bildproduktion, sondern um einen ‚geteilten Grund der Animation', also einer Verknüpfung von Bewegungen, die sich durch mediale Wahrnehmungsdispositive in alltäglichen Lebenszusammenhängen hindurchziehen. *Animation, so meine These, lässt sich als zentrales Moment kultureller, sinnlicher und affektiver Produktion und den sich hieran anschließenden Subjektivierungsweisen verstehen.* In diesem Fall wird deutlich, dass Krieg und Frieden keine getrennten Bereiche mit eigenen Orten und Geographien sind, sondern vielmehr Animationsweisen eine spezifische Form der Aktivierung von Krieg im alltäglichen Leben jenseits der Repräsentationsschwelle (z. B. Kriegsberichterstattung in audio-visuellen Medien) auf affektiver und präemptiver Ebene erzeugen. In der Fortführung der Verbindung von Krieg, Computergrafiken und Spiel wird Animation zur Kraft des Animierens und Bewegens bzw. der Verknüpfung von Bewegung, Wahrnehmung und Affekt als Kernelement gegenwärtiger Produktionen von Subjektivität und damit als ein spezifisches „ästhetisches Regime" bzw. Sinnesregime (vgl. Rancière 2005). Mithilfe der Arbeit *Serious Games I–IV* sollen im Folgenden die Herstellung von Sinnregimen und ihre Animationsoperationen in ihren je eigenen Zeitlichkeiten erkundet werden.

---

[12]Zum Begriff der internen Resonanz siehe Simondon (2005, S. 267).

Von der Simulation zur Animation

Die Verbindung des militär-industriellen Komplexes und dem Silicon Valley bzw. der Computerspiel- und Unterhaltungsindustrie sowie der generellen Militarisierung von medialisierten Alltagszusammenhängen ist breit erforscht (siehe hierzu u. a. Crogan 2011; Derian 2009). In Anlehnung an die zunehmend medienvermittelte Anwesenheit von Krieg im häuslichen Bereich wird die Omnipräsenz des Kriegs als Medienereignis vermehrt im Sinne einer *permanenten Simulation* beschrieben, in der sich Fakten und Fiktionen nicht mehr trennen lassen. Jean Baudrillards Buch *La Guerre du Golfe n'as pas lieu* (1991) bietet die wohl deutlichste Verknüpfung dessen, was er angesichts der Medienberichterstattung durch die U.S. Armee während des ersten Golfkriegs als Simulation und Simulacrum bezeichnet hat.[13] Das Simulacrum oder Trugbild ist für Baudrillard das zentrale Analyseelement für seine Simulationstheorie, der zufolge die medial vermittelten Ereignisse zunehmend einen Wirklichkeitsgehalt erreichen, der sie nicht mehr von der ,eigentlichen Realität' unterscheidbar macht bzw. diese mitunter ersetzt. Hierzu schreibt Paul Patton im englischen Vorwort zu Baudrillards Buch: „Technological simulacra neither displace nor deter the violent reality of war, they have become an integral part of its *operational procedures*. Virtual environments are now incorporated into *operational* warplanes, filtering the real scene and presenting aircrew with a more readable world" (Patton 1995, S. 4, meine Hervorh.). Gleiches gilt im Umkehrschluss, wenn Computerspiele sich der Grafiken und Darstellungen militärischer Apparaturen, Bewegungs- und Organisationsabläufen und deren Logistik bzw. Infrastrukturen bedienen. Schon Virilio, und dann ebenso James Der Derian, Patrick Crogan und Farocki verweisen auf ein *Narrativ der Simulation*, das sie als ein zentrales Element zunehmend technologisierter, automatisierter und letztendlich digitalisierter Kriegsführung gekennzeichnet haben. Hierbei wird jedoch meist übersehen, dass die Simulation selbst einen inaugurativen Wahrheitscharakter besitzt. Es geht hierbei nicht um eine Simulation oder ein Simulacrum einer ihnen vorhergehenden Realität. Ebenso wenig scheint es sinnvoll den Begriff der Virtualität im Sinne einer (digital oder imaginär) simulierten Wirklichkeit zu verwenden. Wenn Simulation und Virtualität in einem Atemzug genannt werden, dann weil in vielen Medientheorien eben genau dieser Kurzschluss fortgeschrieben wird. Virtualität wird oft als die der ,eigentlichen' Reali-

---

[13]Siehe auch Baudrillards *Simulations et simulacres* (1981).

tät entrückte Ebene, sprich eine Art Trugbild, beschrieben. Viel eher geht es aber darum, das Virtuelle als konstitutiv für Realitäten in ihren Sinnesregimen zu begreifen.[14] Hierin vollzieht sich jedoch ein Bruch in der Art und Weise, wie sich diese konfigurieren und kritisch durchgearbeitet werden können bzw. welche Rolle vor diesem Hintergrund die Kunst als kritische Instanz einnehmen kann. Anders als in den kritischen Montagearbeiten der Künstlerin Martha Rosler *House Beautiful: Bringing the War Home* Serie (1967–1972 und 2004–2008), in denen der Verweis auf die Verbindung zwischen häuslicher Idylle und Krieg überspitzt dargestellt wird, sind die sinnlich-ästhetischen Einlassungen von Krieg im Alltag mittlerweile kaum mehr zu erkennen. Neben dieser zunehmend alltäglichen Normalisierung durch die medialen Dispositive sowie die Distribution und Konsumtion von Informationen kriegsähnlicher Inhalte, möchte ich Animation als einen medialen, sinnlichen, aber auch abstrakten Prozess der Aktivierung von Krieg im Alltag betrachten.

Das Problem der Simulationstheorien besteht in ihrem Beharren auf ‚eine' Realität oder Wirklichkeit, die es zurück zu gewinnen bzw. zu erhalten gelte, da sonst alle Ethik und Moral, ja alles Humane am Menschsein verloren ginge. Das Unbehagen der Simulation ist ein Unbehagen an dem, was man als ‚reell' bezeichnet. Gleiches gilt für den Begriff der Virtualität, der hier eng mit den technologischen Gefügen moderner Kriegsführung verknüpft wird. *Simulation und Virtualität sind dem Reellen nicht gegenübergestellt, sondern Teil einer sich permanent neu konstruierenden Welt.* Simulation in Verbindung mit Virtualität führt zur Annahme einer gegebenen Realität und deren Trugbild aufgrund von Mythos, Imagination oder religiöser Transzendenz – ein Punkt, den Deleuze deutlich zurückweist (Deleuze 1993a, S. 311f.). Dieser Punkt ist insofern wichtig, als Deleuze auf die Grundlage eines Wahrheitsdiskurses im Naturalismus deutet, der das Trugbild vom Mythos als seiner Grundlage zu trennen versucht. Es geht für Deleuze nicht darum transzendente Wahrheiten zu manifestieren (‚die' Realität), sondern das Trugbild als produktive Immanenzebene von Realität zu begreifen. Dementsprechend werde ich entgegen Baudrillards Simulacrum-Theorie Deleuze in seiner Kritik des Simulacrums bei Platon folgen. Wenn Patton (1995, S. 4) in Bezug auf Baudrillard von technischen Simulacra spricht, so erinnern diese an die vermeintlich „virtuellen" computergenerierten oder narrativen (mythologischen)

---

[14]In diesem Sinne versteht auch Andrew Murphie die Frage der Virtualität in Hinblick auf Virtual Reality-Technologien, die er eben nicht als Simulationsmaschinen einer „natürlichen" Realität begreift, sondern als Experimentierfelder, um bestimmte Verknüpfungen zwischen Affekt und Wahrnehmung zu erkunden (vgl. Murphie 2002).

Simulationen, wie sie in computergraphisch gestützten Simulationen und ihren virtuellen Welten Praxis sind. Trotz Pattons Verweis darauf, dass die Trennung zwischen Bildschirm und Realität verschwimme, bleiben doch beide Bereiche als gegeben und different bestehen.[15] Zugleich ist anzumerken, dass Patton gleich zweimal das Wort ‚operational' verwendet, womit er die Prozessualität von Simulationen mit und durch Technologien unterstreicht. Während Operation selbst ein latent militärisch gefasster Begriff ist, benennt er zugleich eine aktive und generative Rolle menschlicher, technologischer und begrifflicher Abläufe, die im Kontext moderner Kriegsführung zu verdichteten operationalen Assemblagen werden. Dies ist, wie ich später zeigen werde, gleichsam für mediale Plattformen und deren Produktionsweisen relevant.

In Umkehrung von Platons Diktum fragt Deleuze, ob es nicht genau die Verwässerung von Realität und Simulation ist, die es nicht, wie es Baudrillard behauptet, durch ihre Identifikation zu korrigieren gilt, sondern die den ‚Grund' selbst – die Variation computergenerierter und ‚direkt' wahrgenommener Ereignisse – einer geteilten Realitätsebene bildet. Das Konzept der Simulation beruht auf der Logik eines Trugbildes, eines Simulacrums, das als solches kein Abbild einer Idee oder ideellen Form ist, sondern ein „Bild ohne Ähnlichkeit" (Deleuze 1993a, S. 315). Dabei wendete er die Logik einer originären Referentialität des Abbildes (ein Bild der Ähnlichkeit) hin zu einer Theorie des Trugbildes als ursprüngliche Differenz: „Das Trugbild beruht auf einer Unterschiedlichkeit, auf einer Differenz, es verinnerlicht eine Unähnlichkeit … Wenn das Trugbild noch über ein Urbild verfügt, ist es ein anderes, ein Urbild des anderen, aus dem sich eine verinnerlichte Unähnlichkeit ergibt." (1993a, S. 315f.)[16]

Auch Harun Farocki selbst zielt auf diesen Wandel, wenn er sagt: „The era of reproduction seems to be over, more or less, and the era of construction of new worlds seems to be somehow on the horizon, or not on the horizon, it is already here."[17] Wobei man hier vorsichtig mit dem Wort der Reproduktion sein sollte,

---

[15]Hierin liegt übrigens auch das Dilemma des Interaktionsbegriffs des und damit verbundenen des Interfaces. Siehe hierzu Brunner und Fritsch (2011).

[16]Deleuze verweist seit seinen frühesten Texten auf sein differenzphilosophisches Beharren einer Nicht-ursprünglichkeit, wie er sie u. a. schon in seinem Text „Ursachen und Gründe der einsamen Insel" in Bezug auf die Wiedergeburt darlegt (Deleuze 2003, S. 10–17).

[17]Harun Farocki – Cinema, Video Games and Finding the Detail|TateShots. https://www. youtube.com/watch?v=tERIscWmpSo. Zugegriffen: 23. Juni 2018. An anderer Stelle präzisiert Farocki weiter: „Computer animation represents a new category of image. A few years ago it was still apparent that they were merely aiming to crudely reproduce photographic or cinematic imagery, but nowadays this is no longer the case. Today when

da für Deleuze die Reproduktion immer schon eine Produktion im Sinne eines konstruktivistischen Moments ist. Ebenso scheint für Deleuze das Trugbild ein sich immer wieder neu und additiv produzierender Realisierungsprozess zu sein, wohingegen Farocki auf die oft bildliche Reduktion in animierten Computerbildern verweist, die trotzdem als ‚real genug' angenommen werden und so einen Idealtypus zu bilden scheinen, ähnlich industrieller Standardisierungen (vgl. Farocki 2011, S. 49f.).[18] Farocki sieht in Computergrafiken weniger eine Auflösung bisheriger Realitäten. Zudem versteht er seine eigene Rolle in der Analyse der reproduktiven Repräsentationszusammenhänge durch seine Filme. Bereits in früheren Arbeiten wurde das konstruktivistische Moment von Realität deutlich, wie er es mit dem Begriff der „weichen Montage" bezeichnet, bei der die BetrachterInnen selbst die vermittelten Inhalte und ihre Ausdrucksformen durch die eigene sinnlich-körperliche Präsenz fortführen und modulieren. „It is a question of simultaneity, of And rather than Or" (Farocki und Dziewior 2011, S. 206). In Bezug auf Farockis häufige Verwendung von Split-Screens schreibt Volker Pantenburg:

> „With double projections, Farocki has written, there ‚is a *succession as well as simultaneity* […], the relationship of an image to the one that follows as well as the one beside it; a relationship to the preceding as well as to the concurrent one. Imagine three double bounds jumping back and forth between the six carbon atoms of a benzene ring; I envisage the same ambiguity in the relationship or an element in an image track to the one succeeding or accompanying it.'" (Pantenburg 2011, S. 53, meine Hervorh.)

Auch wenn Farockis Arbeit häufig als Kritik an den Zusammenhängen zwischen Technologie, Krieg, Industrie und Wahrnehmungssubjekt verstanden wird, in der das dokumentarische Bild Rechenschaft ablegt, so verweist er doch auch in seinen Filmen immer wieder auf die operationalen Verhältnisse von Technologie,

---

details are missing, this is no longer seen as a deficit, they are perceived as being „idealtype" depiction of the real. They are generated by the computer, which has become today's standard as much as the industrial machine was a hundred years ago. A computer animation today reproaches filmed footage for its redundant details, as much as industrial products reproached the handmade object for its irregularities" (Farocki 2011, S. 49–50).

[18]Farocki arbeitet diese Analysen insbesondere in seinen Arbeiten *Parallel I–IV* auf, in denen er immer wieder auf die Begrenzungen von Aktions- und Handlungsräumen, emotionalen Ausdrucksweisen und akkuraten Darstellungen verweist. Zum Teil zeigt er auch hier im Split-Screen-Verfahren Prozesse der digitalen Gestaltung durch Spieldesigner.

Wahrnehmung und Subjekt. In diesem Sinne ist die weiche Montage, wie sie auch in *Ernste Spiele* zum Tragen kommt, ein Mittel, um das eine Bild durch das andere zu modulieren, bis zu dem Punkt, an dem es keine Eindeutigkeiten mehr zu dechiffrieren gibt, sondern die Vielheit der Konstruktionen oder eher Kompositionen von Realität zutage tritt. Durch das Verfahren der weichen Montage setzt Farocki ein ästhetisches Mittel ein, um das Trugbild in seiner generativen Differenz zu affirmieren und zugleich auf der inhaltlichen Ebene präzise zu kritisieren, indem er Operationsweisen wie z. B. Militärpraktiken darstellt. Ebenso ist dieses Bild, wenn wir den Begriff im Sinne Henri Bergsons verstehen, kein rein ideelles (reine Abstraktion) noch aus der Betrachtung der Dinge hervorgehendes (Positivismus) (vgl. Bergson 2015, S. 3 und 25–27). Viel eher ist, so Lamarre über Bergson, das Bild eine Zwischenebene der Bewegung, die in sich ein Zentrum der Unbestimmbarkeit trägt und somit immer neue Bildrelationen hervorbringt (Lamarre 2009, S. xxxii). Wenn nun *Ernste Spiele* sowohl auf der technisch-medialen Ebene der Ausstellungsinstallation, der Kamera Farockis oder in den dargestellten Technologien wie auch auf der inhaltlichen Ebene durch vorbereitende und nachbereitende Simulationsszenarien Bilder produziert, dann verbinden sich Wahrnehmung, Technik und Gedächtnis (vgl. Deleuze 1997). Diese Verbindungen lassen sich in ihrer kollektiven Operationalität erst mithilfe einer ihnen immanenten Animationsebene begreifen. Zugleich werden durch das Verfahren der weichen Montage und der Split-Screens unterschiedliche Wahrnehmungs- und Zeitlichkeitsebenen aktiviert, die das Verhältnis von Arbeit und Betrachter durch das Bild hindurch transformieren. Es findet eine Art Animismus in der Auseinandersetzung mit und Herausstellung von Animation statt, in der die Aktivierung des Bildes eine ihr eigene Realität erzeugt, was im Folgenden als Animationsbild weiter erläutert wird.

Wenn in *Ernste Spiele I – Watson ist hin* ein Soldat getroffen wird, er sich den Kopfhörer abzieht und vor seinem Bildschirm zurücklehnt, so divergiert die leibliche Unversehrtheit des jungen Soldaten von der einer physisch realen Kriegserfahrung. Gleichwohl schreibt sich das Bild als Teil eines kollektiven Bildgedächtnisses des Krieges durch die ‚Trugbilder‘ am Bildschirm in den Erfahrungsraum ein. Die Partizipation oder Teilhabe ist, so hat Deleuzes kritisiert, nicht eine, die man wählt, sondern man befindet sich schon immer im Reigen der Trugbilder, die eine ihnen immanente und partiale Realität mitkonstituieren.[19]

---

[19]Ich verstehe Partialität hier im Sinne Donna Haraways „partialer Perspektive", die in der Lage ist, einen „objektiven Blick" herzustellen (1995, S. 82). Zudem verwende ich den Begriff Partizipation, so wie er auch von Deleuze gebraucht wird.

In ähnlicher Weise beschreibt Farocki das *operative Bild* als eines, das sowohl die digitale Bilderzeugung wie auch die Verbindungen zwischen ziviler, militärischer und industrieller Produktion und den ihnen zugrunde liegenden Effizienzprinzipien herausstellt, aber auch die sinnlichen Ebenen des Betrachters als konstitutiven Teil dieser Bewegungen einkalkuliert (Farocki 2011, S. 69). Dies hat für Deleuze, aber auch für Farocki klare zeitliche Implikationen, die in *Ernste Spiele* insbesondere durch die Verwendung derselben Computergrafiken, die für die Vor- und Nachbereitung von Krieg verwendet/vorgeführt werden. Anders als Claudia Giannetti, die schreibt, „durch das technische Bild wird das Gedächtnis des Individuums zum Gedächtnis des ikonosphärischen Repertoires" (Giannetti 2013, S. 15), würde ich eher die Operationalität der Bilder in der weichen Montage und die synthetischen Bilder in ihrer Eigensinnigkeit als Trugbilder eines differenziellen Ursprungs hervorheben – sprich als Bilder, die ein Zentrum der Unbestimmtheit mit sich führen. Durch die doppelte Verwendung derselben Computergrafiken in den vor- und nachbereitenden Teilen und die Anwendung mehrerer Zeitebenen durch die Split-Screens in *Ernste Spiele* demonstriert Farocki, dass das Gedächtnis eben nicht mehr Teil eines Individuums, sondern eher als ein durch Animation geleitetes und durch operative Bildlichkeiten immer wieder animiertes „Welt-Gedächtnis" zu verstehen ist, in dem Trugbilder immer neue Zeitebenen erschaffen (Deleuze 1997, S. 132). Anders gesagt: Ohne die differenzielle Logik des Trug-bildes würden die Bilder in einem Redundanzverhältnis stehen, ohne dass wirk-liche Differenz zu erkennen wäre. Zugleich sollte man sich nicht verleiten lassen, das Gedächtnis hier in einer rein abstrakten Weise zu verstehen, denn es handelt sich dabei ebenso um ein sinnliches, taktiles wie körperliches Gedächt-nis. Der Unterschied zur klassischen Simulationstheorie besteht darin, dass Unter-scheidungen im Sinne der Animation nicht auf der Ebene von Formen stattfinden, sondern von Wesensweisen, die sich durch bestimmte Effekte, Anrufungen und Benennungen zu Animationsfeldern verdichten. Die Beispiele aus Civilians on the Battlefield, *Ernste Spiele* und der Bundeswehrwerbung sind nicht ein-fach nur Elemente eines Military-Industrial-Media-Entertainment-Komplexes (Derian 2009), die an ihren formalen Ähnlichkeiten zu erkennen sind. Vielmehr noch sind sie durch Techniken und Operationsweisen bzw. Sinnesmodulationen Teil eines *Animationsfeldes,* das permanent die technologischen, sinnlichen und sprachlich-begrifflichen Ebenen des Alltags durchzieht. Brian Massumi beschreibt dieses Phänomen, das ich im Folgenden Animation nenne: „There is only one a priori: participation, participatory immersion in bare activity" (Massumi 2015b, S. 106).

Deleuze schreibt in *Die Logik des Sinns,* das Trugbild mache „sowohl die *Ordnung der Partizipation* wie auch die Dauerhaftigkeit der Verteilung und die Bestimmung der Hierarchie unmöglich. Es erreicht die Welt der *nomadischen Verteilung* und der vollendeten Anarchie", und betont weiter

> „[D]ie so verstandene Simulation ist von der *ewigen Wiederkehr* nicht zu trennen; denn gerade in der ewigen Wiederkehr wird über die Umkehrung der Ikonen [der Abbilder] oder die Subversion der repräsentativen Welt entschieden. In ihr geschieht alles so, als ob sich ein *latenter Inhalt* einem manifesten Inhalt entgegensetzt." (1993a, S. 321f., meine Hervorh.)

Aus dieser zeitlichen Verwicklung destilliert *Ernste Spiele* die Kraft der Animation als medienkulturelles und biokybernetisches Paradigma gegenwärtiger Wahrnehmungsdispositive, in denen Krieg, Leben und Empfindung alle Bereiche der Wahrnehmung und kulturellen Praxis (zumindest in der industrialisierten Welt) durchziehen. Am Beispiel Farockis lässt sich nicht nur die Verschränkung von Wahrnehmung, Medien und Körperlichkeit als Teil einer generellen Animation verdeutlichen, sondern es wird explizit auf die Konditionierungen, bzw. Programmierungen im Sinne einer Synchronisierung von Wahrnehmung und Verhalten verwiesen. Sowohl die Inhalte der Arbeit als einer Kritik an VRET zur Behandlung von PTSD als auch die mediale und räumliche Anordnung sowie die impliziten Zeitlichkeiten der körperlichen Präsenz der BetrachterInnen heben das Problematisierungspotenzial der Animation hervor. Dies als biokybernetisch zu bezeichnen ist dann möglich, wenn die Geschlossenheit kybernetischer Systeme auf ihre operativen Transformationspotenziale im Verhältnis zu größeren Ensembles kritisch befragt wird. Hierin liegt das politische Potenzial einer ästhetischen Praxis, wie Farocki sie verfolgt, nicht nur im klassisch aufklärerischen Sinne, sondern eben genau in der Hinwendung zu den operativen Ebenen von Erfahrung und Wahrnehmung unter den animierten und animierenden medialen Bedingungen der Gegenwart.

Die ewige Wiederkehr der Simulation gibt der Animation nicht den Status einer bloßen Replik, der es nur ein Verweis auf die eigentlichen „realen" Zusammenhänge entgegen zu stellen gelte. Viel eher führt *Ernste Spiele* vor, wie das Animationsparadigma Teil einer Besetzung von Zeitlichkeitsregimen durch die Verbindungen von Militär, Spielindustrie und digitalen Medienumwelten wird. In diesem Sinne beobachtet Pieter van Bogaert treffend:

> „Since making *Immersion,* Harun Farocki has called game technology the most appropriate medium for waging war today. This is because, he claims, propaganda no longer seeks a narrative story the way it used to, based on heroic images. This

technology has taken over the roles of film (for World War II), television (for Vietnam), video (for the first Gulf War) and the Internet (for the second Gulf War). It is along this path that propaganda is now engaged (for recruiting), that *movements are analyzed* (in training) and carried out (on the battlefield), and it is along this path that traumas are treated (on the home front)." (van Bogaert 2014, meine Hervorh.)

Anders gesagt verdeutlicht *Ernste Spiele* eine der digitalen Computeranimation immanente Operation, nämlich die der *Modulation* und der daran anschließenden algorithmischen Bewegungsanalyse. Anstelle von Referentialität und Simulation im klassischen Sinne eines Abbildes einer wie auch immer darzustellenden Wirklichkeit, tritt die Modulation als auto-generative Differenz, die nicht mehr auf das Moment der Synthese oder Aufhebung abzielt, sondern auf eine permanente Verschiebung.

Dies wird besonders deutlich im Hinblick auf die Praktiken der Traumatherapie. In der sogenannten Virtual Reality Exposure Therapy, der Farocki in seiner Arbeit beiwohnt, findet keine Fokussierung auf die Auflösung bzw. Heilung eines erlebten Traumas statt, sondern es geht darum, wie Halpern schreibt, „to simply divert the flow of signals and re-channel them into more productive rather than conflicting circuits" (2015, S. 55). In diesem Sinne ließe sich Deleuzes Kritik einer „nomadischen Verteilung" des Trugbilds sowohl in seiner Potenzialität als Gegenstück zu einer substantialistischen Referentialität lesen, aber auch als stetiges Proliferieren von neuen Differenzen sehen, die in eine modulatorische Kontrolle übergehen.[20] Hier treffen sich klassische Simulationstheorien, in denen es noch darum ging, das Zukünftige zu besetzen, mit Deleuzes Relektüre des Trugbildes. „The modeling of real-world physical or human behavior to experiment with its hypothetical futures amounts to a *technics of anticipating* what has not yet happened" (Crogan 2011, S. xix, meine Hervorh.). Die differenzielle Produktivität des Trugbildes lässt sich ebenso für die Kontrolle zukünftiger Möglichkeiten als auch für die Eröffnung weiterer Realitätsebenen mobilisieren. Als militärische Praxis ist Simulation laut Crogan „a process by which a phenomenon is representatively modeled by another phenomenon. The process involves a *selective reduction in the representative model of the complexity of elements composing the simulated phenomenon*" (ebd., S. xviii, mein Hervorh.). Zugleich ist die Simulation für Deleuze gerade keine Reduktionstechnik, mit der man Wirklichkeitsszenarien durchspielen kann und auch keine reine Antizipationstechnik, sondern „der Effekt des Funktionierens

---

[20]Symptomatisch hierfür ist Deleuzes „Postskriptum über die Kontrollgesellschaft." (Deleuze 1993b, S. 254ff.).

des Trugbildes als Maschinerie, als dionysische Maschine" (Deleuze 1993a, S. 321). Mit Funktionieren (einem Schlüsselbegriff bei Deleuze und Guattari) meint Deleuze die dem Trugbild eigene Operationalität, sprich ihr Vermögen, Teil der ursprünglichen Partizipation bzw. Teilhabe zu sein.

Wenn man nun die besondere Gegebenheit von Farockis *Ernste Spiele* berücksichtigt, nämlich dass man es mit einer ‚ähnlichen' Animationsplattform für die Vor- und traumatherapeutische Nachbereitung des Kriegs zu tun hat, dann ist nicht nur das dem Militär zugrunde liegende Effizienzdenken auffallend, sondern auch der latente Inhalt der sich immer wieder neu konfigurierenden Animationsplattform, die immer neue Effekte erzeugt. „Die Simulation bezeichnet die Macht zur Produktion eines *Effekts.*" (Deleuze 1993a, S. 321, Hervorh. im Orig.) Diese Effekte entstehen in der Videoinstallation Farockis nicht allein auf Basis decodierender kritischer Inhalte, sondern entfalten sich durch die gesamte Assemblage der Installation hindurch bis zu dem Punkt, an dem Farocki über den Therapeuten als Probanden für die Vorführung selbst spricht und der Eindruck entsteht, er sei ein ‚echter' Veteran. In diesem Moment verschiebt sich der Animationseffekt vom Computerbild hin zur dokumentarisch-technischen Situation Farockis als Beobachter und wandelt sich im Ausstellungskontext zu einer Medieninstallation. Man könnte hier auch von einem *Animationsrelais* sprechen, das zwischen den unterschiedlichen Aktionsregistern changiert, um eine affektive Gesamtsituation der künstlerischen Arbeit herzustellen. Die Vielschichtigkeit der zeitlichen, visuellen und begrifflichen Ebenen lässt sich hier nicht durch die Analyse möglichst vieler einzelner Elemente erfassen, sondern wirkt in seiner Gesamtheit als Operations- und Funktionsknoten mit Verweis auf die Problematik der computergenerierten Animation in der modernen Kriegsmobilisierung.

Das Animationsbild: Resonanzen zwischen Animation und Animismus

Im medial-technischen Zusammenhang computergenerierter Animation gehen Farocki, Lamarre, aber auch Derian, Crogan und Virilio von einer Technikgenealogie aus, die mit einer Wahrnehmungsgenealogie einhergeht. So schreibt Farocki zusammen mit Ehrmann:

> „Animation as well, whether produced on a drawing board or on a computer, frequently used perspectives that were difficult or even impossible for a camera to take: for instance that of a bullet flying toward its target. Drawn animated films

therefore established a predominance over the film-photographic shot. Animated films therefore became the means to make technological functions dynamically representable: thermal processes, biological functions, cross-sections of apparatuses." (Farocki und Ehmann 2011, S. 95)

Farocki vollzieht in seinem Verständnis von Animation die oben bereits dargelegte Verknüpfung von Bild und Umwelt mittels Bewegung. Seine technologische Genese bringt dieses Zeitverhältnis der Animation nochmals deutlicher zum Vorschein, wobei er besonders berücksichtigt, dass die lineare Zeitlichkeit hier aufgehoben und durch eine heterogene Zeitlichkeit der Differenz ersetzt wird. Die differenzielle Zeitlichkeitslogik lässt die Animation zu einer grundlegenden Technik, aber eben auch zu einer Denkfigur des Zentrums der Unbestimmtheit im Bild werden. Was ich im Folgenden das *Animationsbild* nennen werde, bezieht sich auf eben genau dieses Zentrum der Unbestimmtheit, das eine Zeitlichkeit in sich trägt, die Soziokulturelles und Technologisches als ihre Effekte miteinander in Resonanz bringt. Anstelle des von Crogan verfolgten Terminus der Technokulturen, plädiere ich für ein anderes Verständnis technischer Objekte. Der Computer, so ließe sich Simondons Kritik der Kybernetik in *Existenzweise technologischer Objekte* (2012) folgen, mag zwar in einer idealisierten Abstraktion als eine Simulationsmaschine verstanden werden. Jedoch würde eine solche Reduktion im Sinne der Abstraktion die Simulation im Sinne Deleuzes als produktiv und real komplett negieren. Anders gesagt, bevor eine Simulation durchgeführt werden kann, bedarf es keiner Originalität, derer sich das Simulacrum in deduktiver Weise bedient, sondern eines Scheines bzw. „semblance" in den Worten Massumis (2011, S. 128), der nicht kopiert, imitiert und reduziert und somit nicht der originären Realität gerecht wird, sondern einer permanenten Praxis der Nachahmung bar jeglichen Originals, aber in klarer Anbindung an die sozio-kulturellen, mentalen und technologischen Milieus (siehe hierzu Simondon 2005, S. 295).[21]

Lamarre schlägt demgegenüber eine Brücke zur Temporalität des Mehr-als-Menschlichen der Erfahrung, als eine Art Kontraktionsvermögen technischer Objekte und ihrer Milieus, in denen Maschinen selbst ein Zentrum der Unbestimmtheit in sich tragen, bzw. ein ihnen genuines und in Anbindung an ein assoziiertes Milieu mit sich führendes Bündel an Potenzialitäten. Von diesem Gesichtspunkt aus sind die Simulationsversprechen des Computers als

---

[21]Auch wenn dies hier nicht weiterverfolgt werden kann, so böte sich eine weitere Entwicklung des Arguments in Verbindung zu Gabriel Tardes *Gesetze der Nachahmung* (2003) bzw. seinem soziologischen Monadismus an.

universelle Maschine und als Modellierungsapparat allzu menschlich gedacht. Die Abstraktion der Simulation, wie sie sich durch die Arbeiten Virilios, aber auch Crogans oder Derians zieht, ist eine schwache Abstraktion numerischer Reduktionen, die nicht *spekulativ* operiert. Zugleich ist die Intuition der Simulation als Schein und Tendenz eben genau jene Wirkmacht der Animation, die sie zu einem veritablen Kriegsinstrument macht. In Anlehnung an Virilio unterstreicht Crogan die

> „tendency according to which logistical processes increasingly determine the way things are today. As an entertainment form that has evolved out of the military innovations in computer imaging and simulation, computer games evince important aspects of the pure war tendency's transformation of audio-visual media." (Crogan 2011, S. 74f.)

Damit beschreibt er eine auf Tendenzen, Wahrscheinlichkeiten und Animationspotenzialen basierende Form kriegerischer Indienstnahmen audio-visueller Wahrnehmungsdispositive. Die Animation, die als Grundbewegung eines Bildes verstanden werden kann, ist von einem Zentrum der Unbestimmtheit getragen. Es stellt sich die Frage, ob alle Erfahrung einem Animations- und Animismusparadigma unterliegt. Und weiter noch: Moduliert dieses Animations- und Animismusparadigma jegliche Wahrnehmungsformen so weit, dass es anstelle der physischen Erfahrung dieser Effekte zu einer permanenten abschätzenden Berechnung von Tendenzen und deren möglichen Effekten kommt?

Was hier interessiert, ist weniger ein Argument gegen die Simulation, als vielmehr die Verknüpfung von Simulation, Synergie und Animation (Derian 2009, S. 82). Die Animation kann in diesem Sinne als Grundbewegung gelten, aus der Simulation und Synergie von Medien und Wahrnehmung entstehen. Dementsprechend geht es um eine Form der Animiertheit *(animatedness)*, die sich von einem eher kruden Animismus der Ethnologie des 19. und frühen 20. Jahrhunderts unterscheidet. Die Frage nach dem Animismus resultiert nicht zuletzt aus einer im Kunstbetrieb zunehmenden Hinwendung zu einem *New Animism*, die sich gegen eine romantisch-koloniale Anthropologie des frühen 20. Jahrhunderts richtet (Franke 2010; Lamarre 2018a). Animismus wird hier zum Platzhalter einer Form von Relationalität, wie sie in anderen Kontexten mit dem Begriff des Affekts beschrieben wird, wie er u. a. bei Massumi und mit Bezügen auf Spinoza und Deleuze als unpersönlich und autonom auftaucht (Massumi 2002, 2009, 2015a).

Bis hierhin habe ich versucht, die Verknüpfungen der technologischen Assemblagen zur Herstellung von Animationsbildern in ihren durchwirkenden Effekten darzulegen. Hierzu wurden Variationen des Bewegtbildes und deren Computerisierung, bzw. grafischen Animationen herausgestellt. Eine der klassischen Definitionen des Animismus basiert auf der Annahme, dass Dingen und Tieren eine belebende Eigenschaft innewohnt, wie sie den Menschen gegeben ist (vgl. Lamarre 2018a). Ebenso wurde in diesem Zusammenhang anhand des animistischen Unvermögens zwischen Objekt und Subjekt zu unterscheiden und eine damit einhergehende Irrationalität indigener Völker gegenüber dem aufgeklärten Rationalismus behauptet. Laut Anselm Franke besteht die Herausforderung für einen neuen Animismusbegriff darin „to maintain a perspective that does justice both to the non-modern practices that animism presumably characterized, and to the premises of modernity from which it originated" (Franke 2010, S. 12). Seine Erläuterungen helfen, die Relevanz des Begriffs für ein Projekt der Animation als Kritik der klassischen Simulation zu verstehen und damit als eine Kritik, die ebenso das Projekt der philosophischen Moderne wie der Kolonisierung betrifft. Dementsprechend schreibt Franke mit Fokus auf die Kunst, aber auch auf die erweiterte animistische Bildproduktion:

> „And on yet another register, there is the animism within *modernity's image culture*, as an aesthetic economy, and a way of imagining, which gives expression to collective desires and articulates commonsensical schemes, determining the possibilities of recognizing other subjectivities, and how life processes can be conceptualized. On this plane, it is important to distinguish between an economy of images that is a symptomatic reaction to the effects of modernity, a compensatory displacement and transgression of the boundaries and fragmentation modernity inflicts, and the critical reflection of those very borders in art. As this distinction can never be absolute, it must remain in question and permanently renewed." (Ebd., S. 13)

Die Frage des Animismus lässt sich als eine Problematisierung der Trennung von Subjekt und Objekt in zwei Richtungen weiterdenken: zum einen im Sinne einer technologisch-algorithmisierten Omnipotenz des Animierens bzw. Belebens durch vormals als leblos betrachtete Dinge und, zum anderen als das Zugeständnis einer nicht-rationalen, jedoch absolut operativ-funktionalen Ebene des Animierens, die es erlaubt, wie Franke zeigt, andere Subjektivitäten in ihren Subjektivierungsweisen zu erkennen. Diese letzte operationale und funktionale Definition ist es, die Farockis weiche Montage als ästhetische Praxis in ihrer ganzen politischen Relevanz affirmiert. In diesem Sinne lassen sich seine

Arbeiten zur Animation auch als Kritik an einem technologischen und chronologischen Determinismus verstehen, indem zugleich die konstitutive animistische Operation der Wahrnehmung außerhalb der Subjekt-Objekt-Trennung deutlich wird. Animismus steht in seiner neuen Fassung ebenso für eine dekoloniale Praxis gegen westliche Narrative, wie sie durch postkoloniale Kritiken als auch als immanent dekoloniale Interventionen in den westlichen Epistemologien (Wissen ist Rationalität) und Ontologien (Wahrnehmen ist Sein) artikuliert werden. So schreibt Lamarre: „The schism between animism and rationality (enlightenment) can be seen as a general attack in life or aliveness as having any philosophical purchase" (Lamarre 2018a, S. 289).

Dementsprechend ist es auch nicht verwunderlich, wieso Nurit Bird-David von einer „relational epistemology" und Eduardo Viveiros de Castro von einer „relational ontology" sprechen (Bird-David 1999; Viveiros de Castro 1999). Das Relationale in beiden Variationen verweist hier auf die eigentliche animistische Natur der Animation. Wie Deleuzes Trugbild vermag die Animation es, aus sich heraus neue Differenzen zu erzeugen und somit neue Zeitlichkeiten als Tendenzen möglicher Welten hervorzubringen. Eine medienphilosophische Theorie der Animation müsste demnach eine Praxis der kritischen Dekolonisierung vorherrschender Wahrnehmungs- und Zeitregime darstellen und die damit verbundenen Subjektivierungsweisen genauer untersuchen. Zugleich stellt sich die Frage, ob nicht die Indienstnahme des Animismusparadigmas eben genau jene Modulation sinnlich-technologischer Umwelten in Anspruch nimmt, die dazu gedient hat, möglichst viele Tendenzen der Subjektivierung zu kontrollieren bzw. als mögliche Simulationen zu testen? Anders gesagt gilt es den Grund der Animation weder in den technologischen Dispositiven oder in der menschlichen Wahrnehmung zu verorten, sondern die Bewegung des Animierenden und Animierten in ihrer konstitutiven Macht als relationale Zwischenebene zu untersuchen.

Dem folgend beschreibt Thomas Lamarre in seinen Arbeiten zum japanischen Anime und Animationstechnologien sowie ihren medialen und ökonomischen Umwelten die Animation als eine Technik des Intervalls und des Dazwischen *(interstice)* (Lamarre 2009, S. xxxiv). Er schreibt, dass „animation became a pervasive force in diverse forms online, and non-American forms of animation, especially from Japan, enjoyed a new surge of global popularity, making tangible a neglected history of global and transnational networks of animation production, circulation, and reception." (Lamarre 2018a, S. 289) Die immanente Ebene des Animationsbilds und eines ubiquitären Animismus erhält in Lamarres Hinwendung zum Anime ein materielles und technisch-operatives Pendant von globaler politisch-ökonomischer Relevanz. In seiner medienökologischen Genealogie des Anime konstatiert er: „The advent of digital technologies made it possible to *envision animation as a technical mode of existence,* which inspired new, ontologically oriented accounts of cinematic movement." (ebd., meine Hervorh.) Die Bewegung der animierten Lebenswelten in Animeproduktionen lassen sich als Wiederspiegelungen ihrer medial-technologischen Bedingungen verstehen, die so ein neues Denken des Animismus durch die Animation erlauben. Die Besonderheit dieses neuen Animismus liegt im Erschaffen neuer Entitäten als *Personen,* sprich, nicht als Individuen, sondern als eigensinnige Existenzweisen mit ihren eigenen Wissens- und Ausdrucksformen. Abstrakt gesprochen, geht es bei Farockis *Ernste Spiele* eben genau um diese eigenständigen Existenzweisen der Computeranimation nicht als Simulation, sondern als Existenzebene, die singuläre Wirklichkeiten produziert. „Animation generates a relation prior to life and death, which implies a virtual animic unity in the making." (Ebd., S. 295) Es ist diese vorgängige Animationsebene, die so offensichtlich ins Auge fällt, wenn man die drei Eingangsbeispiele betrachtet und sich vergegenwärtigt, dass in allen vier Teilen von *Ernste Spiele* der Spieltopos diese Animationsebene aufgreift und als Motor für die moderne Kriegsführung mobilisiert.

Politiken der Zeit

Lamarre bezeichnet das „affektiv-materielle Kontinuum" der Animation im Bereich der Animes als „anime ecology" (Ebd., S. 345). Für ihn ist diese sinnlich-materielle und infrastrukturelle Ökologie ein „ontopolitisches Feld" (Ebd., S. 355), in dem nicht einfach Menschen auf Maschinen einwirken oder umgekehrt Maschinen auf Menschen, sondern in dem eine animistische Relationalität eigensinnige Existenzweisen hervorbringt. Diese Existenzweisen stehen in ihrer Singularität quer zu den gängigen begrifflichen Trennungen von Epistemologie und Ontologie. Die von mir dargelegten Erkundungen der Animation und des Animismus sollten als eine spekulativ-pragmatische Problematisierung gegenwärtiger Formen von Kontrolle und ihrer Verknappung im Sinne reduktionistischer Abstraktion verstanden werden, wie sie die meisten Simulationstheorien vorschlagen. Zwar lässt sich eine nicht-spekulative und reduktionistische Abstraktion danach vordergründig mit dem Begriff der Kontrolle fassen, jedoch warnte schon Deleuze (1993b) davor, das Phänomen der Kontrolle als eine Reduktion zu begreifen und schlägt eher vor, sie als unabgeschlossene

Modulationsoperation zu verstehen, in der es anstelle von klar gesetzten Regeln um die Reglementierung von Zugängen, Anschlüssen und Ausschließungen von bestimmten Strömungen und Flüssen geht. Dementsprechend, und hierauf verweisen die Arbeiten Farockis ebenso wie die Simulationsspiele der U.S. Armee und die Anwendung von computergenerierten Grafiken der Bundeswehr, sind die Abstraktionsformen präemptiver Politiken gerade nicht darauf gerichtet, die Zukunft kybernetisch, schlaufenhaft und vorwegnehmend zu regulieren (Crogan 2011, S. xx), sondern anhand von Animationsbildern die Verknüpfung von unterschiedlichen Zeitlichkeiten zu techno-sozialen Ensembles hervorzuheben. Es geht somit weniger um die Unterscheidung real oder ideell bzw. menschlich oder technologisch, sondern um die temporellen Resonanzen, die zur Animation bestimmter kultureller Formationen und ihrer konkreten politischen Effekte führen. Die hier zugrunde liegenden Politiken der Animation sind in ihrer Fokussierung auf Aktivierungspotenziale nur vordergründig neutral. Es gilt jedoch ihre Anwendungen und Indienstnahmen genausten zu erfassen und zu kritisieren bzw. Animationsbilder zu erschaffen, die der Reduktion durch die vereinfachte Simulation entgegenwirken.

Die militärische Rationalität basiert auf einer möglichst synergetischen Indienstnahme von Animationstechnologien, die es erlaubt, vergangene und mögliche zukünftige Tendenzen in einer Jetzt-Zeit des Spiels zu aktualisieren. In einer Politik der Präemption geht es nicht mehr darum, mögliche Realitätsszenarien zu erkunden, sondern sie entsprechend bestimmter Machtinteressen zu inaugurieren. Durch eine solche präemptive Praxis wird deutlich, wie Animation von der Fiktion zum Fakt wird, der sich auf der Ebene der Wahrnehmung und Empfindung in medialer und körperlicher Weise manifestiert. Das Beispiel des Ziviltherapeuten in *Ernste Spiele,* der im Spiel des Veteranen so glaubwürdig wirkt, dass weder die Beteiligten noch die Zuschauer infrage stellen, dass ihm diese Erlebnisse wirklich widerfahren sind, spricht für sich. Es ist daher von höchster Relevanz, die vordergründige Trennung von Fakt und Fiktion, wie sie klassische Simulationstheorien nahelegen, zu kritisieren. Zugleich ist die konstitutive Ebene der Animation, in der Fakt und Fiktion eins sind, auf ihre Indienstnahmen zu befragen und den präemptiven Politiken zum Zweck der Kontrolle entgegen zu wirken. Es geht um nicht mehr und nicht weniger als eine Ausweitung der Zeitlichkeitsebenen einer ursprünglich differenziellen Animation und deren situierter Effekte mediengestützter Erfahrung. Während Präemption die Animationspotenziale für eine gezielte Besetzung der Gegenwart einspannt, erschaffen ästhetisch-kritische Praktiken, wie diejenigen Farockis, eine Sensibilität für den Mehrwehrt von Animationsbildern entgegen einer kontrollierenden Reduktion. Sie weiten die Gegenwart aus, ohne sie auf den Moment der unmittelbaren Erfahrung zu reduzieren. Die Romantisierung der Jetztzeit als unmittelbare und transparente Erfahrung mit und durch die Medien haben Ian Bolter und Richard Grusin mit dem Begriff der „re-mediation" kritisiert (1998, S. 23f.).[22] Viel eher ist die Zeitlichkeit der Animation eine affektive Form der „Immediation" (siehe Massumi 2015b, S. 146–176 und Brunner 2012). Damit werden unmittelbare Erfahrungszusammenhänge mittels medialer Potenziale bezeichnet, ohne auf eine vorgängige Definition darüber zurückgreifen zu müssen, was das erfahrende Subjekt und das medialisierende Objekt jeweils sein sollen. Beide sind, wenn, dann höchstens als die extremen Pole eines sie durchlaufenden Animationskontinuums aufzufassen.

Anstelle einer absoluten Auflösung in der Simulation, deren Simulacrum keine Unterscheidung mehr von Realem und Simulation zulässt (Baudrillard 1989), betont Massumi schließlich die Vielheit sinnlicher Wahrnehmung in medialen Umwelten: „What I'm talking about is more an immediate in-bracing than a mediation in the traditional sense. This in-bracing has more to do with *complex field effects*, and their wave-like amplification and propagation, than with point-to-point transmissions" (Massumi 2015b, S. 115). Wider einer klassischen Logik der Mediation zwischen Sender und Empfänger (auf technologischer wie auf perzeptiver Ebene), postuliert er stattdessen eine ökologische und relational-emergente Feldlogik der Wahrnehmung. Hierbei spielen Zeitlichkeiten in ihrer heterogenen Konstitutionsmacht eine tragende Rolle, denn es handelt sich um eine Logik des Affekts, die von einem permanenten Aushandlungsprozess von Information im Verlauf des Wahrnehmens durchsetzt ist. Diese Mikrotemporalitäten sollten nicht als strukturelle Konstruktion einer reduzierenden Jetztzeit missverstanden werden, sondern als ein Aufeinandertreffen von Zeitlichkeiten mit unterschiedlichen Animationsvermögen. Animationsvermögen heißt unter bestimmten raum-zeitlichen Bedingungen, d. h. situiert, Verdichtungen hin zu einer singulären Zeitlichkeit herzustellen. Die Effekte dieses Vermögens reichen bis in die physiologisch-psychischen Erfahrungsebenen, aber eben nicht

---

[22]Es ist absolut wichtig, die hier beschriebene Jetztzeit vom gleichnamigen Begriff Walter Benjamins zu trennen. Während Bolter und Grusin von einer Unmittelbarkeit sprechen, die sich durch die vermeintliche Transparenz des Medienerlebnisses geschichtslos darlegt, ist Benjamins Verständnis der Jetztzeit als zugleich unmittelbar und historisch weitaus komplexer. Eine weitere Ausführung einer Politik der Zeit mithilfe von Benjamins Jetztzeit ist ein zukünftiges Desiderat dieser Arbeit. Siehe auch Benjamins „Über den Begriff der Geschichte" (1991).

im Sinne einer Synthese oder einer Simulation, sondern als Animation. Die Zeit der Animation ist der eigentliche Stoff, aus dem sich das jeweilige Simulationsgefüge herausbildet, jedoch nicht als ‚andere‘ Realität, sondern als Variation einer geteilt-konstitutiven Realität, die von immer neuen Potenzialitäten und deren Aktualisierungen durchsetzt werden. Während präemptive Politiken versuchen, den Rahmen der Potenzialitäten, die sich aktualisieren, vorab zu konditionieren (man denke hier auch an die ‚filter bubbles‘ in sozialen Netzwerken und Suchmaschinen), verweist die Zeit der Animation auf die Unkontrollierbarkeit der Aktualisierung von Potenzialitäten.

Abschließend lässt sich fragen, inwiefern die Animationsformationen einer Medienökologie moderner Kriegsführung die animistische Kraft der Modulation lediglich zu Kontrolloperationen instrumentalisiert. Florian Schneider verweist auf das Versprechen einer unmittelbaren Verfügbarkeit und universellen Kompatibilität des digitalen Bildes, dessen Trugbild kein differenzielles, sondern simultanes ist (Schneider 2010, S. 54). „The society of control operates through profiling: instead of copies of originals, these profiles are animated images of a self that need to be multiplied indefinitively in order to satisfy the insatiable demand or omnipresence, which renders possible the very idea of control" (ebd., S. 56). Zugleich hat er festgestellt, dass die vierte Dimension der zeitlichen Linearität kollabiert. In ihrer Auflösung ließen sich, so Schneider, mögliche Formen des Widerstands entwickeln (ebd.). Auf den ersten Blick liegt eine negative Kritik der Animation nahe, die aufgrund der ineinander wirkenden Medienplattformen und der resultierenden Ausdrucksweisen Sinnesregime herstellt, deren Zweck die Kontrolle ist, die in eine noch nicht vollzogene Zeit hineinreichen. In solchen Kontrollphantasien geht jedoch eine Umkehrung durch das Animationsbild unter. Wenn sich die techno-sozialen Kontrolloperationen einer vorgängigen Animation bedienen, so ist es auch die Ebene dieser Animation, die sich gegen ihre Kontrollmechanismen wenden lässt. Der Zusammenbruch einer linearen Zeitlichkeit beinhaltet nicht nur die ständige Kontrolle der Ko-Präsenz von vermeintlichen Möglichkeiten. Vielmehr entstehen in diesen Bildern immer neue Zeitkristallisierungen, die Vergangenes und Zukünftiges auf singuläre Art und Weise mit sich bringen. In diesem Sinne fragt Lamarre, wie diese Operationsebene aktionsfähig wird bzw. sich für den Aktivismus anbietet (2018b, S. 355). Animismus und Animation tragen einen „Mehrwert an Existenz" (Massumi 2015a, S. 205) bzw. „ein Leben, das Mehrwert birgt" (Lamarre 2018a, S. 296) mit sich, das sich in seinen Effekten nicht vorherbestimmen lässt. Im Sinne einer animistischen Praxis der Animation muss das eigene Handeln „plattformartiger" *(platformative)* werden (Ebd., S. 353), um entlang unterschiedlicher Medientopologien affizieren und somit neue

Zeit- und Erfahrungsdimensionen jenseits bestehender Sinnesregime erschaffen zu können. *Serious Games* ist weit mehr als eine Kritik bestehender Machtverhältnisse. Farockis Arbeit eröffnet Einblicke in die operativen Logiken der Selbstverursachung von Animationsbildern und ihren Effekten einer konstitutiven Zeitlichkeit. Um nachhaltig in solch operativen Logiken zu intervenieren, um sie aufzubrechen und umzuleiten, bedarf es, wie mir scheint, der Erschaffung von pragmatischen animistischen Techniken, oder wie Isabelle Stengers es ausgedrückt hat: „When the dangerous art of animating in order to be animated is concerned, any practical learning, each way of enacting the needed immanent (critical) attention, may be relevant elsewhere, but never as a model, always as a pragmatic reinvention." (2011, S. 191)

Literatur

Baudrillard, J. (1981). *Simulations et simulacres*. Paris: Galilée.

Baudrillard, J. (1991). *La Guerre du Golfe n'as pas lieu*. Paris: Galilée.

Benjamin, W. (1991). *Gesammelte Werke* (Vol. I/2, S. 690–708). Frankfurt a. M.: Suhrkamp.

Bergson, H. (2015). *Materie und Gedächtnis*. Hamburg: Felix Meiner Verlag. (Erstveröffentlichung 1896).

Bird-David, N. (1999). ‚Animism' revisited. Personhood, environment, and relational epistemology. *Current Anthropology, 40*, 67–91.

Bolter, D. J., & Grusin, R. (1998). *Re-mediation. Understanding new media*. Cambridge: MIT Press.

Brunner, C. (2012). Immediation as process and practice of signaletic mattering. *Journal of Aesthetics and Culture* (4). http://dx.doi.org/10.3402/jac.v4i0.18154. Zugegriffen: 02. Juni 2018.

Brunner, C. (2014). Ecologies of relation: Collectivity in art and media. Dissertation. https://spectrum.library.concordia.ca/979665/1/Brunner_PhD_S2015.pdf. Zugegriffen: 03. Juni 2018.

Brunner, C., & Fritsch, J. (2011). Interactive environments as fields of transduction. *Fibreculture, 18*, 118–145.

Crogan, P. (2011). *Gameplay mode. War, simulation, and technoculture*. Minneapolis: University of Minnesota Press.

Derian, J. D. (2009). *Virtuous war. Mapping the military-industrial-media-entertainment complex*. London: Routledge.

Deleuze, G. (1993a). *Die Logik des Sinns*. Frankfurt a. M.: Suhrkamp.

Deleuze, G. (1993b). *Unterhandlungen. 1972–1990*. Frankfurt a. M.: Suhrkamp.

Deleuze, G. (1997). *Das Zeit-Bild. Kino 2*. Frankfurt a. M.: Suhrkamp.

Deleuze, G. (2003). *Die einsame Insel. Texte und Gespräche 1953–1974*. Frankfurt a. M.: Suhrkamp.

Deleuze, G., & Guattari, F. (1977). *Anti-Ödipus Kapitalismus und Schizophrenie. I.* Frankfurt a. M.: Suhrkamp.

Ehmann, A., & Farocki, H. (2011). Ernste Spiele. Eine Einführung. In R. Beil & A. Ehmann (Hrsg.), *Serious games. Krieg\Medien\Kunst/War\Media\Art* (S. 22–25). Ostfildern: Hatje Cantz.

Farocki, H. (2010). Written trailers. In A. Ehmann & K. Eshun (Hrsg.), *Harun Farocki. Against what? Against whom?* (S. 220–241). London: Koenig Books.

Farocki, H. (2011). TAGEBUCH/DIARY. Immersion (Arbeitstitel)/Immersion (Working Title). In Y. Dziewior (Hrsg.), *Harun Farocki. Weiche Montagen. Soft Montages* (S. 62–81). Bregenz: Kunsthaus Bregenz.

Farocki, H., & Dziewior, Y. (2011). Conversation, October 23, 2010, Kunsthaus Bregenz. In Y. Dziewior (Hrsg.), *Harun Farocki. Weiche Montagen. Soft Montages* (S. 204–226). Bregenz: Kunsthaus Bregenz.

Franke, A. (2010). *Animism* (Vol. I). Berlin: Sternberg Press.

Fuller, M. (2005). *Mediaecologies. Materialist energies in art and technoculture.* Cambridge: MIT Press.

Giannetti, C. (2013). The game of playing with the ruled of play. In C. Giannetti (Hrsg.), *Harun Farocki: Playing the game* (S. 10–18). Oldenburg: Edith Russ Haus.

Grusin, R. (2010). *Premediation: Affect and mediality after 9/11.* Basingstoke: Palgrave Macmillan.

Halpern, O. (2015). The trauma machine: Demos, immersive technologies and the politics of simulation. In M. Pasquinelli (Hrsg.), *Alleys of your mind: Augmented intelligence and its traumas* (S. 53–67). Lüneburg: Meson Press.

Haraway, D. (1995). *Die Neuerfindung der Natur. Primaten, Cyborgs und Frauen.* Frankfurt a. M.: Campus.

Huntemann, N. B. (2009). *Joystick soldiers. The politics of play in military videogames.* London: Routledge.

Lamarre, T. (2009). *The anime machine. A media theory of animation.* Minneapolis: University of Minnesota Press.

Lamarre, T. (2018a). Animation and animism. In B. Boehrer, M. Hand, & B. Massumi (Hrsg.), *Animals, animality, and literature* (S. 284–300). Cambridge: Cambridge University Press.

Lamarre, T. (2018b). *The anime ecology. A genealogy of television, animation, and game media.* Minneapolis: University of Minnesota Press.

Massumi, B. (2002). *Parables for the virtual: Movement, affect, sensation.* Durham: Duke University Press.

Massumi, B. (2009). Of micropolitics and microperception. Interview with Brian Massumi and Joel McKim. *Inflexions* (3). http://www.inflexions.org/n3_Of-Microperception-and-Micropolitics-An-Interview-with-Brian-Massumi.pdf. Zugegriffen: 04. März 2017.

Massumi, B. (2011). *Semblance and event: Activist philosophy and the occurrent arts. Technologies of lived abstraction.* Cambridge, MA: MIT Press.

Massumi, B. (2015a). *Ontopower. War, powers, and the state of perception.* Durham: Duke University Press.

Massumi, B. (2015b). *Politics of affect.* Oxford: Polity Press.

Murphie, A. (2002). Putting the virtual back into VR. In B. Massumi (Hrsg.), *A shock to thought expression after Deleuze and Guattari* (S. 188–214). London: Routledge.

Negt, O., & Kluge, A. (1972). *Öffentlichkeit und Erfahrung. Zur Organisationsanalyse von bürgerlicher und proletarischer Öffentlichkeit*. Frankfurt a. M.: Suhrkamp.

Pantenburg, V. (2011). Eye/machine I–III. In Y. Dziewior (Hrsg.), *Harun Farocki. Weiche Montagen. Soft Montages* (S. 51–61). Bregenz: Kunsthaus Bregenz.

Patton, P. (1995). Introduction. In J. Baudrillard (Hrsg.), *The gulf war did not take place* (S. 1–22). Bloomington: Indiana University Press.

Rancière, J. (2005). *Die Aufteilung des Sinnlichen: Die Politik der Kunst und ihre Paradoxien*. Berlin: b_books.

Rancière, J. (2013). *Aisthesis. Vierzehn Szenen*. Wien: Passagen.

Rayner, A. (2012). Are video games just propaganda and training tools for the military? *The Guardian* (18. März). https://www.theguardian.com/technology/2012/mar/18/video-games-propaganda-tools-military. Zugegriffen: 12. Mai 2018.

Schneider, F. (2010). Theses on the concept of the digital Simulacrum. In A. Franke (Hrsg.), *Animism* (Vol. I, S. 54–56). Berlin: Sternberg Press.

Siegmund, S. (2017). 15 Tage auf dem Schlachtfeld. *taz* (19./20. August), 20–22.

Simondon, G. (2005). *L'individuation à la lumière des notions de forme et de information*. Grenoble: Millon.

Simondon, G. (2012). *Die Existenzweise technischer Objekte*. Zürich: diaphanes.

Stengers, I. (2011). Reclaiming Animism. In A. Franke & S. Folie (Hrsg.), *Animism: Modernity through the looking glass* (S. 183–191). Berlin: Verlag der Buchhandlung Walther König, Vienna.

Tarde, G. (2003). *Die Gesetze der Nachahmung*. Frankfurt a. M.: Suhrkamp.

van Bogaert, P. (2014). In Memory of Harun Farocki. *Metropolis M.* http://www.metropolism.com/en/features/23617_in_memory_of_harun_farocki. Zugegriffen: 12. Juli 2018.

Virilio, P. (1989). *Krieg und Kino. Logistik der Wahrnehmung*. Frankfurt a. M.: Fischer.

Viveiros de Castro, E. (1999). Comment to Bird-David. *Current Anthropology, 40*(Supplement), 79–80.

Christoph Brunner ist seit 2016 Juniorprofessor am Institut für Philosophie und Kunstwissenschaft an der Leuphana Universität Lüneburg und forscht zu Theorien des Affekts und deren Relevanz für die Analyse von medialen Wahrnehmungskontexten in Kunst und Aktivismus. Im April 2016 initiierte Christoph Brunner das ArchipelagoLab für transversale Praktiken. Gemeinsam mit Elke Bippus leitet er das Projekt „Teilhabende Kritik als transformierendes und transversales Mit" im Rahmen der DFG-Forschungsgruppe „Mediale Teilhabe. Partizipation zwischen Anspruch und Inanspruchnahme". Neuere Publikationen sind Brunner u. a. (Hrsg.), *Technökologien* (2018) und Metamodelising the Territory: On Teddy Cruz's Diagrammatic Urbanism. In T. Jellis, J. Gerlach, J.D. Dewsbury (Hrsg.), *Why Guattari? A Liberation of Cartographies, Ecologies and Politics* (2019).